U0159517

# 海右雅筑

山东建筑大学建筑城规学院

SCHOOL OF ARCHITECTURE AND URBAN PLANNING, SHANDONG JIANZHU UNIVERSITY

## 优秀毕业设计作品集

## （2009–2019年）

山东建筑大学建筑城规学院优秀毕业设计
作品集编委会 编

中国建筑工业出版社

# 序 言

山东建筑大学建筑城规学院现设建筑学、城乡规划和风景园林三个本科专业，办学历史可以追溯到 1959 年。六十多年来，学院几代人励精图治、执着努力，为国家和山东省培养了 5000 余名专业技术人才，已成为我省建设领域最重要的人才培养和教育科研基地之一。

毕业设计是本科最后阶段的总结性实践教学环节，是从校园学习过渡到社会工作的“实战演习”。通过对设计题目的深入系统研究，可以帮助学生巩固、扩大、加深已有知识，将本科获取的丰富知识版块内化为有序的知识体系，并锻炼综合运用知识独立解决问题的能力。多年来学院委派具有丰富经验的“双师型”导师，采取校内、校外导师合作以及联合毕业设计等多种形式，以真实性、实践性和研究性为原则进行设计选题，开展了卓有成效的毕业设计教学工作。在学院师生的共同努力下，毕业设计教学取得了丰硕而优异的成果。

本书收录了建筑学、城乡规划和风景园林三个专业近十年来的优秀毕业设计作品。它是一段缩影，记录了这十年学院蓬勃发展的足迹；它是一份纪念，传承着学院师生矢志不渝、锐意进取的精神。“青出于蓝而胜于蓝”，相信学院将培养出更多栋梁之材，为地方乃至全国建设事业贡献更大的力量！

山东建筑大学建筑城规学院优秀毕业设计作品集编委会

2019 年 9 月 30 日

# 编委会

# 目 录

## I 建筑学
ARCHITECTURE

# 2 城乡规划

URBAN AND RURAL PLANNING

# 3 风景园林

LANDSCAPE

# 1

# 建筑学

ARCHITECTURE

ARCHITECTURE

# 文法濯村

Author
2014级
刘　凯
乔　灵

Advisor
赵继龙
王　江

Site
山东省烟台市

乡村是没有建筑师的建造。

乡村传统的建造模式是自发的、没有建筑师的建造，往往因为各种利益的博弈容易形成最终结果的不可控，而城市的建造模式对于乡村来说过于机械化，往往出现兵营式建造，本次设计希望利用形状文法，即通过提取原型，制定规则，建立设计黑箱的形式，探讨出一种高效的、更加适合农村的建造模式，既保留农村的地域性、传统性，又能快速地达成建造的目的。

乡村是由家庭为单位，依靠稳固的宗族血亲关系发展而来的，一个村子里人们的交往活动与城市相比显得更加积极，这是村落内在的亲密纽带所建立的自然关系。随着城市要素越来越多的入侵，人与人之间的距离也越来越远，冷漠感和疏离感开始蔓延，然而农村是熟人社会，保留这种最朴素的情感交流能够使得原有的空间由单一变得多样，人们可以进行更丰富的室外活动。

我们认为自然生长的村落是存在一定规律的，并不是在完全随机的情况下生成现有的状态，我们试图挖掘内部潜在的规则，希望提炼出更加简洁的方法来适应复杂的村落空间结构，建立完备的设计黑箱和数据库，介入良好的评判机制来验证生成的结果是否合理，在计算机辅助生成的设计下，生成 *N* 种结果之一的村落形式。

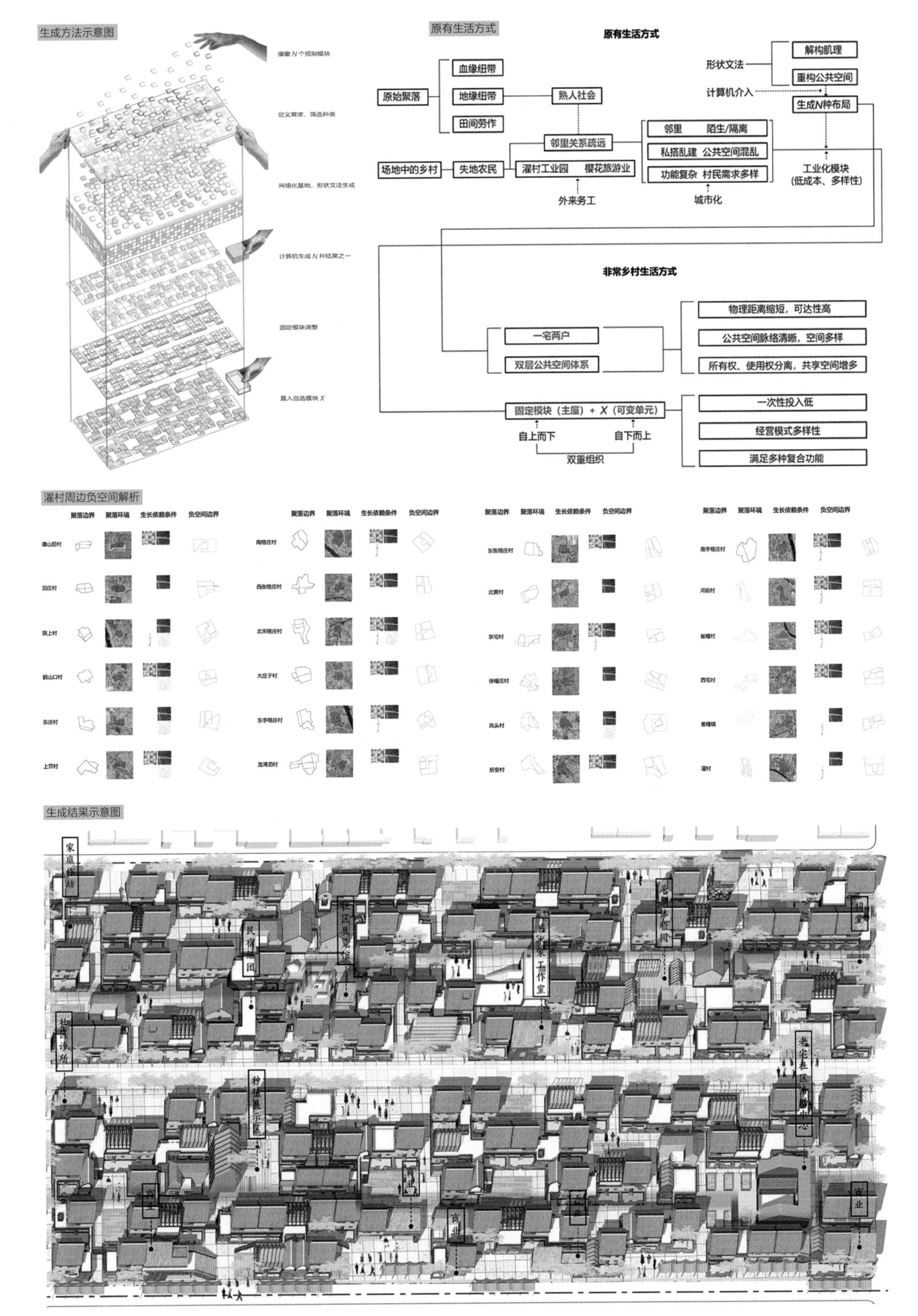
生成方法示意图
撮撤N个预制模块
定义需求、筛选种类
网格化基地、形状文法生成
计算机生成N种结果之一
固定模块调整
置入自选模块X
原有生活方式
原有生活方式
原始聚落
血缘纽带
地缘纽带
田间劳作
熟人社会
邻里关系疏远
场地中的乡村
失地农民
灌村工业园　樱花旅游业
外来务工
邻里　陌生/隔离
私搭乱建　公共空间混乱
功能复杂　村民需求多样
城市化
形状文法
解构肌理
重构公共空间
计算机介入
生成N种布局
工业化模块
(低成本、多样性)
非常乡村生活方式
一宅两户
双层公共空间体系
物理距离缩短，可达性高
公共空间脉络清晰，空间多样
所有权、使用权分离，共享空间增多
固定模块（主屋）+ X（可变单元）
自上而下
自下而上
双重组织
一次性投入低
经营模式多样性
满足多种复合功能
灌村周边负空间解析
聚落边界
聚落环境
生长依赖条件
负空间边界
生成结果示意图
家庭作坊
民宿庭园
社区展览馆
艺术家工作室
乡村博物馆
祠堂
社区诊所
种植展示区
老宅社区活动中心
商业
商业
商业
商业
商业
商业

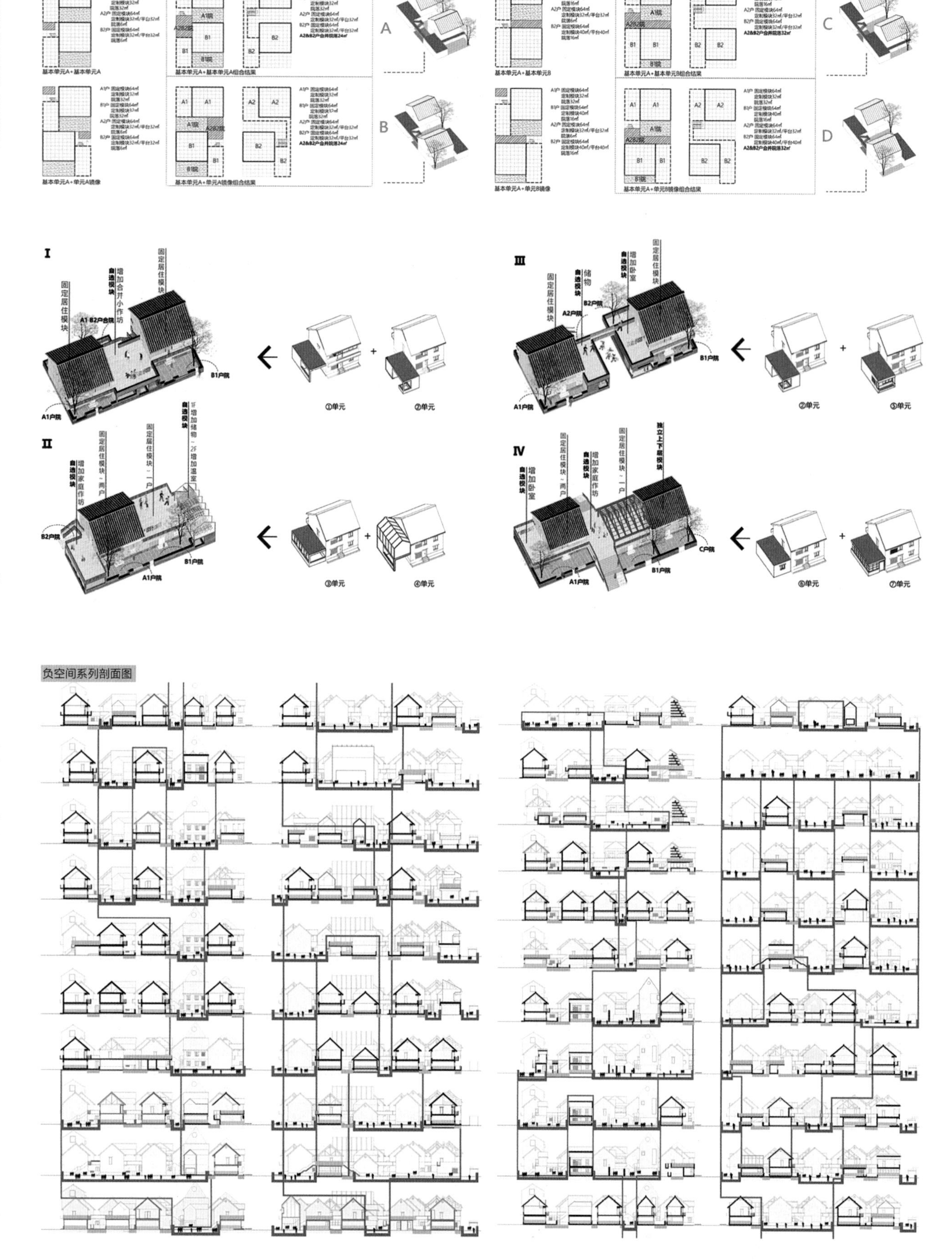


设计列举出了几种可能存在的模块组合的情况，模块的组合是建立在住户本身的需求和相邻住户之间的沟通前提下，使相邻住户既能满足自己的基本需求，也能有更多的空间来实现其他方面的期望，模块的组合创造了更多共享的空间，使住户之间的关系更加紧密。

剖面图

轴测图

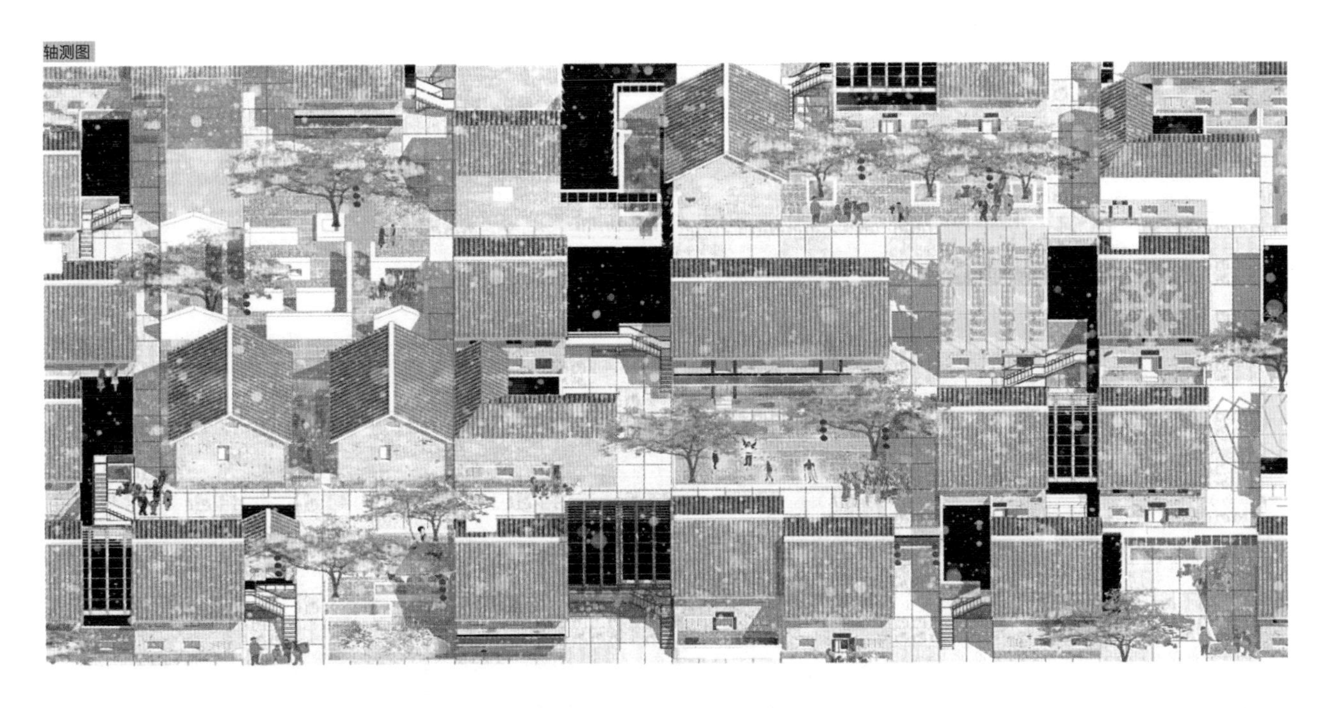

近年来，在各种改造、新建的新村工程中，一栋栋“兵营”状的住宅简单地排布，这种做法带来的是空间的单调与街道景观的呆板，这不仅仅是视觉意义上的“不美”，还容易导致村民交往空间的失效，一个社区是否宜人，取决于人们是否会进行更多的自发性活动，并将它们转化成社会性交往活动。

乡村需要传承原有的亲近的生活方式，同时也需要适应日新月异的现代化生活，设计需要平衡这之间的分寸与尺度，避免过度城市化的乡村出现，尊重失地农民的日常生活诉求，给居住者更多的话语权，使设计者与居民形成一种互助互利的关系，从而使以人为本的原则更好地体现。

ARCHITECTURE

# 山东高密酿酒厂片区改造设计与研究

Author
2014级
董芷含

Advisor
刘长安
周忠凯

Site
山东省潍坊市

地块设计结合厂区的肌理与尺度，采用基本的几何形体和连廊来连接建筑；根据整体的概念方案，一方面通过屋顶种植，蔬菜的采摘、处理、食用等过程来组织建筑的功能分区和流线，另一方面在地块中引入折板和楼梯的元素来串联起整个地块。突破传统城市广场的单一形式，通过抬升、下沉及与建筑的有机结合，使其成为西侧场地核心要素及活力引擎，并且结合一层停车场的设置，减少连续上下楼梯的不舒适感。

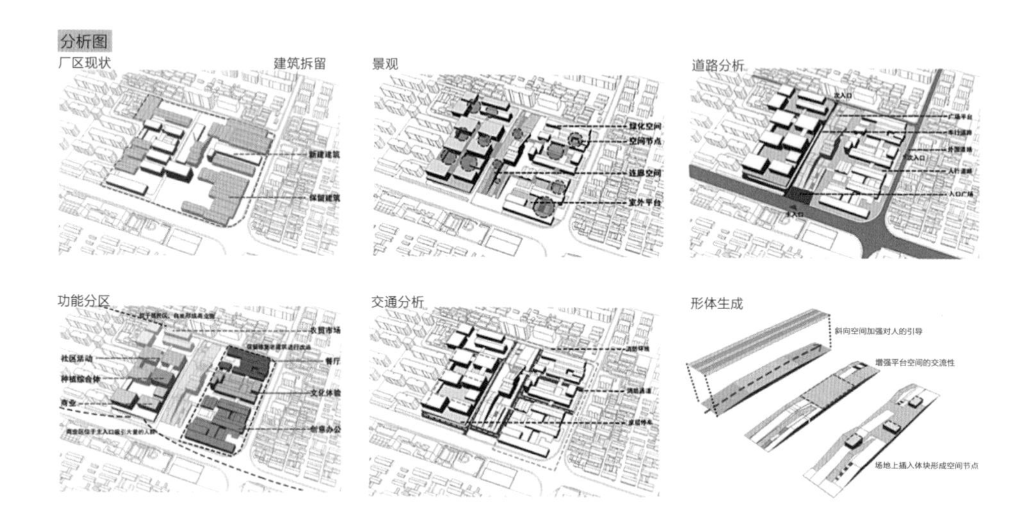

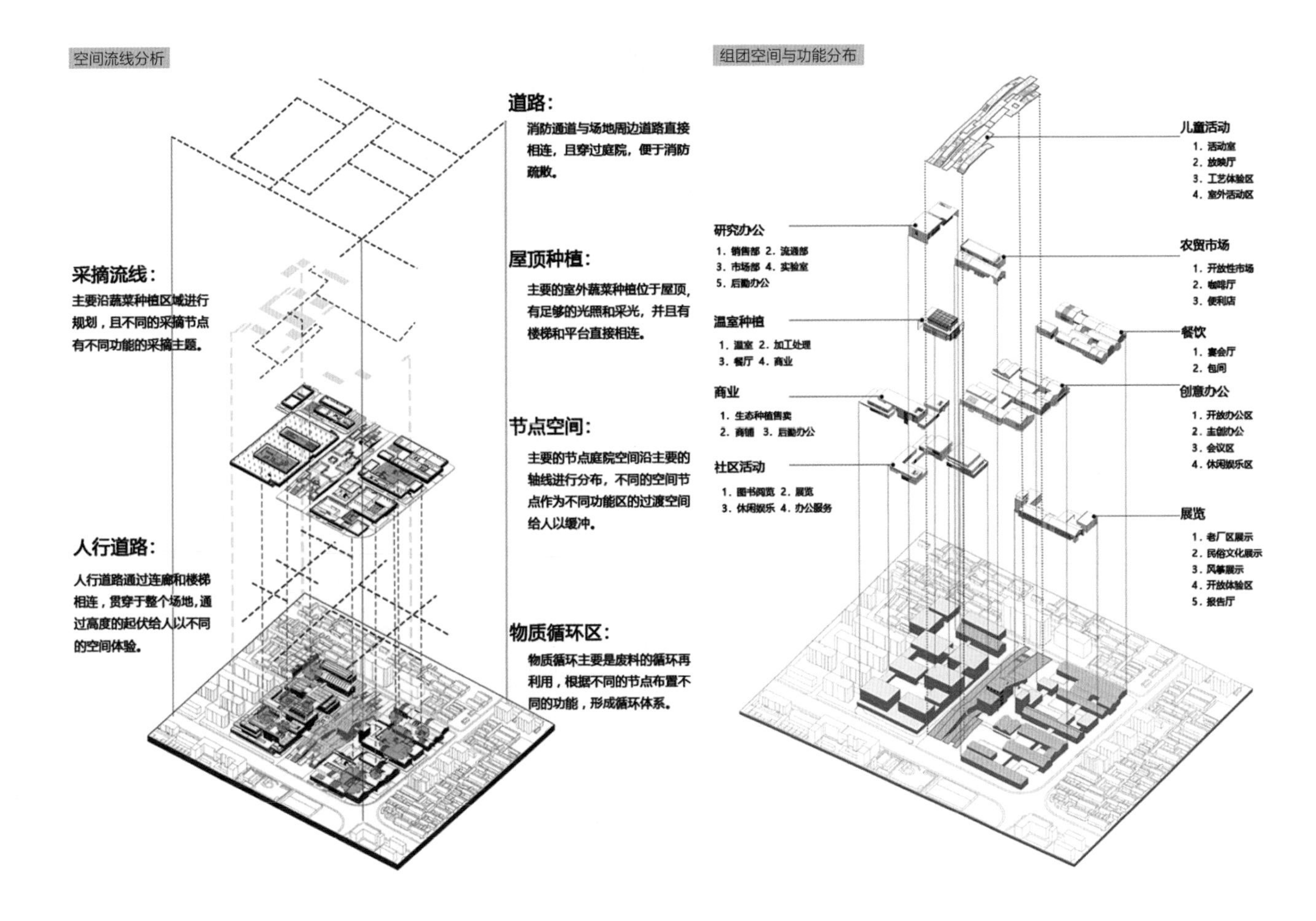
空间流线分析
道路：
消防通道与场地周边道路直接相连，且穿过庭院，便于消防疏散。
采摘流线：
主要沿蔬菜种植区域进行规划，且不同的采摘节点有不同功能的采摘主题。
屋顶种植：
主要的室外蔬菜种植位于屋顶，有足够的光照和采光，并且有楼梯和平台直接相连。
节点空间：
主要的节点庭院空间沿主要的轴线进行分布，不同的空间节点作为不同功能区的过渡空间给人以缓冲。
人行道路：
人行道路通过连廊和楼梯相连，贯穿于整个场地，通过高度的起伏给人以不同的空间体验。
物质循环区：
物质循环主要是废料的循环再利用，根据不同的节点布置不同的功能，形成循环体系。
组团空间与功能分布
儿童活动
1. 活动室
2. 放映厅
3. 工艺体验区
4. 室外活动区
研究办公
1. 销售部 2. 流通部
3. 市场部 4. 实验室
5. 后勤办公
农贸市场
1. 开放性市场
2. 咖啡厅
3. 便利店
温室种植
1. 温室 2. 加工处理
3. 餐厅 4. 商业
餐饮
1. 宴会厅
2. 包间
商业
1. 生态种植售卖
2. 商铺 3. 后勤办公
创意办公
1. 开放办公区
2. 主创办公
3. 会议区
4. 休闲娱乐区
社区活动
1. 图书阅览 2. 展览
3. 休闲娱乐 4. 办公服务
展览
1. 老厂区展示
2. 民俗文化展示
3. 风筝展示
4. 开放体验区
5. 报告厅





功能分区分析

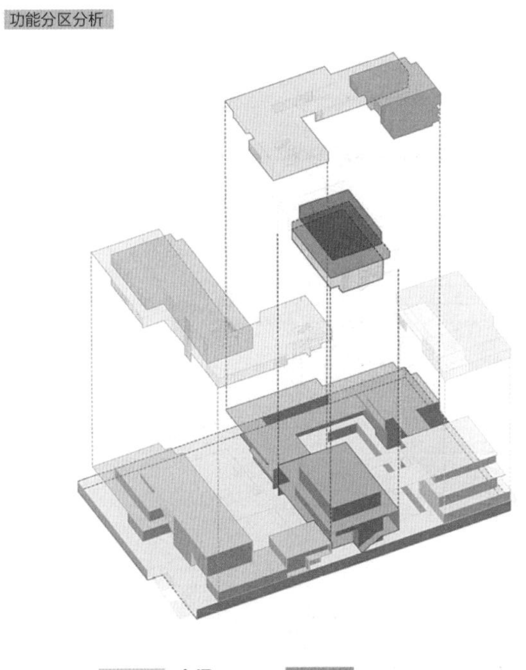

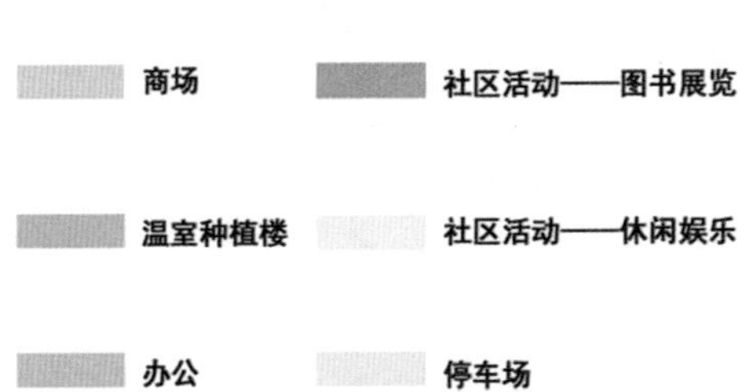
商场
社区活动——图书展览
温室种植楼
社区活动——休闲娱乐
办公
停车场

流线分析

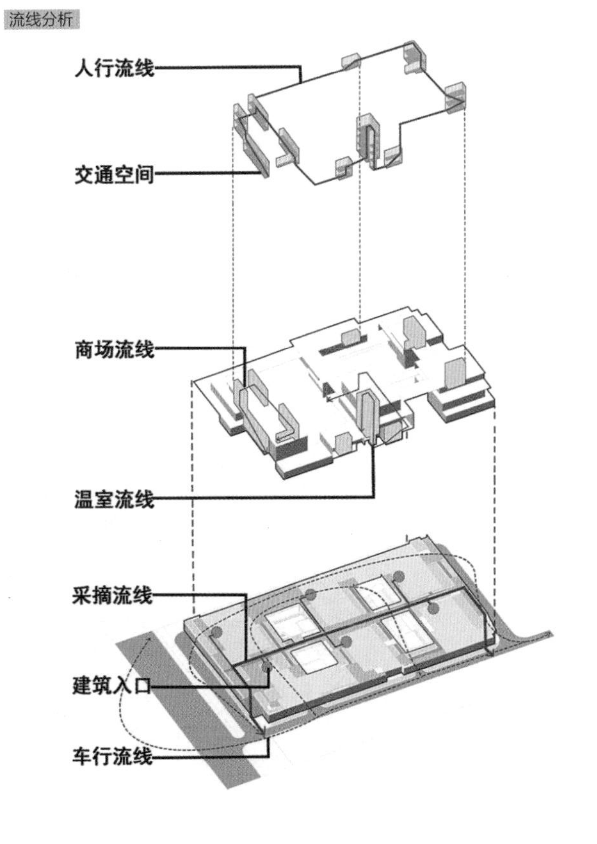
人行流线
交通空间
商场流线
温室流线
采摘流线
建筑入口
车行流线

体块分析

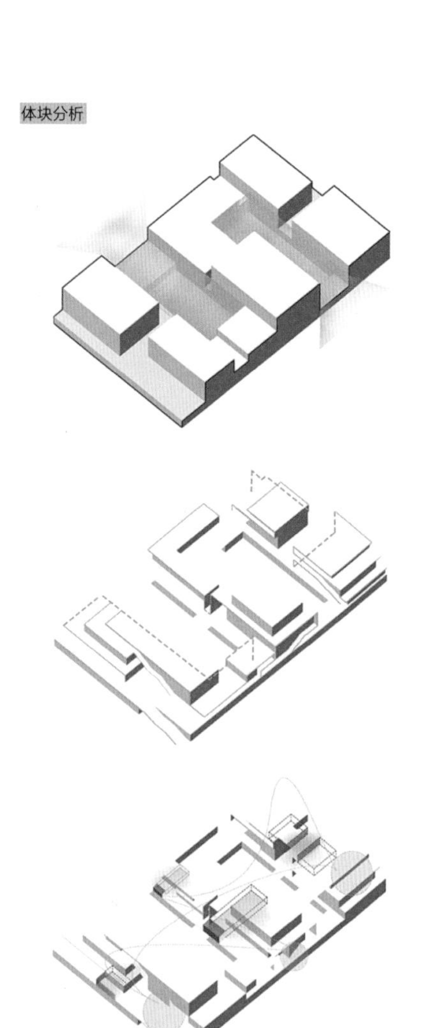

入口空间

中央广场

售卖广场

喷泉广场

总平面图

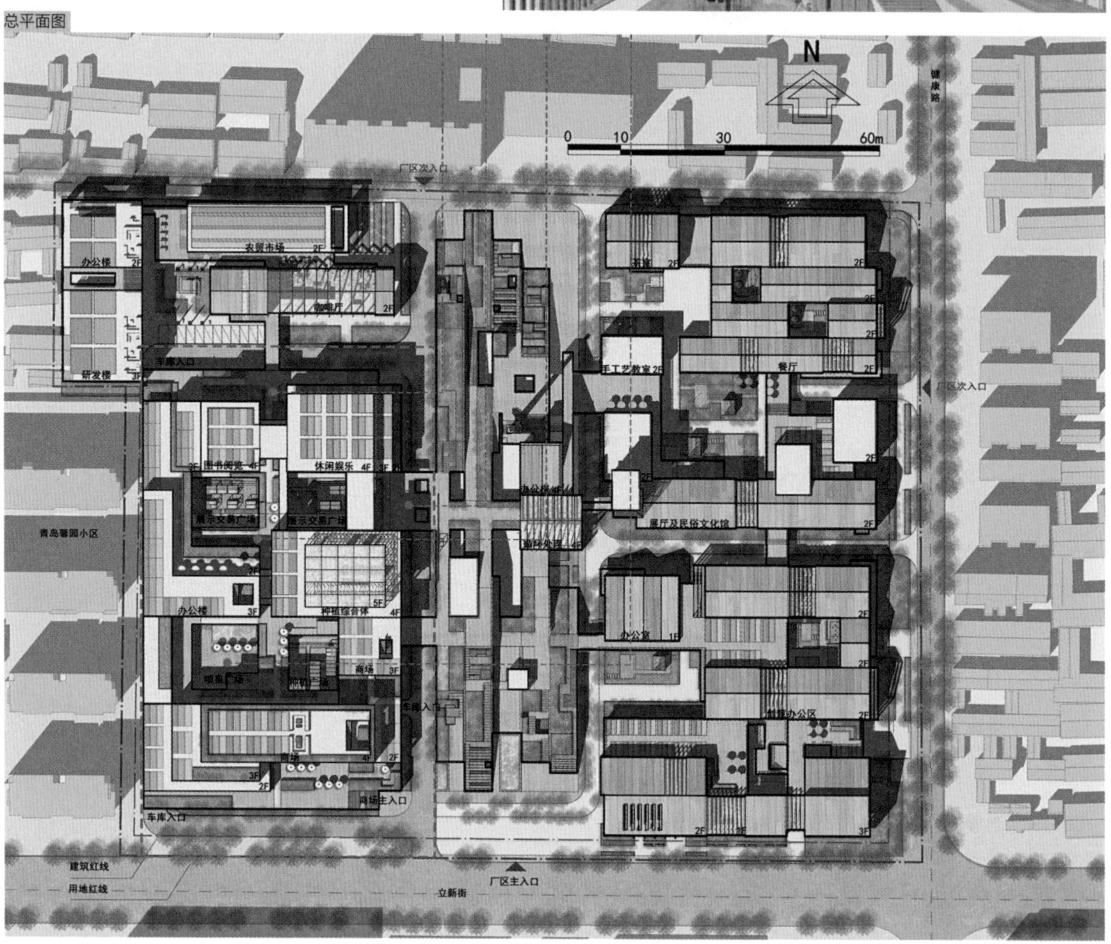

农业流程

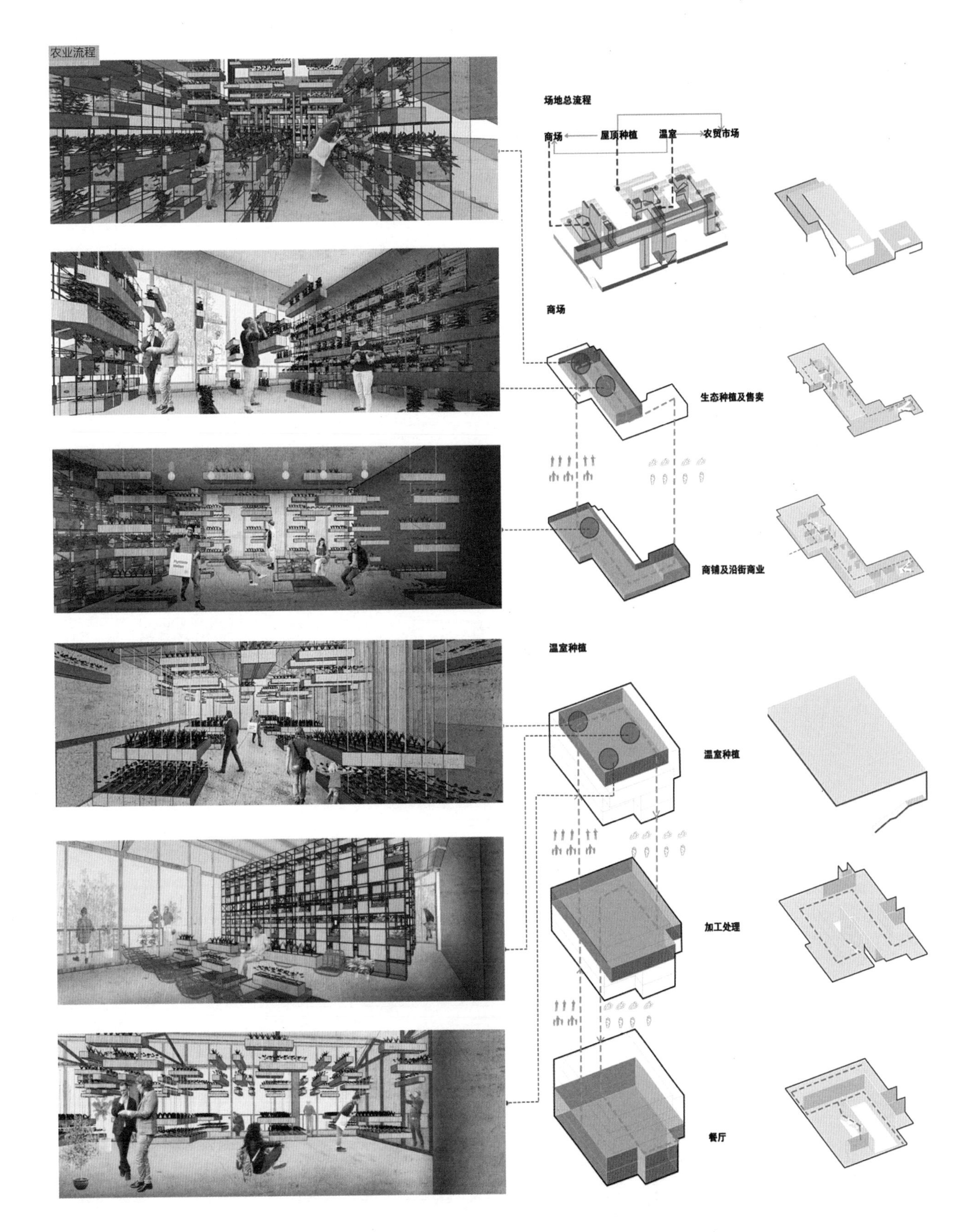


立面图

ARCHITECTURE

# 高新区文化中心建筑设计

Author
2014级
栾明宇

Advisor
刘文斌
王　茹

Site
山东省济南市

本设计既是济南市高新区片区文化教育发展的重要组成，也承担着为周边小区提供社区配套服务的关键任务，建筑总面积30000平方米，涵盖剧场、居民活动、老年大学、青少年培训、社区办公、社区医疗、健身等多种功能。周边环境同质化严重，但也给建筑带来了契机：一方面新区的建筑语言无疑是凝练的、有力度的；另一方面“社区”“文化”两词，又使人们萌生返璞的、有温度的场所诉求。这是快节奏生活状态下的年轻一代共同寻找的一种“境”。无论村口古树下的老人，还是杏林中琅琅读书的孩童，都传达出一种感受，那就是树的华盖为人们带来的一种源自心灵的庇护。教育始于树下的集会，文化中心亦应如此传承。因而设计首先是用堆叠的体块转译层叠的华盖，其创造出的空间，为社区人群提供了丰富的室外交往空间，也是独立于功能之外的。整个建筑顶端漂浮的巨型盒子是庇护感的集中体现，下表面镀铬镜面吊顶，戏剧化的映射广场上形形色色的人和活动。其次是，自主广场延伸而出的公园，为社区群体提供丰富的共享环境。设计者希望这些共同构成一种“境”，能为疲于日常工作和学业的人们提供一种庇护。

区位环境情况

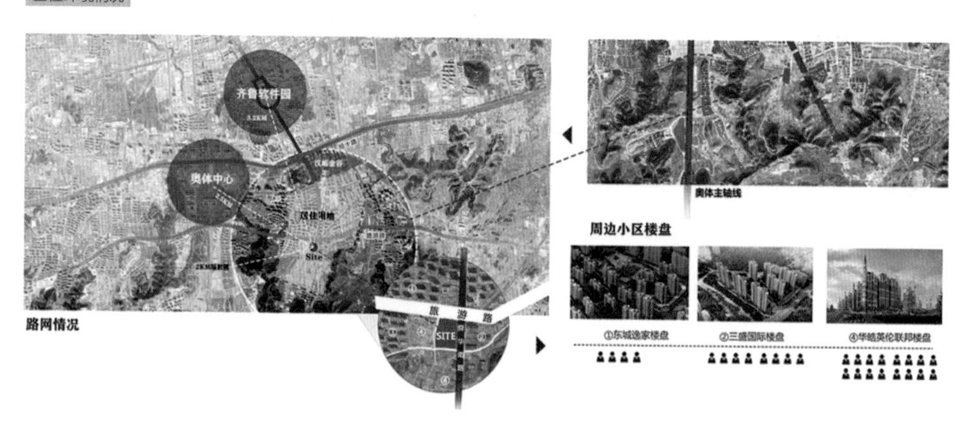




基地环境分析

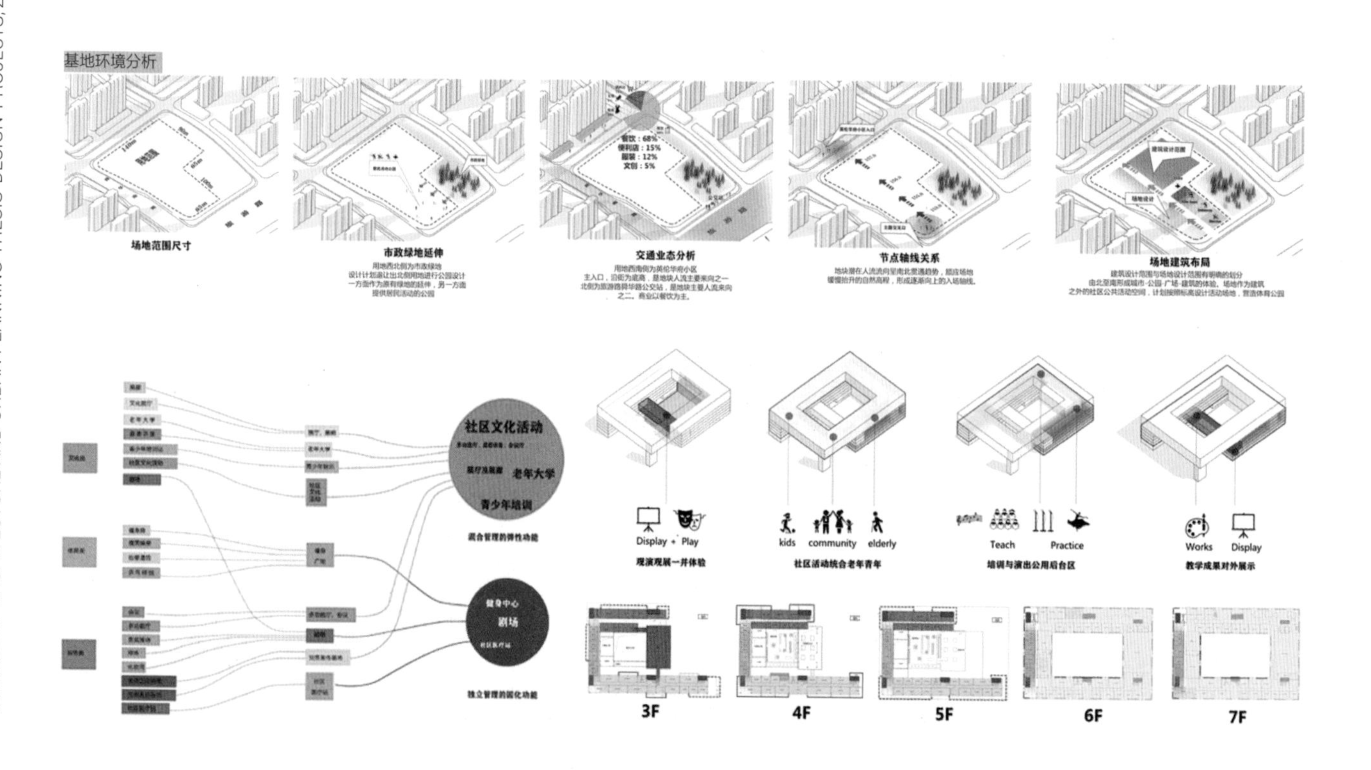

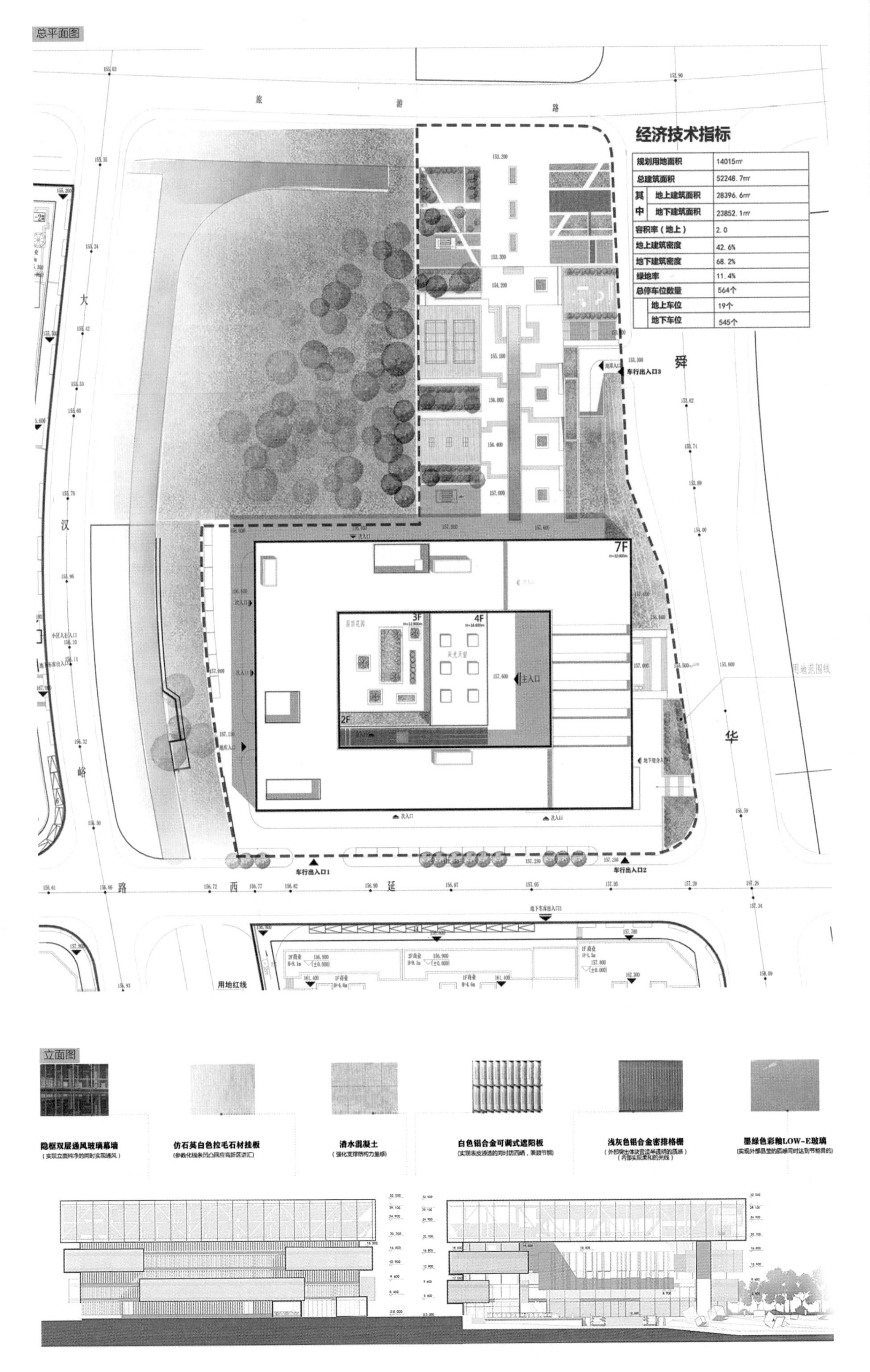


经济技术指标

| 规划用地面积 | | 14015㎡ |
|---|---|---|
| 总建筑面积 | | 52248.7㎡ |
| 其中 | 地上建筑面积 | 28396.6㎡ |
| | 地下建筑面积 | 23852.1㎡ |
| 容积率（地上） | | 2.0 |
| 地上建筑密度 | | 42.6% |
| 地下建筑密度 | | 68.2% |
| 绿地率 | | 11.4% |
| 总停车位数量 | | 564个 |
| | 地上车位 | 19个 |
| | 地下车位 | 545个 |

luckin coffee
URBAN THEATER

首层平面图

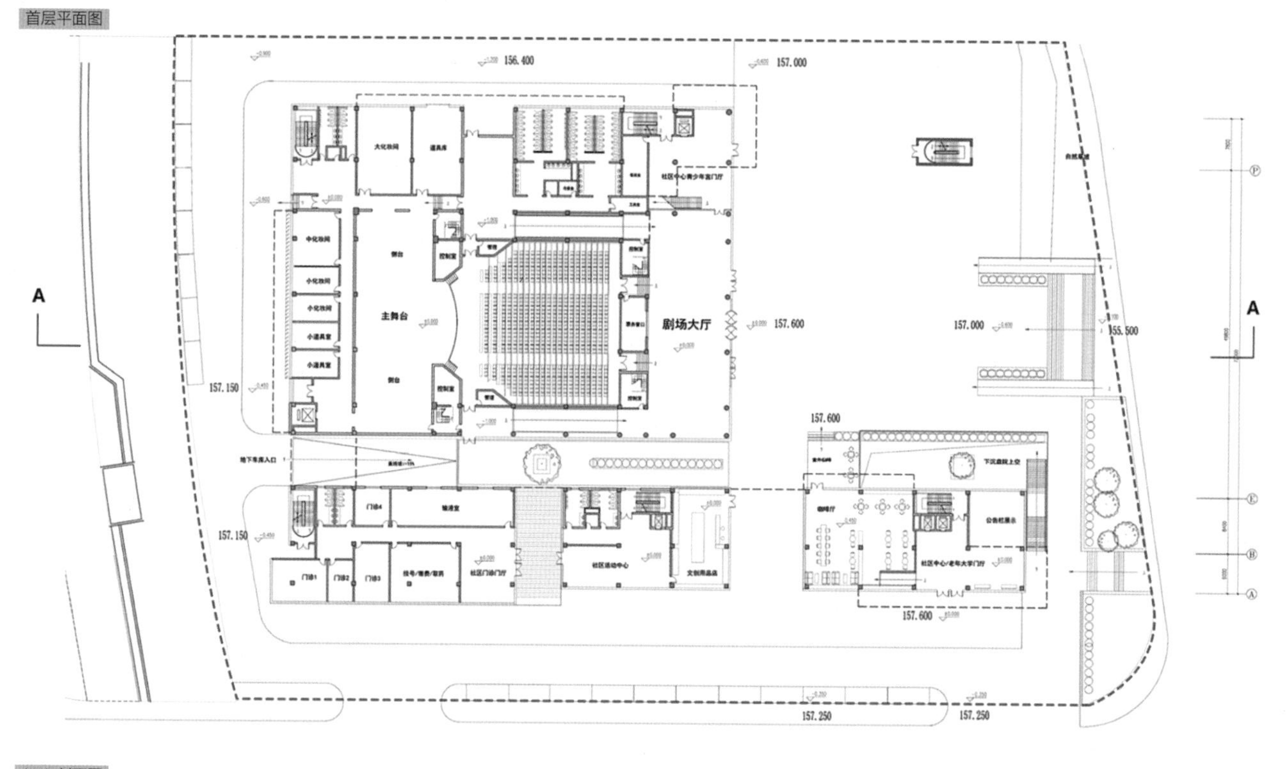
156.400
157.000
A
主舞台
剧场大厅
157.600
157.000
155.500
157.150
157.150
157.600
157.600
157.250
157.250

A-A 剖面图

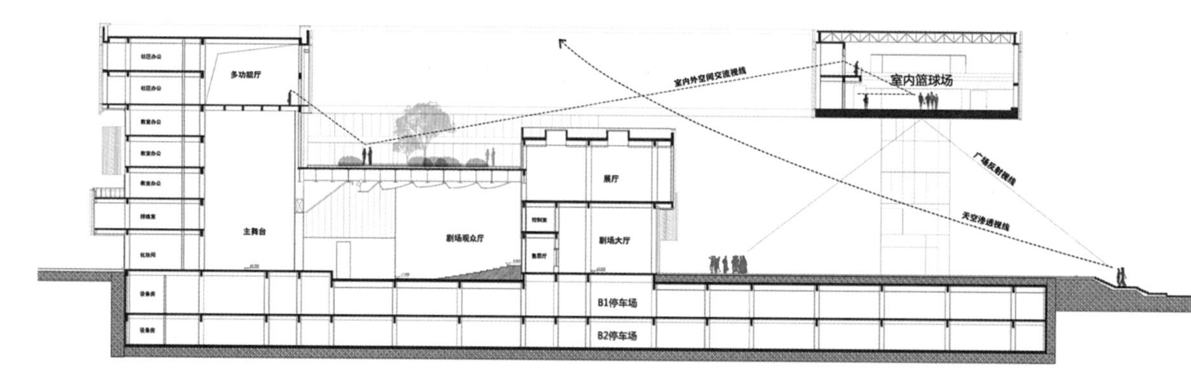
多功能厅
室内外空间交流视线
室内篮球场
广场反射视线
天空渗透视线
展厅
主舞台
剧场观众厅
剧场大厅
B1停车场
B2停车场

6层露天花园

社区开放阅览区

6层室内运动场



负一层平面图

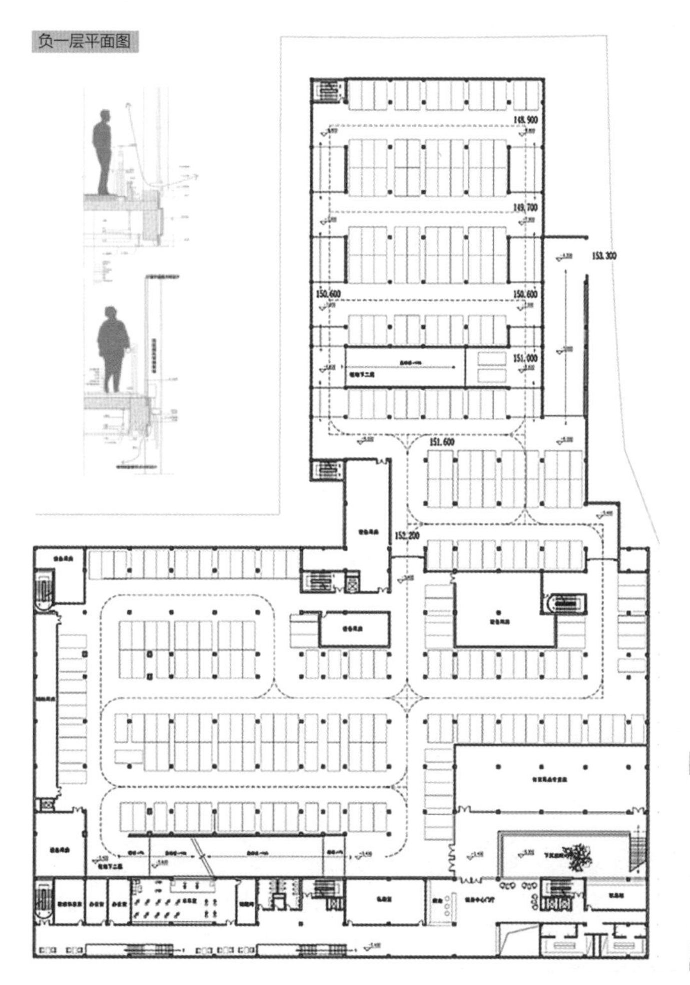

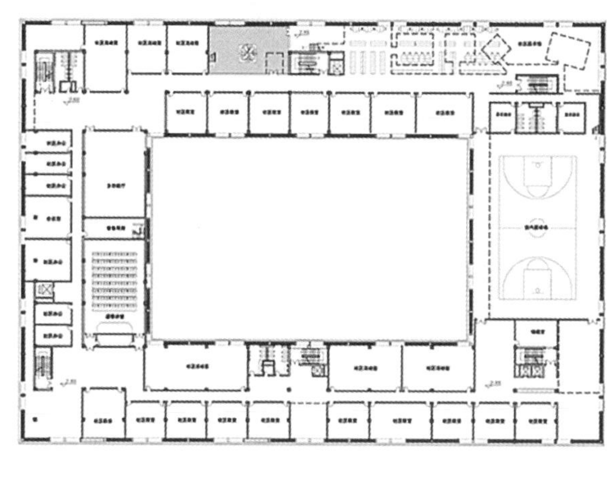

北立面图

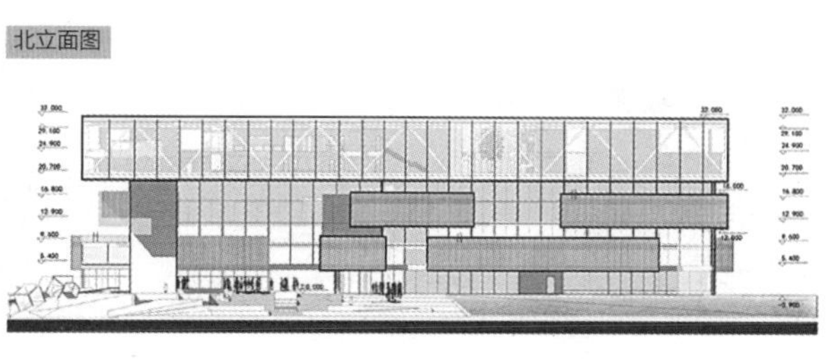

# ARCHITECTURE

# 山东某高校科研综合楼建筑设计

Author
2013级
任永翔

Advisor
赵学义

Site
山东省济南市

**从绿色城市空间到绿色建筑空间的转化与演进**

绿色办公建筑现今已成为建筑行业的重点发展趋势和研究方向，人们对绿色建筑的理解也从绿色屋顶到低能耗建筑。本方案设计为高校科研综合楼建筑设计，在方案中融入了生态策略，实现建筑最大程度的舒适性和节能性，并通过建筑空间的组合变换来改变传统办公建筑死板的状态，给予办公人员一个低能耗且舒适并具有趣味性的生态办公场所。

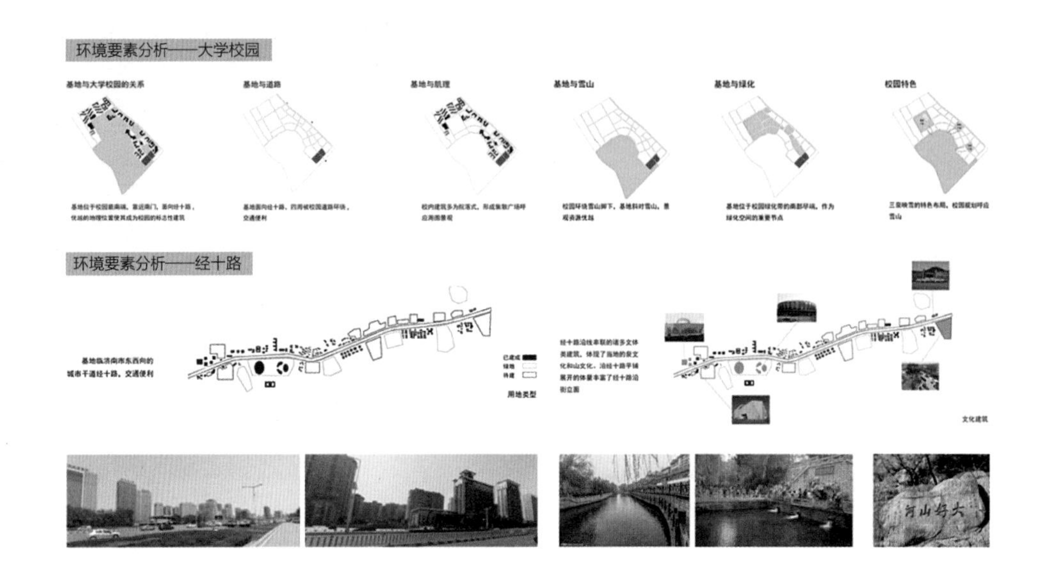

组团一层平面图
地下车库
地下车库
地下车库
主入口
N

实体生成

面向南方的行列式布局，围合中央水院
面向经十路一侧，抬升主楼，延续经十路沿街立面
打散建筑体量，形成入口空间
倾斜体量，呼应雪山和主入口人流
植入功能块，丰富步行体验
教学楼面向学校
科研办公面向经十路
办公楼面向经十路
庭院形状
行车流线
消防流线
人行流线
南门入口空间
三角形向外打开的入口广场
引入绿化和面状水，分隔广场，引导人流
引入架空连桥和体块，丰富入口广场空间

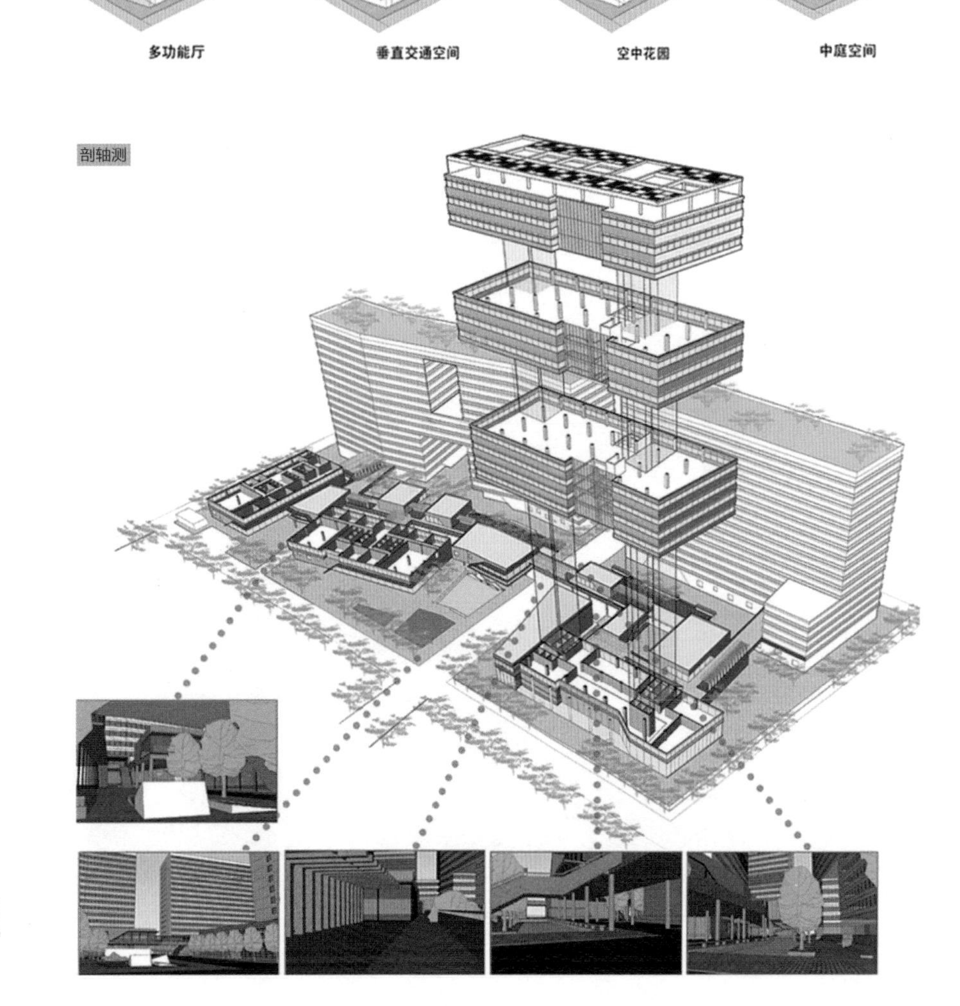
功能分区
多功能厅
垂直交通空间
空中花园
中庭空间
剖轴测

# 南湖行知学校设计


Author
2013级
付　瑜
李凌娜

Advisor
刘伟波


Site
山东省聊城市

聊城南湖行知学校是一所小学至中学九年一贯制寄宿学校。学校可容纳小学 36 班，初中 36 班。中学部总建筑面积 31503 平方米，小学部总建筑面积 30930 平方米。设计提出与“271”教育模式相契合，为前者提供空间载体；将自然景观融入校园，小体量建筑若隐若现于林地之间的愿景。通过阳光、农田、植物的引入，丰富扩宽学生的视野，增强学习效率；尊重青少年教育的自然规律，以自然生态为教育载体，营造怡人的生活场所，形成孩子与植物共同生长可持续发展的微型社区。

项目分析

课程设置

|  |  |
|---|---|
| 语文／数学／外语 | 44% |
| 社会科学 | 12% |
| 思想品德 | 8% |
| 体育课程 | 10% |
| 艺术课程 | 10% |
| 实践课程 | 16% |

《公办学校中小学课程国家标准》

教学空间

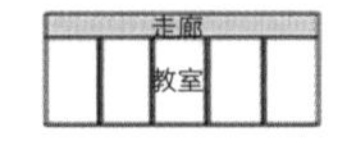


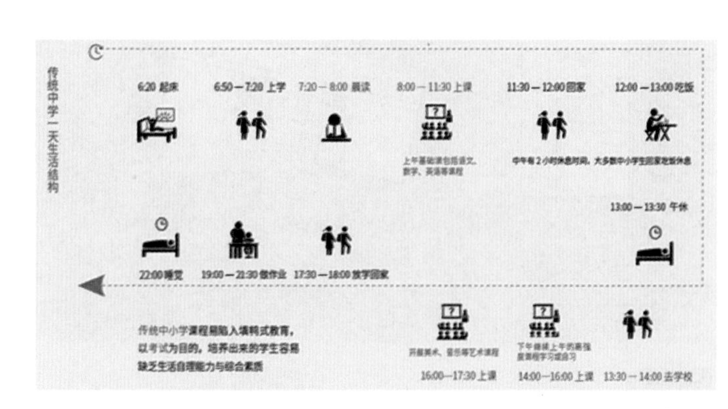


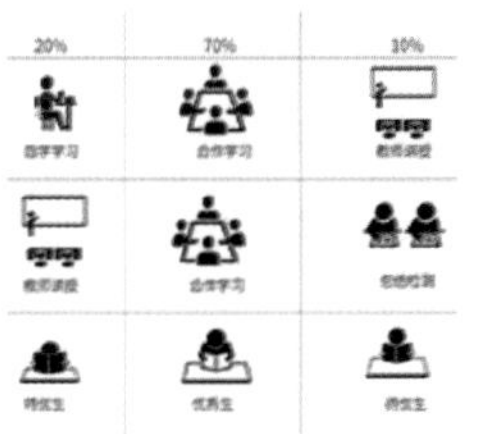


教学空间

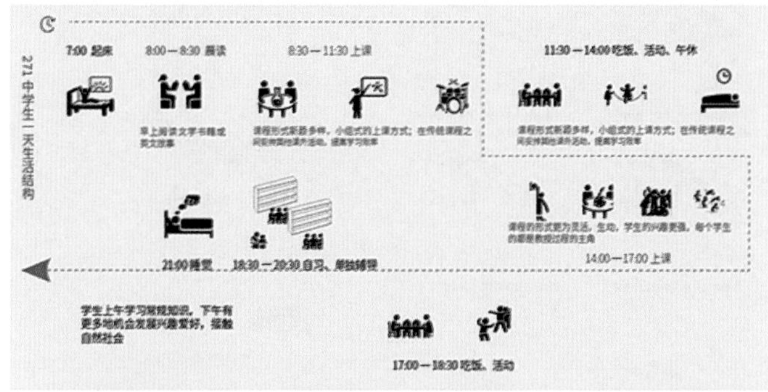


概念生成

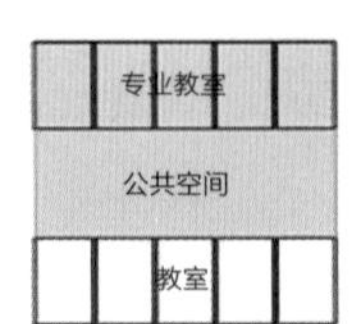


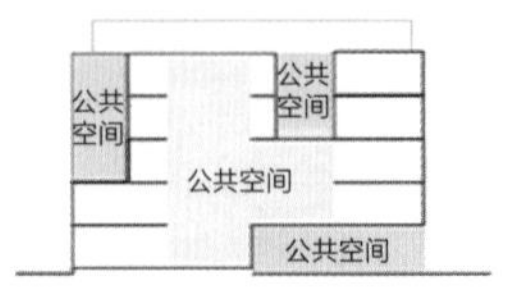


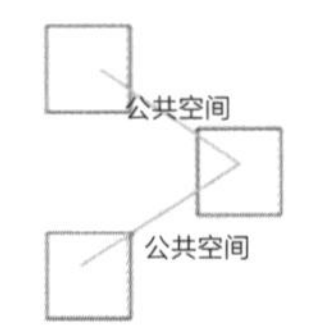


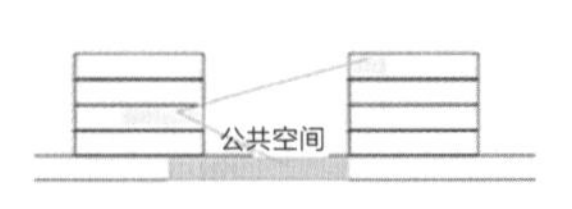


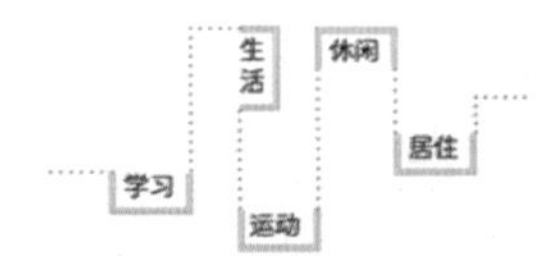


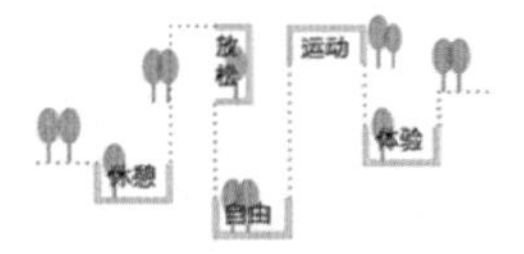


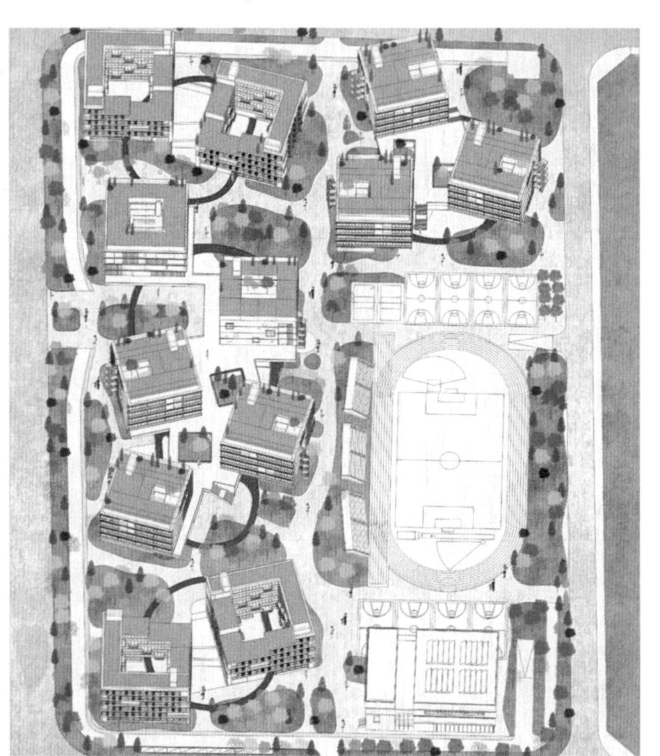

空间生成

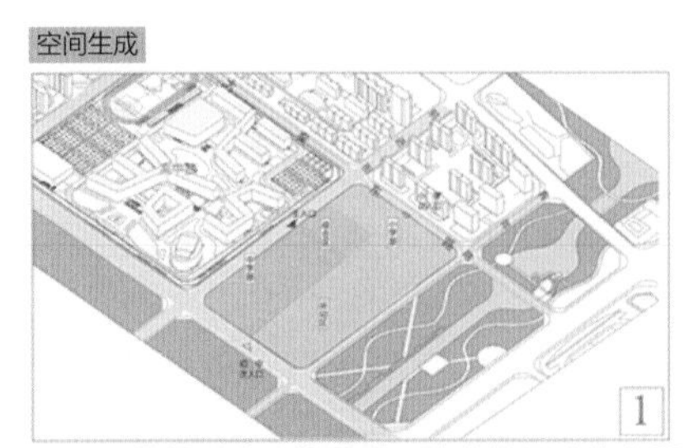

Step1：依据动静功能需求，确定校园功能分区

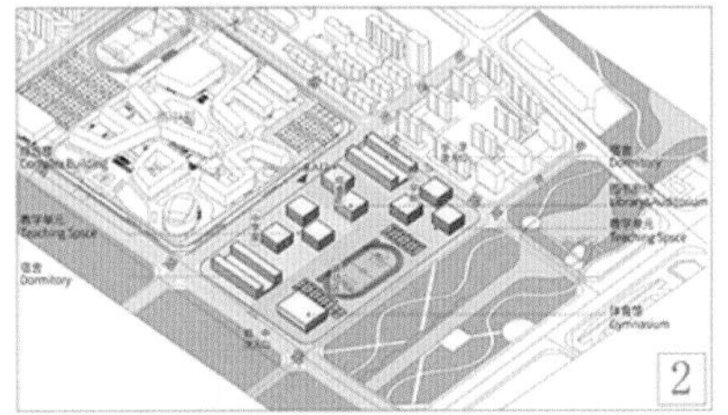

Step2：依据城市现状环境和分区，对建筑功能体块进行合理布局

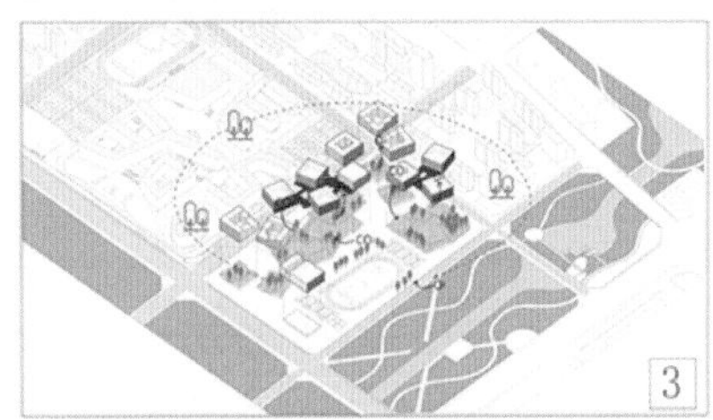

Step3：置入平台景观连接建筑，加强校园各功能区块之间的联系与对话

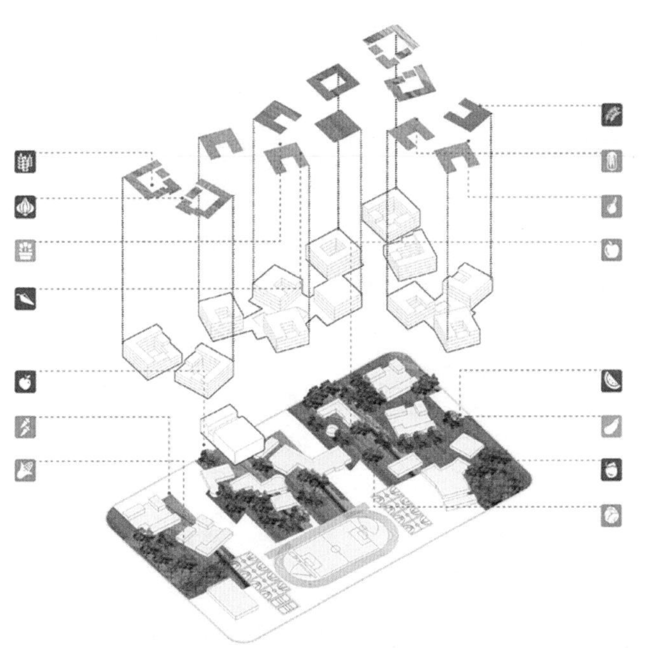

总平面图

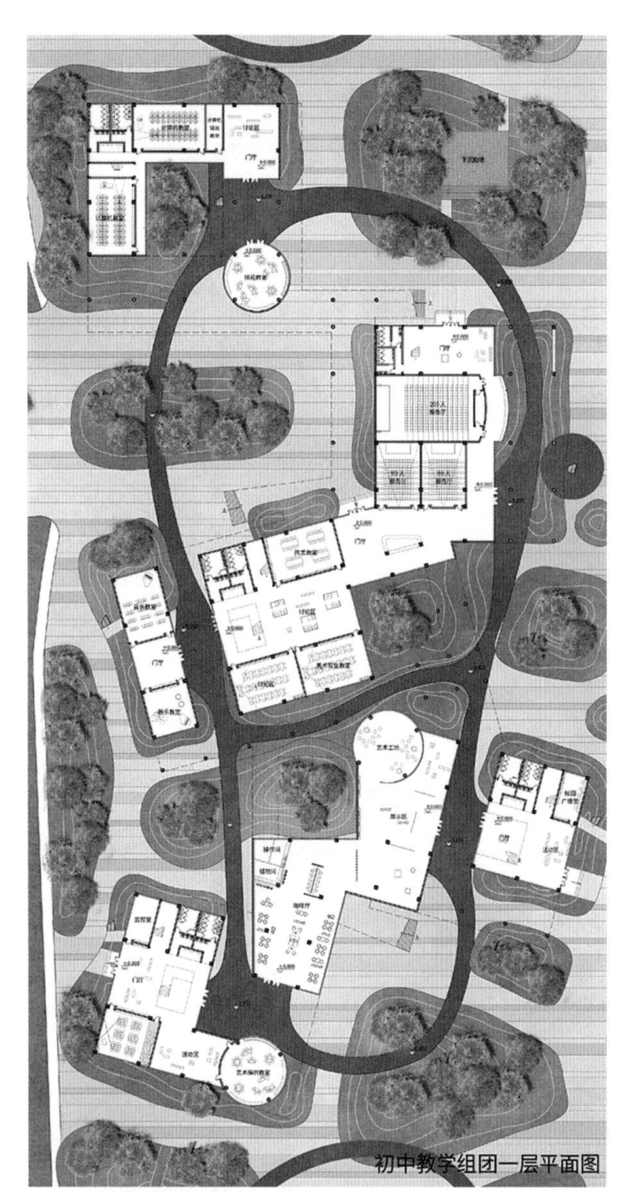
初中教学组团一层平面图

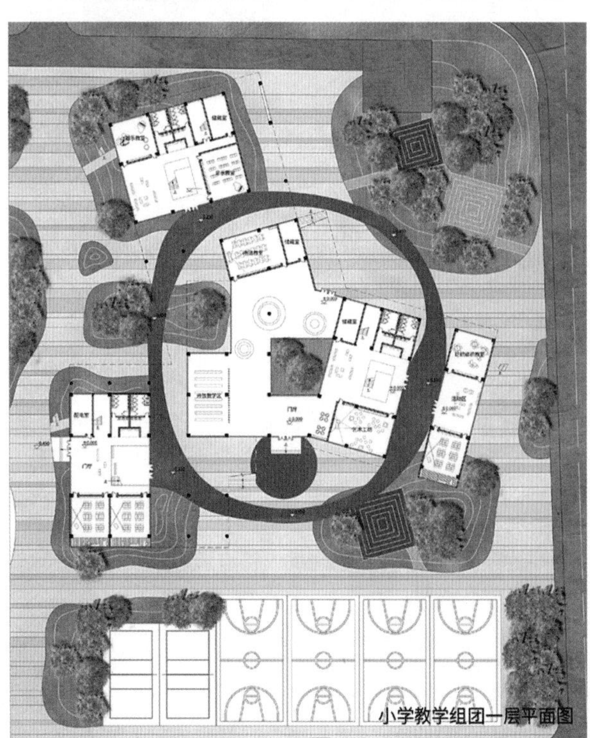
小学教学组团一层平面图

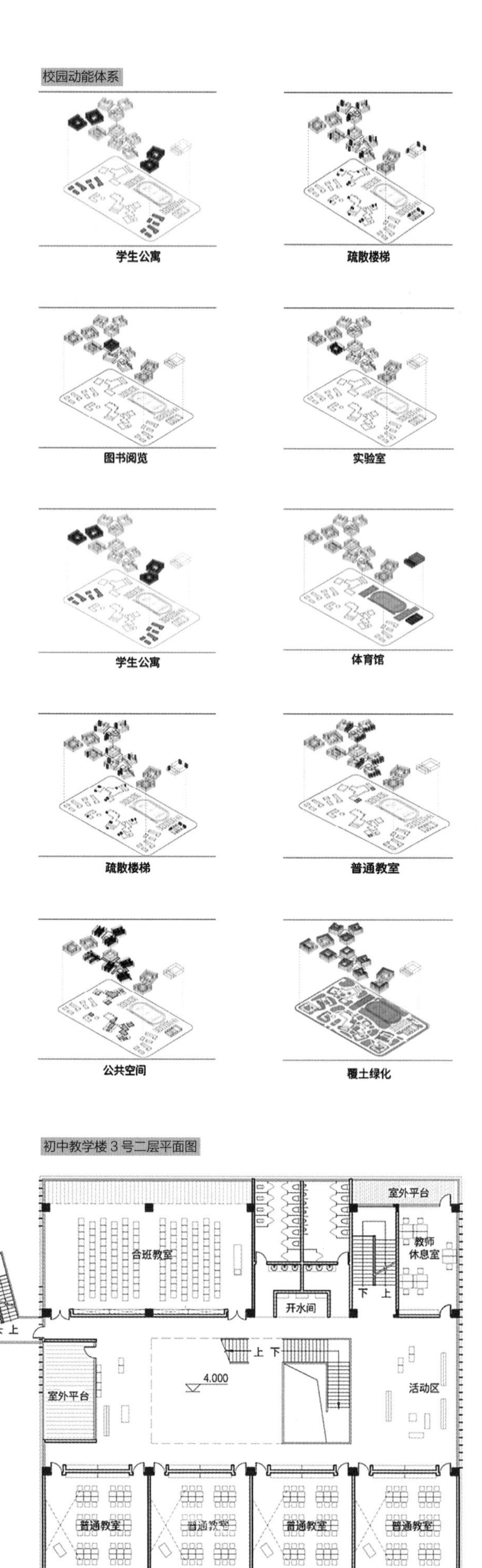
校园动能体系
学生公寓
疏散楼梯
图书阅览
实验室
学生公寓
体育馆
疏散楼梯
普通教室
公共空间
覆土绿化
初中教学楼 3 号二层平面图
合班教室
室外平台
教师
休息室
开水间
下
上
4.000
室外平台
活动区
普通教室
普通教室
普通教室
普通教室

内部空间结构

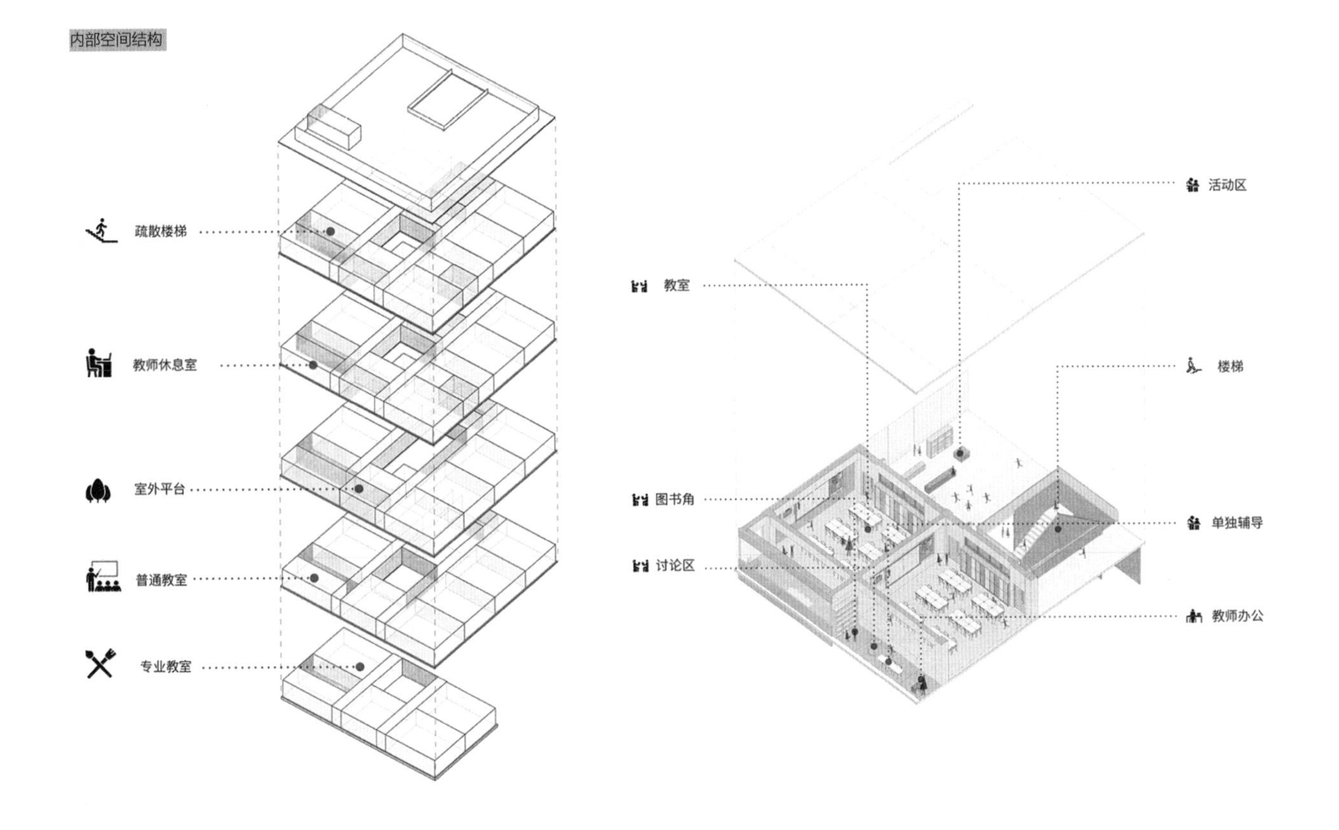


立面图 & 剖面图

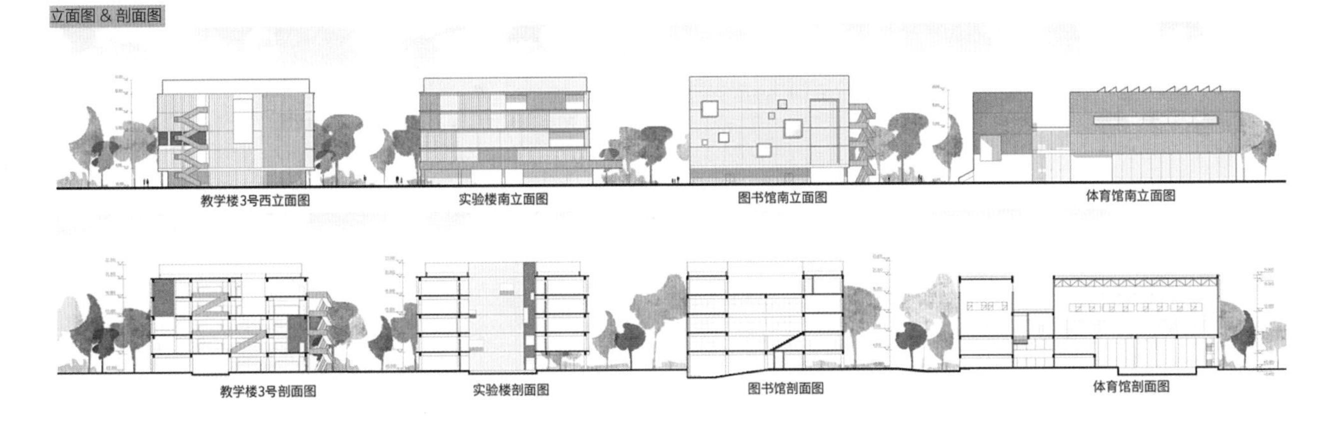

# ARCHITECTURE

# 山东潍坊大英烟文创园区设计


Author
2013级
孙忆凡
赖震洲
李沛瑶

Advisor
刘长安
周忠凯


Site
山东省潍坊市

将潍坊丰富的非物质文化遗产、地域民俗文化与大英烟厂工业遗产保护利用项目结合，促进潍坊地域文化弘扬、绿色旅游发展、提高周边市民生活质量等问题的解决。对于原厂址的一些设施不是一味的删除、拆除，而是更加精彩地利用到设计当中，将旧的建筑材料、管道、钢筋混凝土、砖石和文化进行改造重生。老厂房一鸳鸯楼的保留和改造向游客诉说了原厂址的功能（大英烟厂），实现社会效益、经济效益、环境效益的共同达成。

55% 需要 较多方面的城市文化

65% 缺乏 风筝的互动项目

75% 认为 杨家埠门票贵

65% 需要 文化继承人交流工作平台

55% 发展 配套服务功能

35% 需要 大量绿地

厂区历史沿革

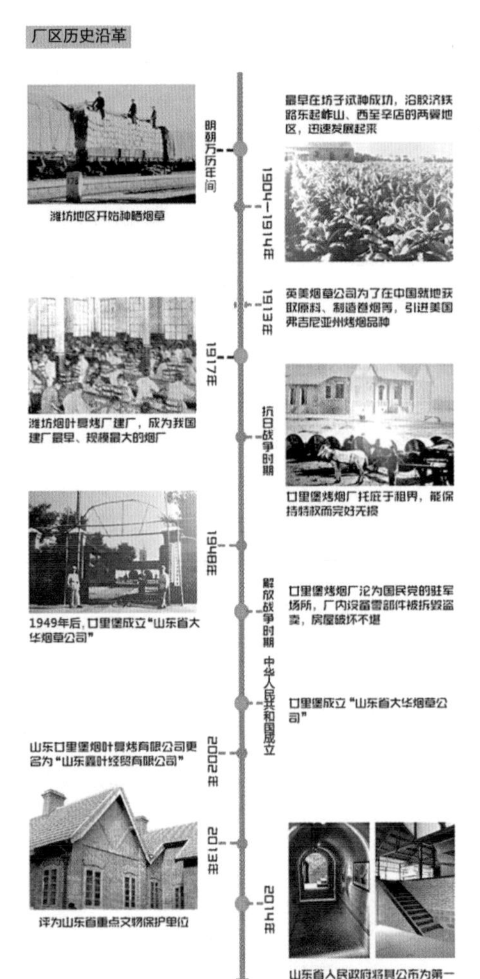


设计演变

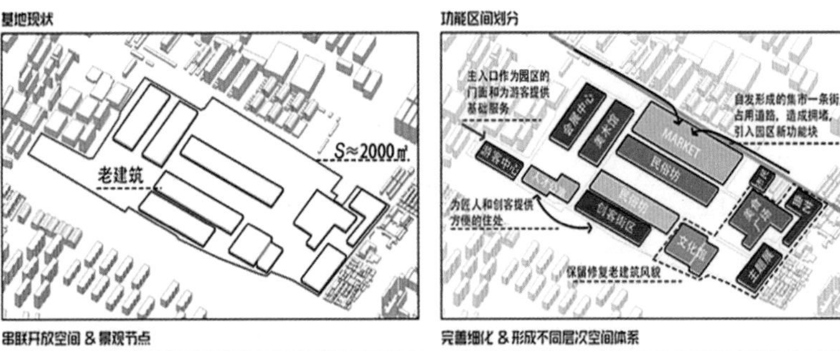

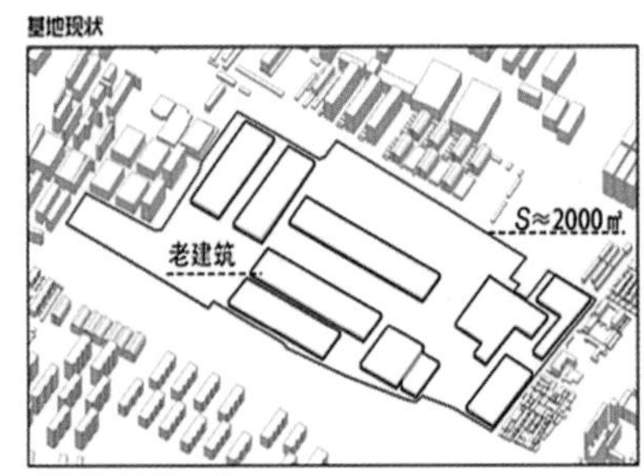


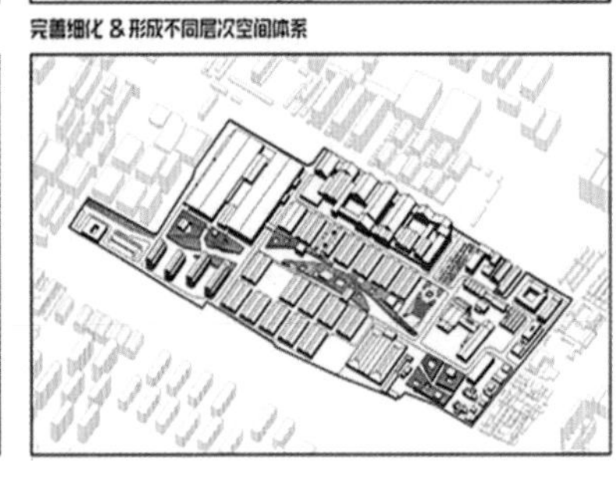


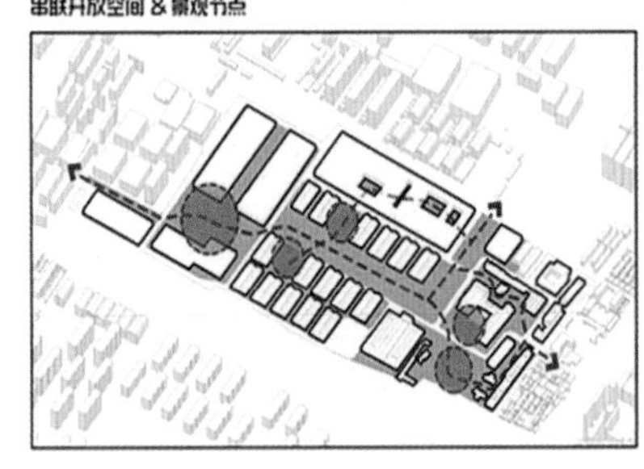


完善细化 & 形成不同层次空间体系

生态绿轴推敲

抬升生态绿地形成地景，在保证了园区绿地率的条件下形成大量下层空间并充分利用起来，布置各种服务功能，同时可以供游客乘凉。

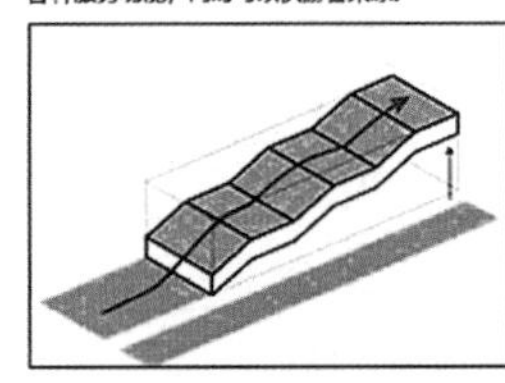

插入功能盒子或者挖空出方形庭院保证下方采光和通风，在视线上增加了丰富性。

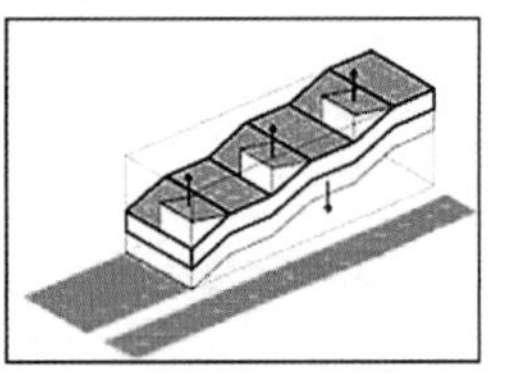

下层空间通过后退和打通，形成多个通廊连接园区各个空间和半私密的灰空间，增加了人们步行的舒适性，上层地景依然完整。

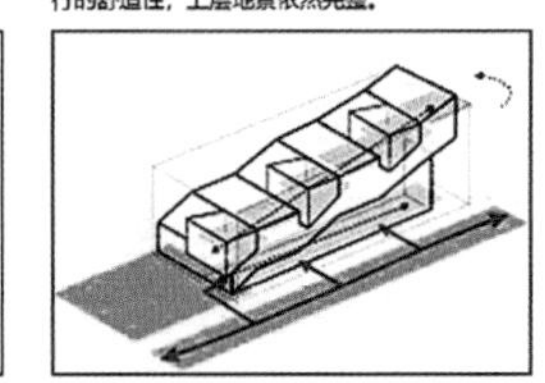

开放空间分析

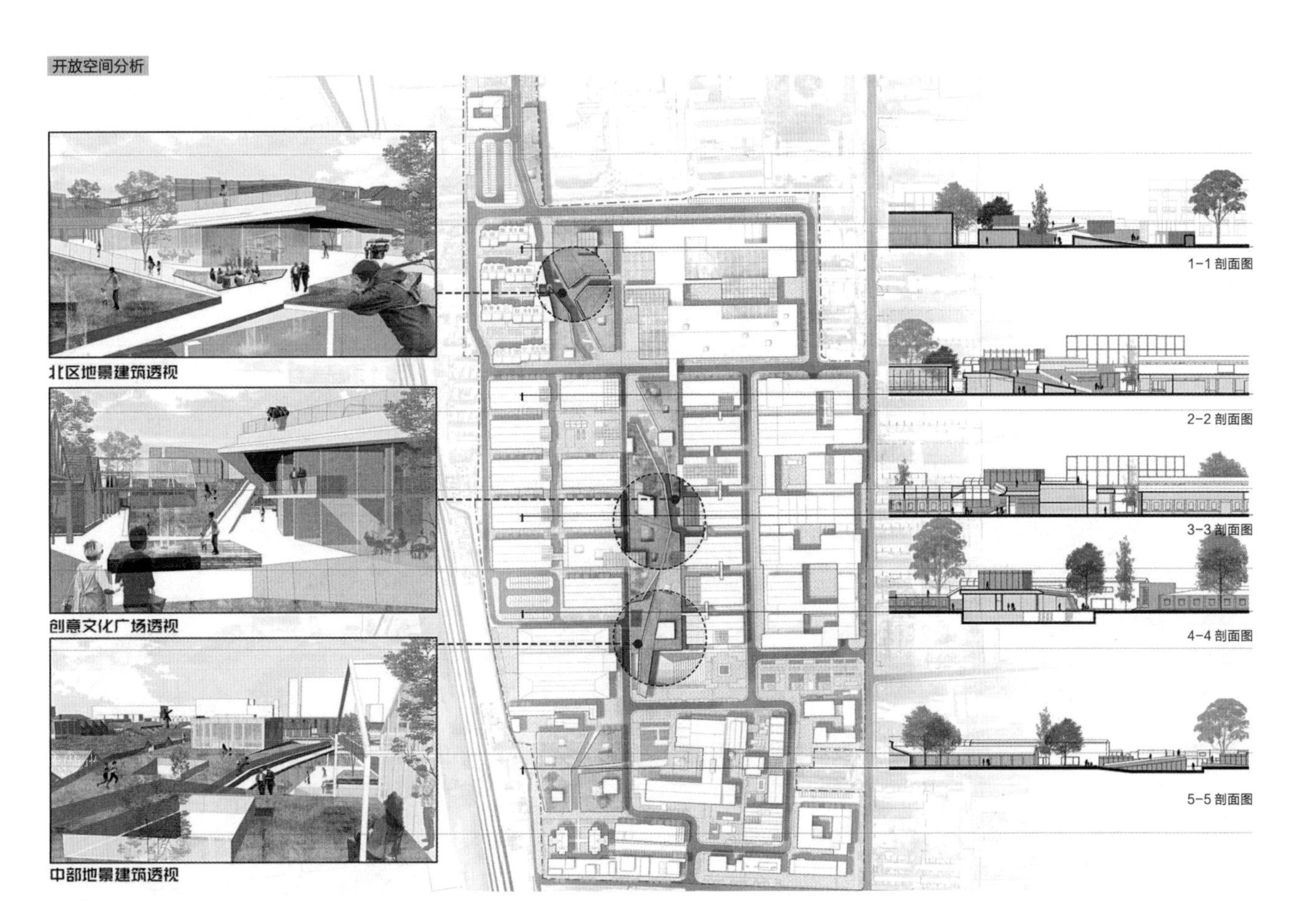

总平面图

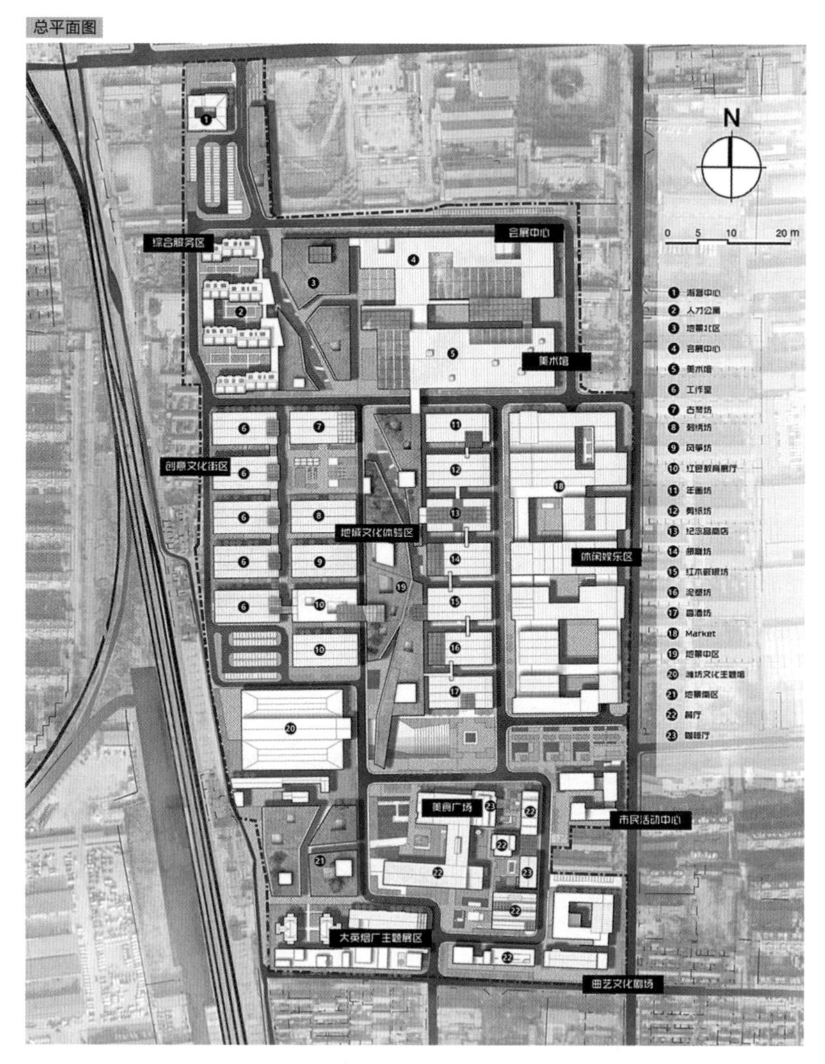


方案分析

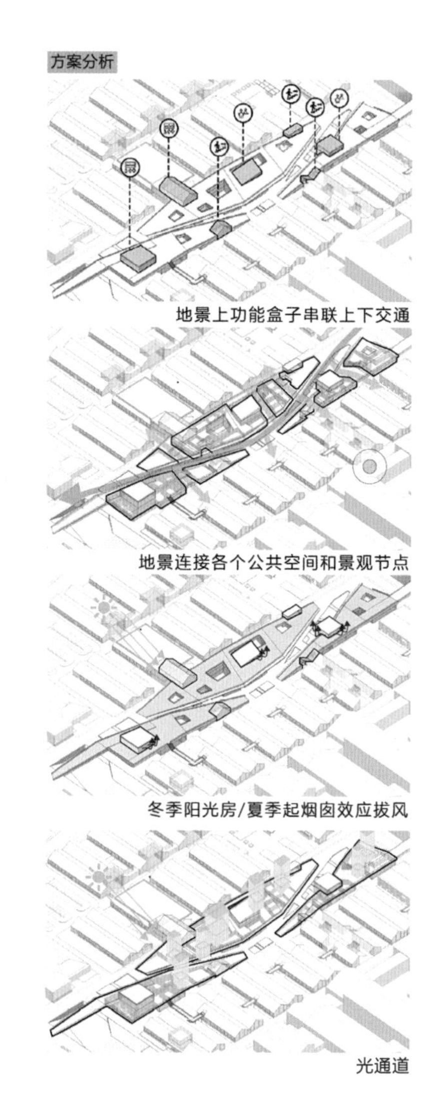

地景上功能盒子串联上下交通

地景连接各个公共空间和景观节点

冬季阳光房/夏季起烟囱效应拔风

光通道

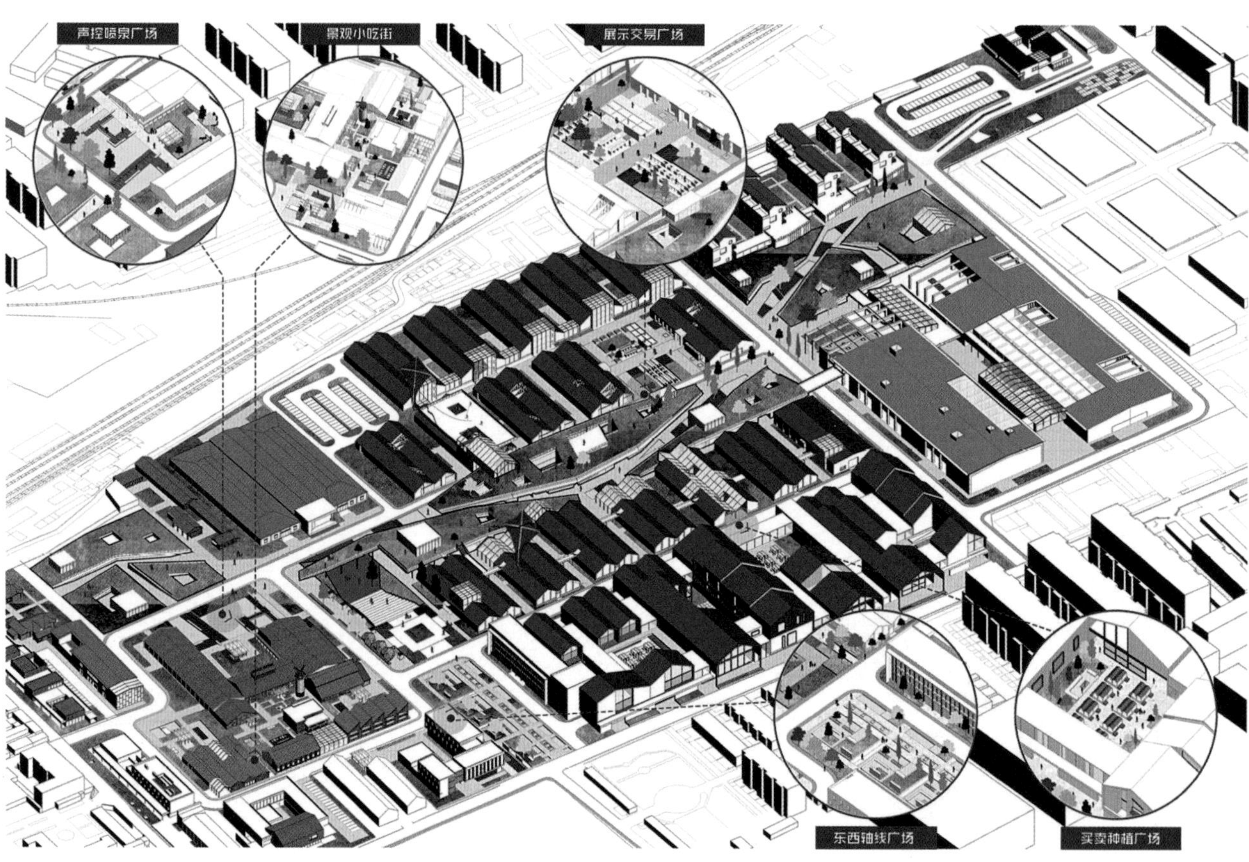

## 鸳鸯库改造策略

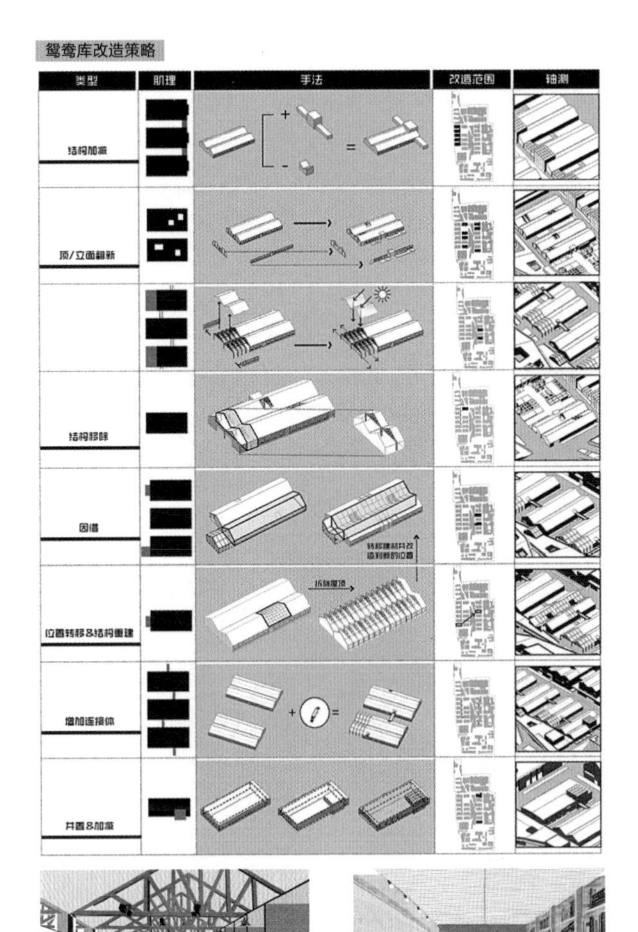


## 生态绿轴

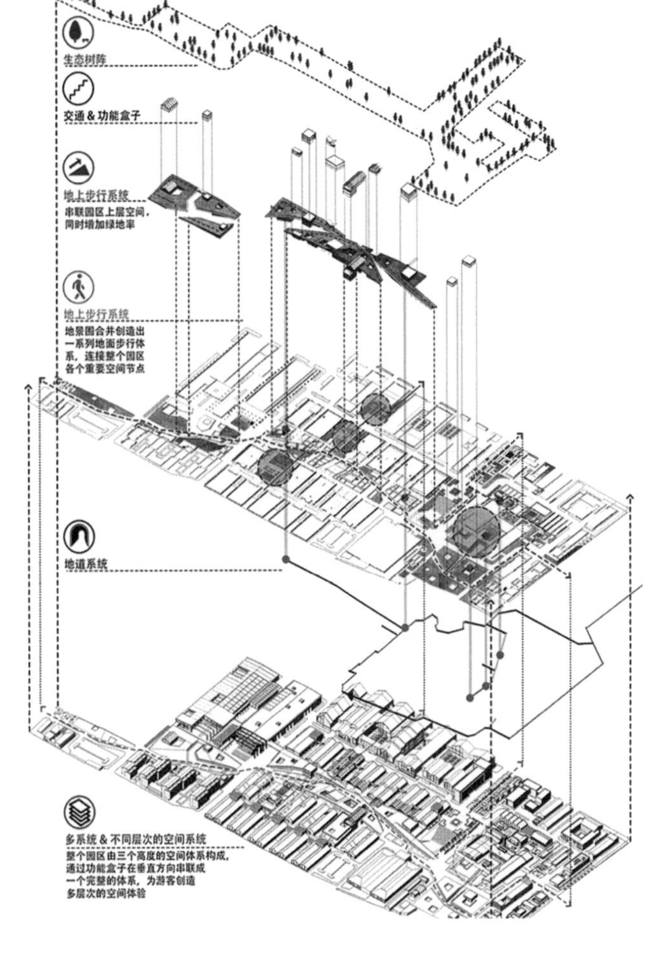


## 水系&绿地

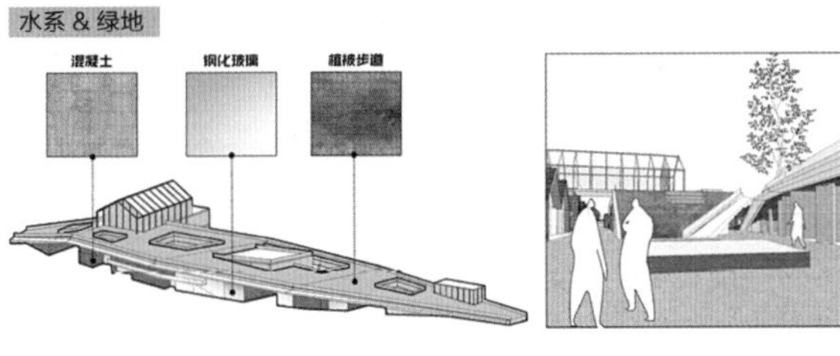


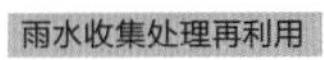

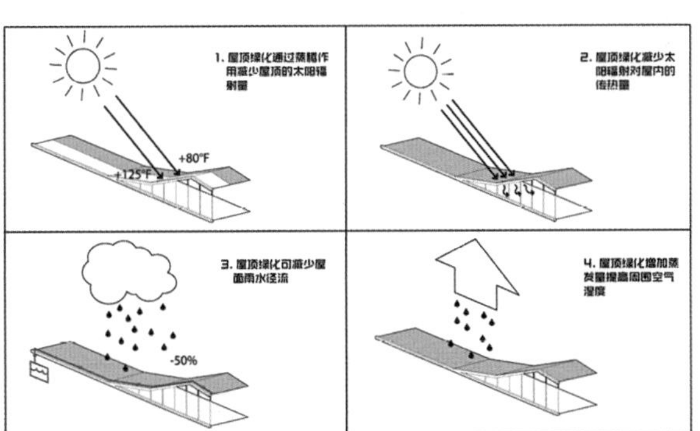


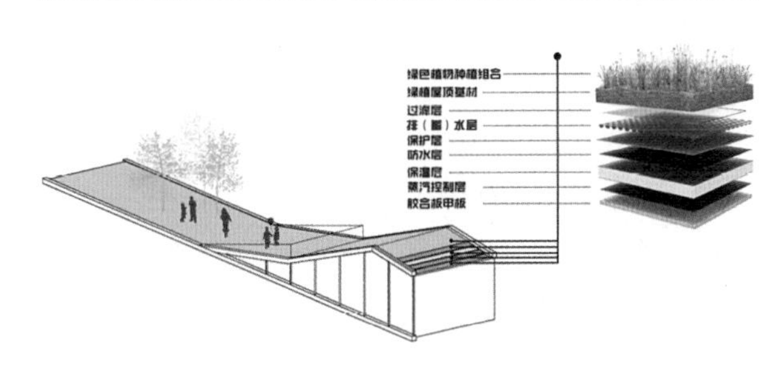


## 雨水收集处理再利用

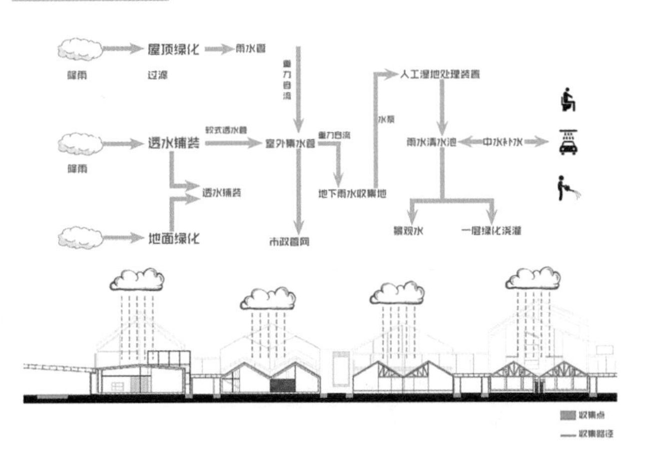

ARCHITECTURE

# 济南新东站传统风貌区城市设计

Author
2013级
贺丽玮
王心慧

Advisor
赵继龙
王　江

Site
山东省济南市

## 居住在城市的人们往往持有强烈的田园梦

以济南新东站规划区内的传统风貌区为研究对象（2018 年），选址于白泉风景保护区内，再现济南传统泉水文化与建筑风貌。传统风貌区商住混合，并服务于新东站游客群体和济南居民群体。本设计基于济南典型泉水聚落，泉水分布影响道路起承转合，用形状文法抽象城市道路结构，并根据现代城市发展需要和居住区规范进行修订，形成具有传统风貌特色的城市住区设计。通过人群需求与混合功能分析，实现物质传统、精神传统与城市高级功能的结合。

## 总平面图

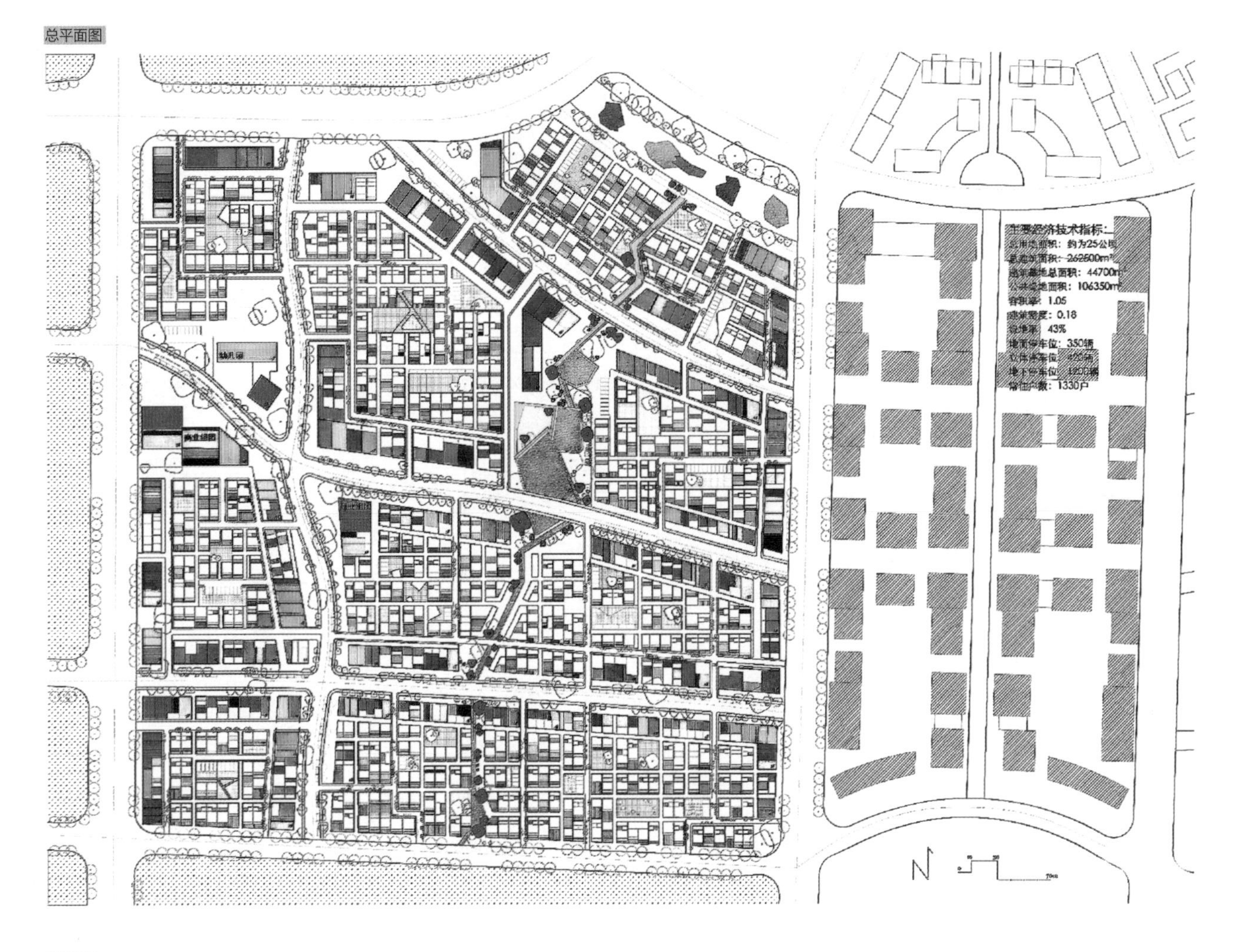




## 分析图

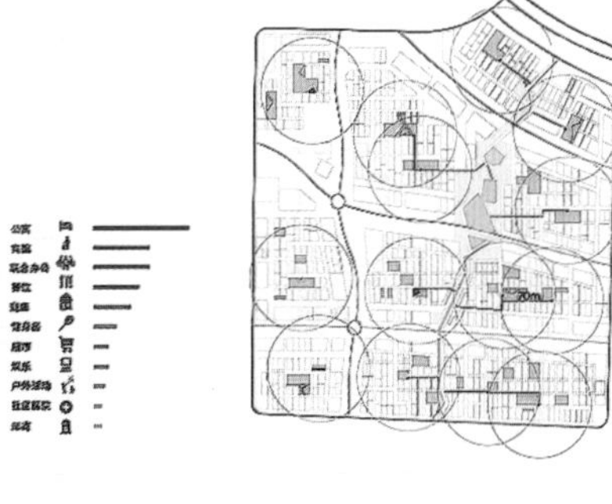

## 街景透视图

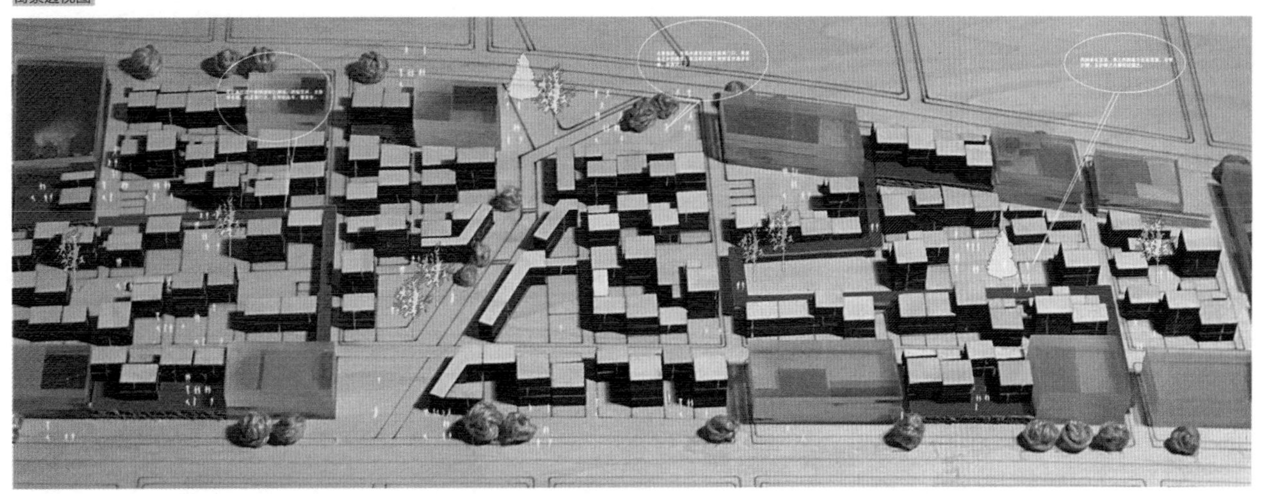

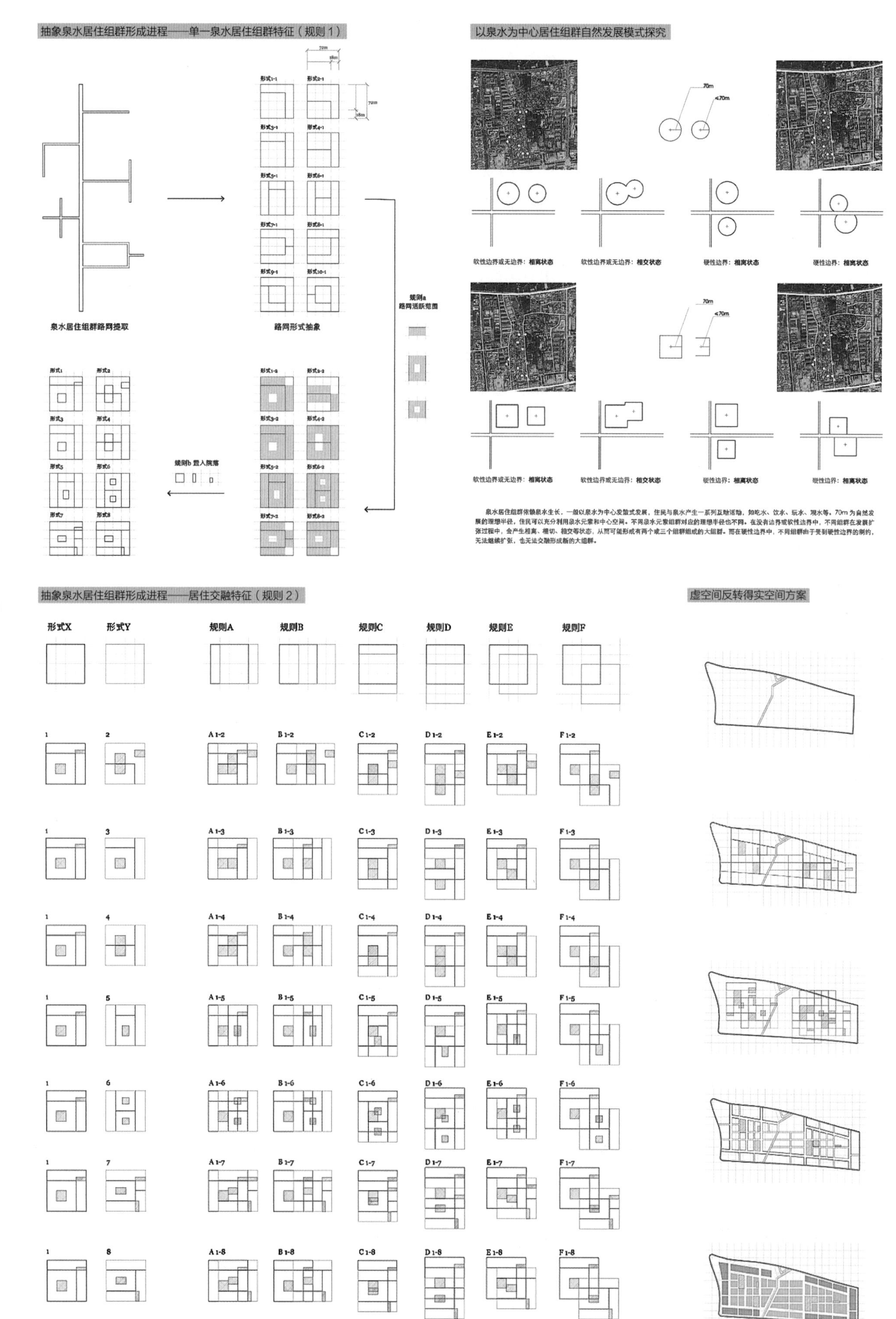
抽象泉水居住组群形成进程——单一泉水居住组群特征（规则 1）
泉水居住组群路网提取
路网形式抽象
规则a 路网活跃范围
规则b 置入院落
以泉水为中心居住组群自然发展模式探究
70m
≤70m
软性边界或无边界：相离状态
软性边界或无边界：相交状态
硬性边界：相离状态
硬性边界：相离状态
泉水居住组群依赖泉水生长，一般以泉水为中心发散式发展，住民与泉水产生一系列互动活动，如吃水、饮水、玩水、观水等。70m 为自然发展的理想半径，住民可以充分利用泉水元素和中心空间。不同泉水元素组群对应的理想半径也不同。在没有边界或软性边界中，不同组群在发展扩张过程中，会产生相离、相切、相交等状态，从而可能形成有两个或三个组群组成的大组群。而在硬性边界中，不同组群由于受到硬性边界的制约，无法继续扩张，也无法交融形成新的大组群。
抽象泉水居住组群形成进程——居住交融特征（规则 2）
形式X
形式Y
规则A
规则B
规则C
规则D
规则E
规则F
虚空间反转得实空间方案

## 户型排布逻辑

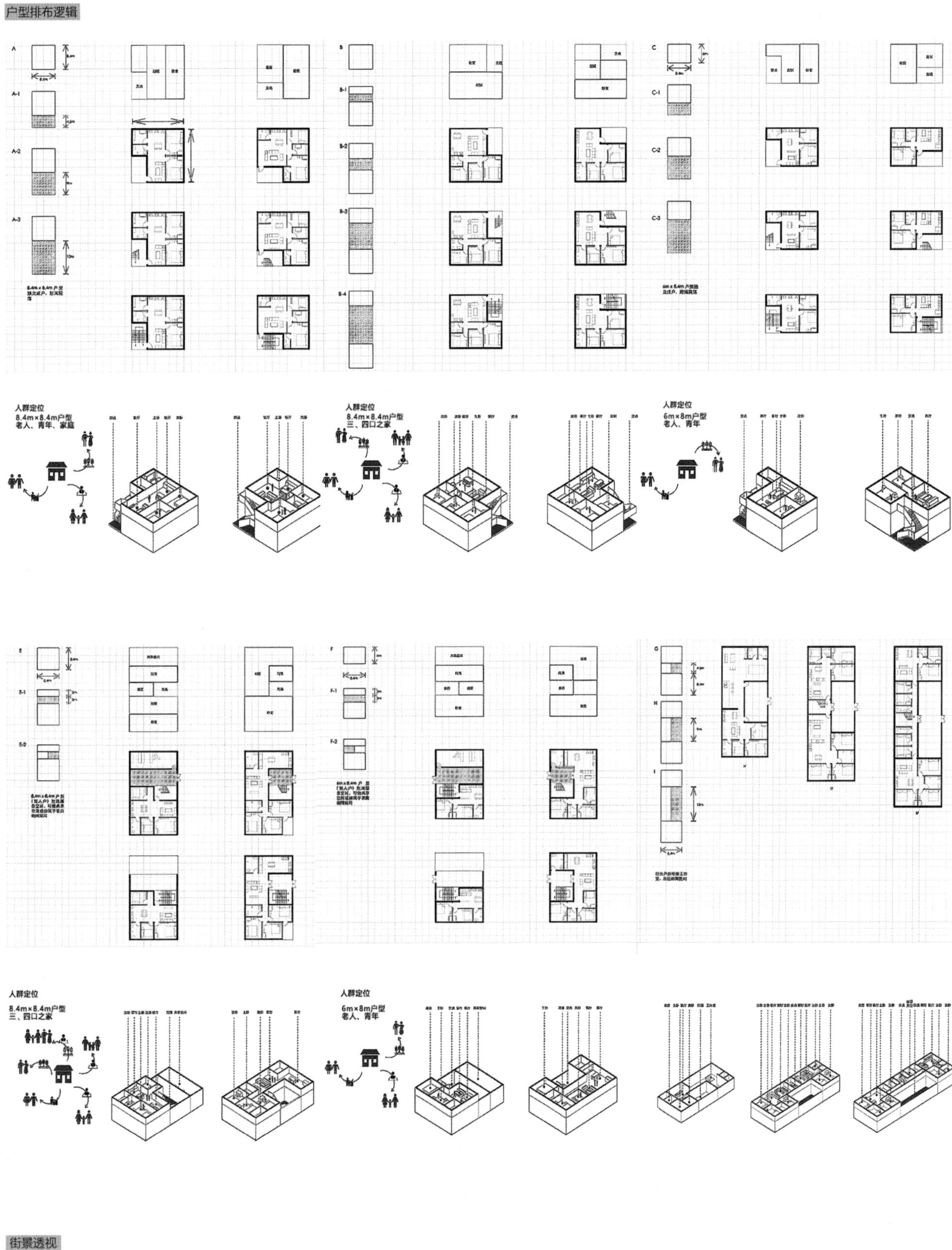
人群定位
8.4m×8.4m户型
老人、青年、家庭
人群定位
8.4m×8.4m户型
三、四口之家
人群定位
6m×8m户型
老人、青年
人群定位
8.4m×8.4m户型
三、四口之家
人群定位
6m×8m户型
老人、青年

## 街景透视

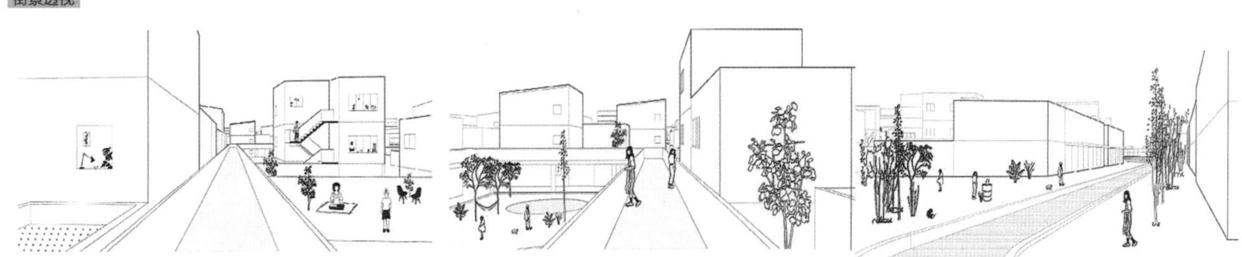

ARCHITECTURE

# 青岛海慈医院就地改扩建工程设计

Author
2012级
王 前
朱忠亮

Advisor
门艳红

Site
山东省青岛市

## “一心多核”的人性化医疗建筑空间研究

近十年来，医疗服务社会需求的增长和国家卫生政策的支持带来了国内大型综合医院建设的高潮，数量和规模急剧扩张。本案拟从基于患者体验的人性化设计视角出发，高效集约地配置空间资源，尝试以“一心多核”设计模式打破冰冷冗长的“医院街”空间范式，同时构建“医疗‘核’”与“功能模块”，在水平板式空间共享平台上竖向组织“医疗‘核’”，提出由诊查、治疗到康复的全周期医疗空间设计方案。

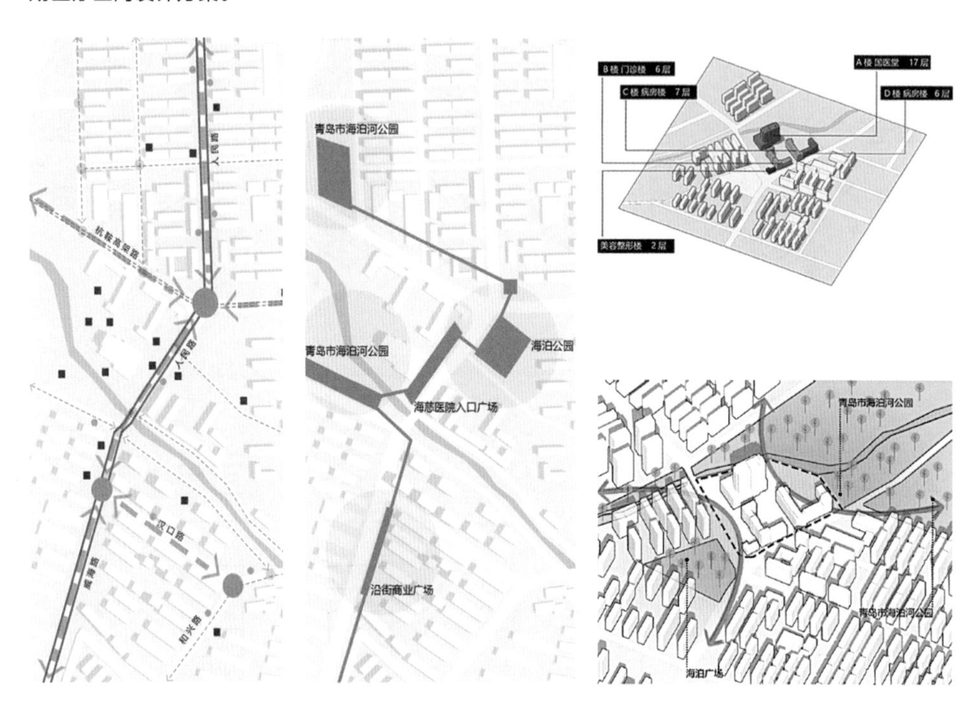

## 方案生成

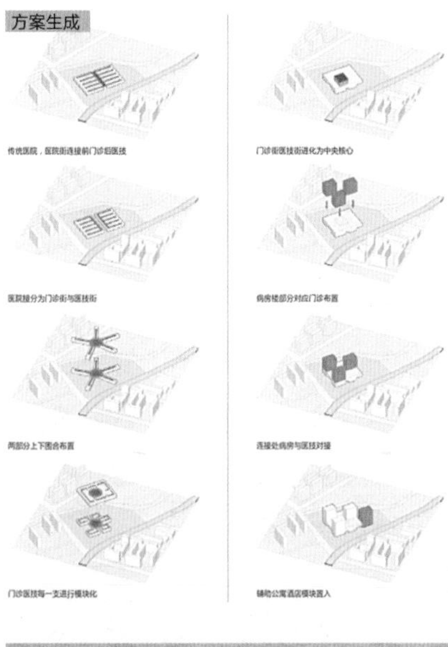


## 功能构成

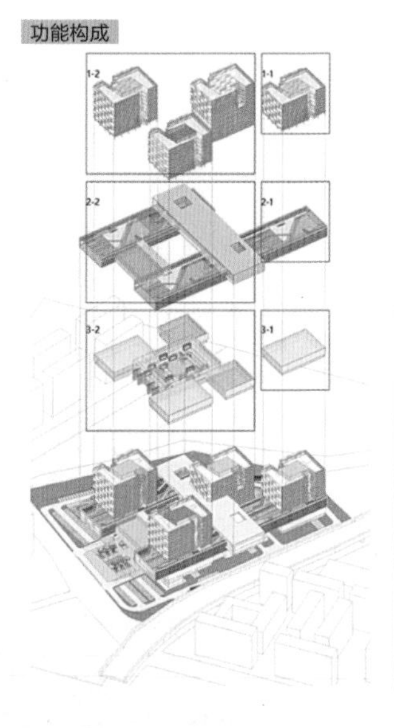

## 建设步骤

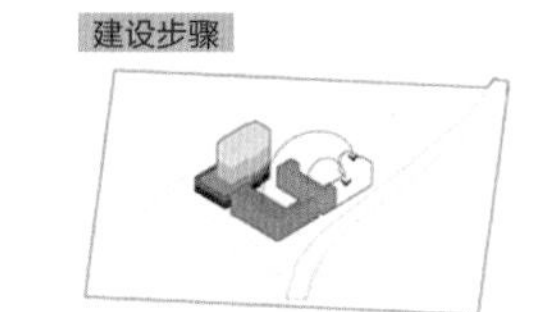

STEP1 B、C 楼功能转移至 D 楼

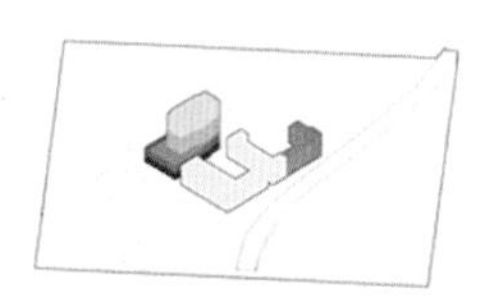

STEP2 D 楼容纳部分门诊病房

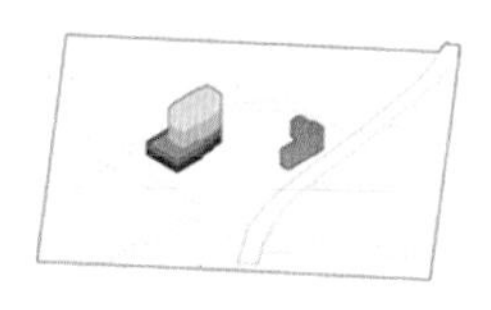

STEP3 B、C 楼拆除，成为一期工程基地

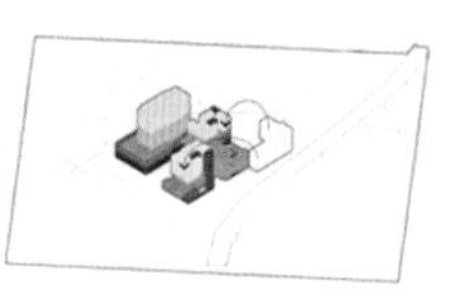

STEP4 一期工程完成，D 楼功能转移至一期新楼

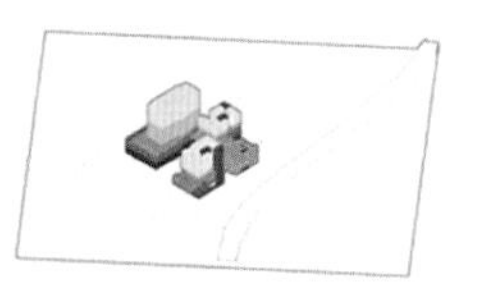

STEP5 D 楼拆除，成为二期工程基地

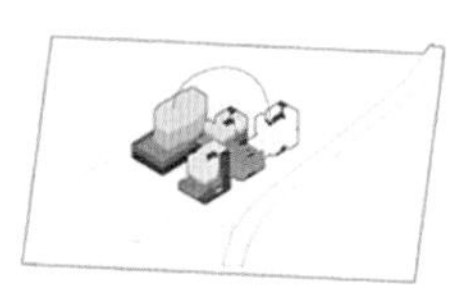

STEP6 二期工程完成，A 楼国医堂临时转移至 D 楼

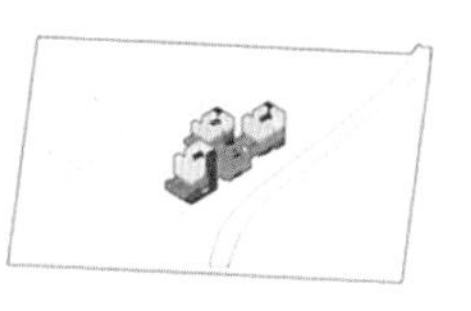

STEP7 A 楼拆除，成为三期工程基地

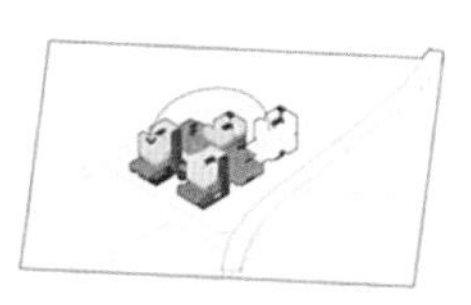

STEP8 三期工程完成，D 楼国医堂转移至三期新楼

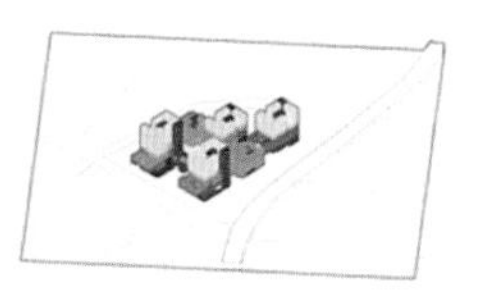

STEP9 D 楼改造为公寓酒店功能

## 总平面图

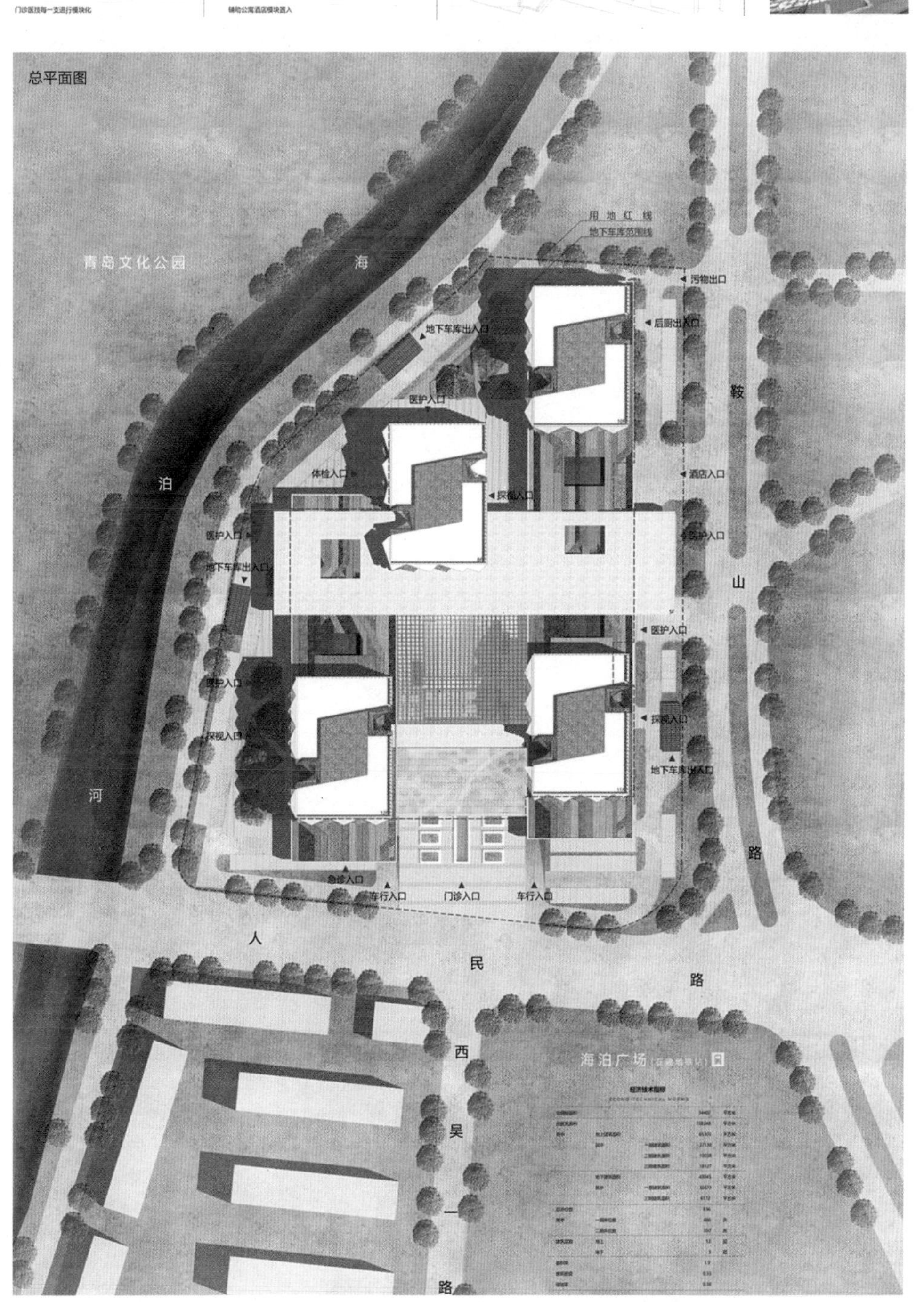

东侧低点鸟瞰图

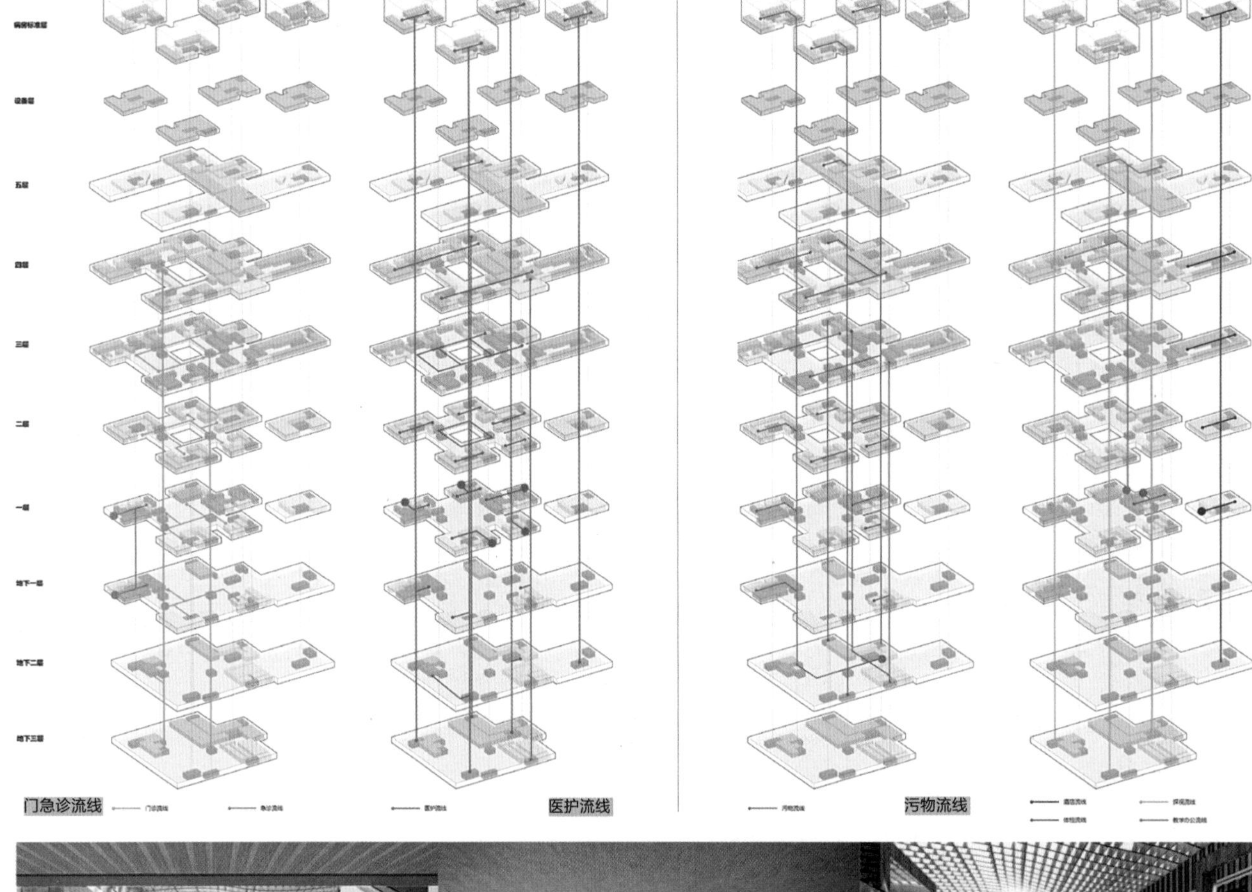
病房标准层
设备层
五层
四层
三层
二层
一层
地下一层
地下二层
地下三层
门急诊流线
门诊流线
急诊流线
医护流线
医护流线
污物流线
污物流线

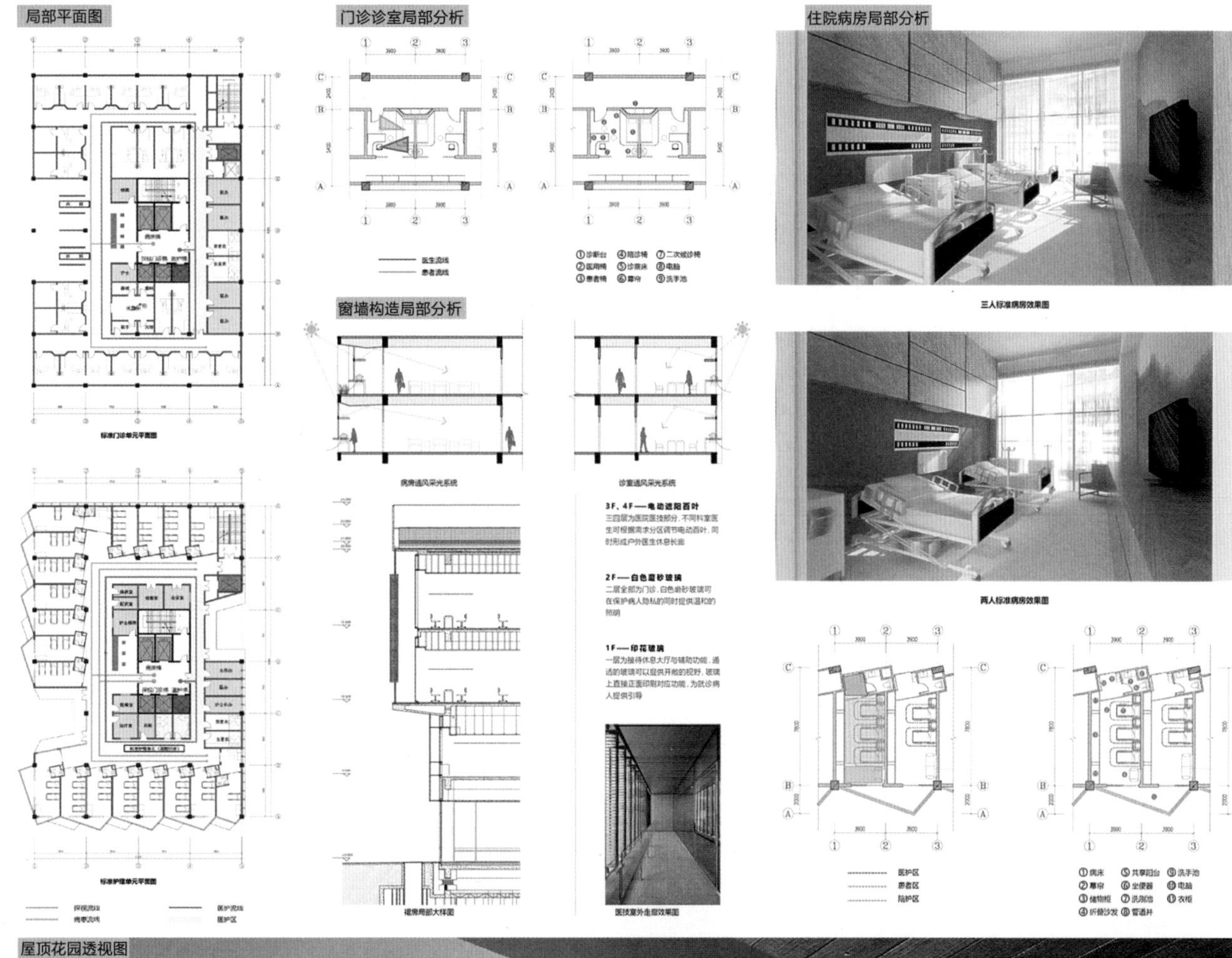
局部平面图
标准门诊单元平面图
标准护理单元平面图
探视流线
病患流线
医护流线
医护区
门诊诊室局部分析
医生流线
患者流线
①诊断台
④陪诊椅
⑦二次候诊椅
②医用椅
⑤诊察床
⑧电脑
③患者椅
⑨洗手池
窗墙构造局部分析
病房通风采光系统
诊室通风采光系统
3F、4F——电动遮阳百叶
三四层为医院医技部分，不同科室医生可根据需求分区调节电动百叶，同时形成户外医生休息长廊
2F——白色磨砂玻璃
二层全部为门诊，白色磨砂玻璃可在保护病人隐私的同时提供温和的照明
1F——印花玻璃
一层为接待休息大厅与辅助功能，通透的玻璃可以提供开敞的视野，玻璃上直接正面印刷对应功能，为就诊病人提供引导
裙房局部大样图
医技室外走廊效果图
住院病房局部分析
三人标准病房效果图
两人标准病房效果图
医护区
患者区
陪护区
①病床
⑤共享阳台
⑨洗手池
⑥坐便器
⑩电脑
③储物柜
⑦洗脸池
⑪衣柜
④折叠沙发
⑧管道井

屋顶花园透视图

ARCHITECTURE

# 大剧院西片区城市设计与建筑保护更新

Author
2012级
祁月雨

Advisor
慕启鹏

Site
北京市
东绒线胡同 55 号
东绒线胡同 74 号
铜井大院 22 号

**城市设计——前期调研**

基地位于北京市西城区国家大剧院以西，占地约 22 公顷。这块基地可以说是拥有黄金的区位价值，然而目前却处于萧条状态，存在大量建筑质量与风貌参差不齐的四合院。地价、房价昂贵，居住密度极高，相对应是较低的生活质量水平。因此，如何去激活片区，找到这一地块的振兴点，成为本次设计的核心。

横向街巷结构分析

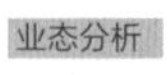

业态分析

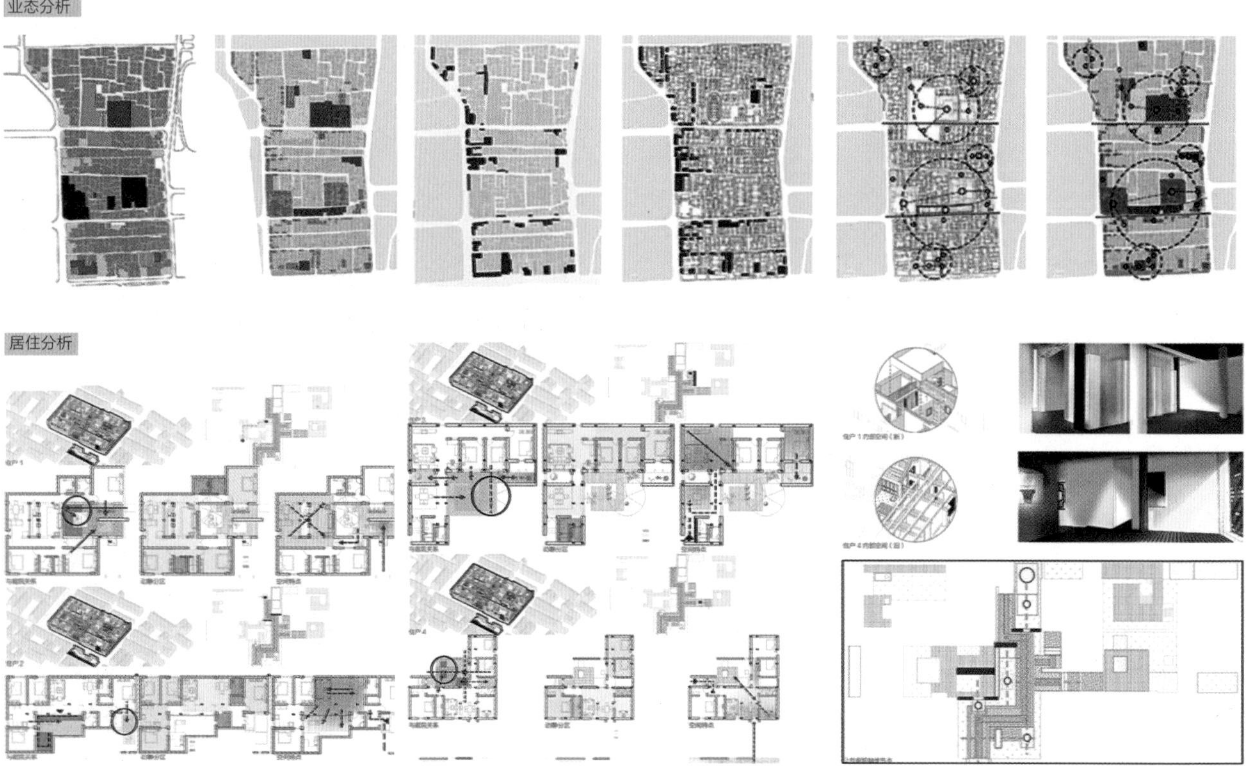

居住分析

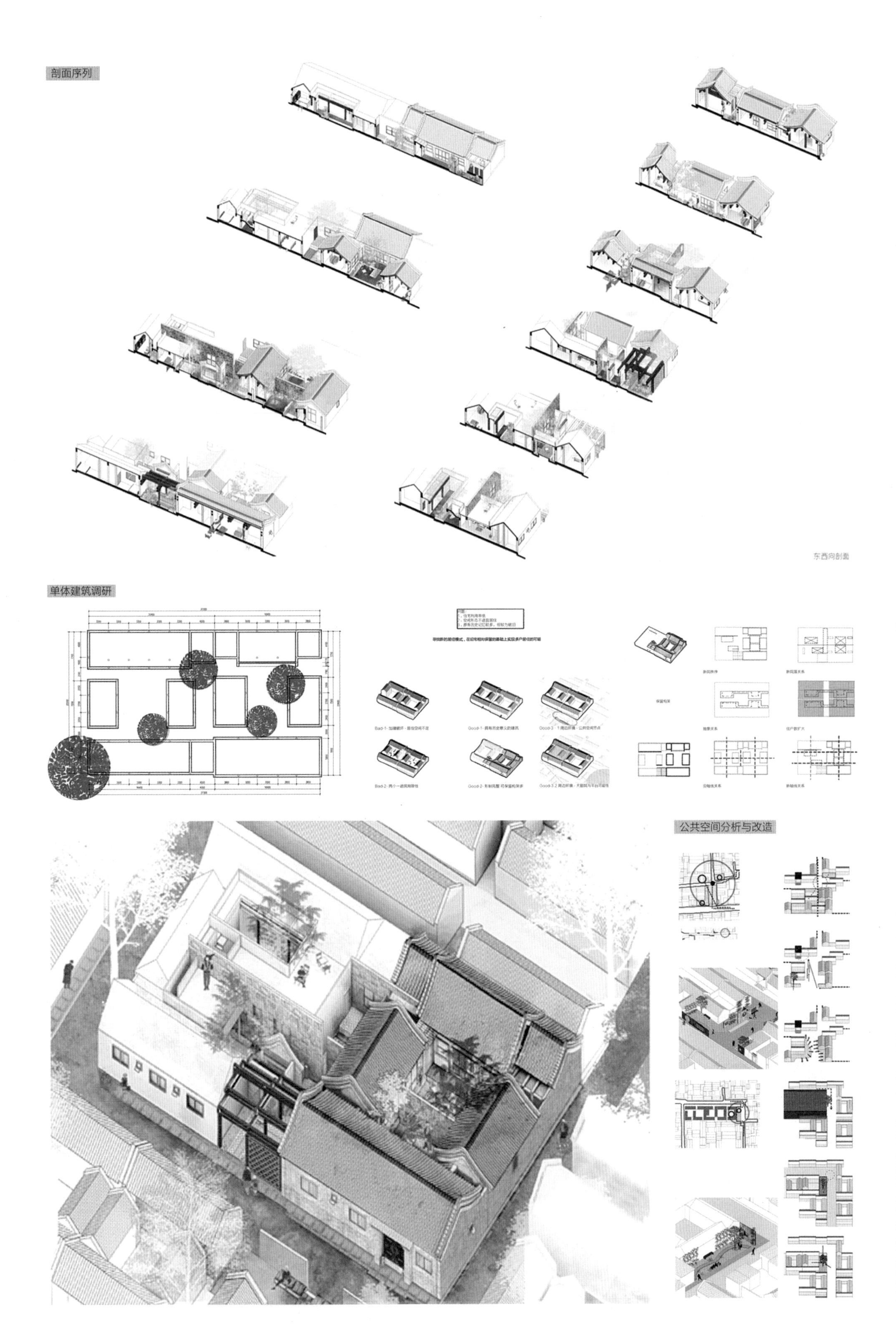
剖面序列
东西向剖面
单体建筑调研
公共空间分析与改造

ARCHITECTURE

# 济南重工工业遗产展示、创新中心及生活空间设计

Author
2012级
赵惊喧
殷子君

Advisor
仝　晖
李晓东

Site
山东省济南市

**结合早期工业遗产改造的建筑设计研究**

济南重工股份有限公司是济南重型机器厂进行股份制改革后的股份制企业，本次设计的一期工程针对济南重工原有厂房与现状的肌理对比，致力于找寻人体尺度的复归，营造以重工文化为背景的丰富有趣的展览和接待空间。二期工程力求弥补企业的迅速发展与厂内职工较低的生活水平之间的落差，归还因企业发展而带来的原有职工生活福利的改变。

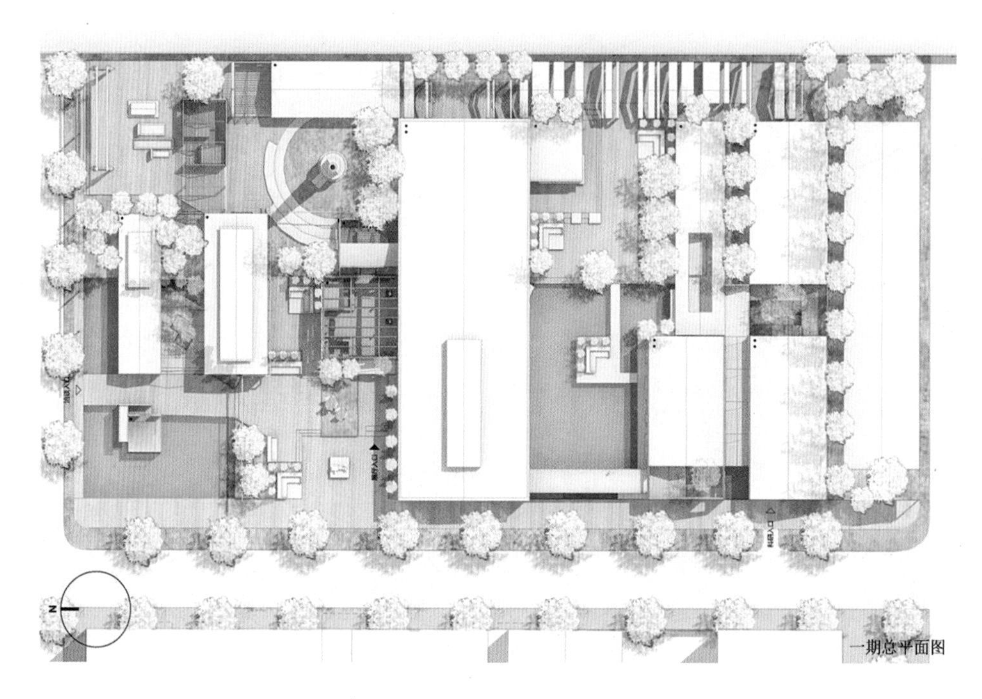
一期总平面图

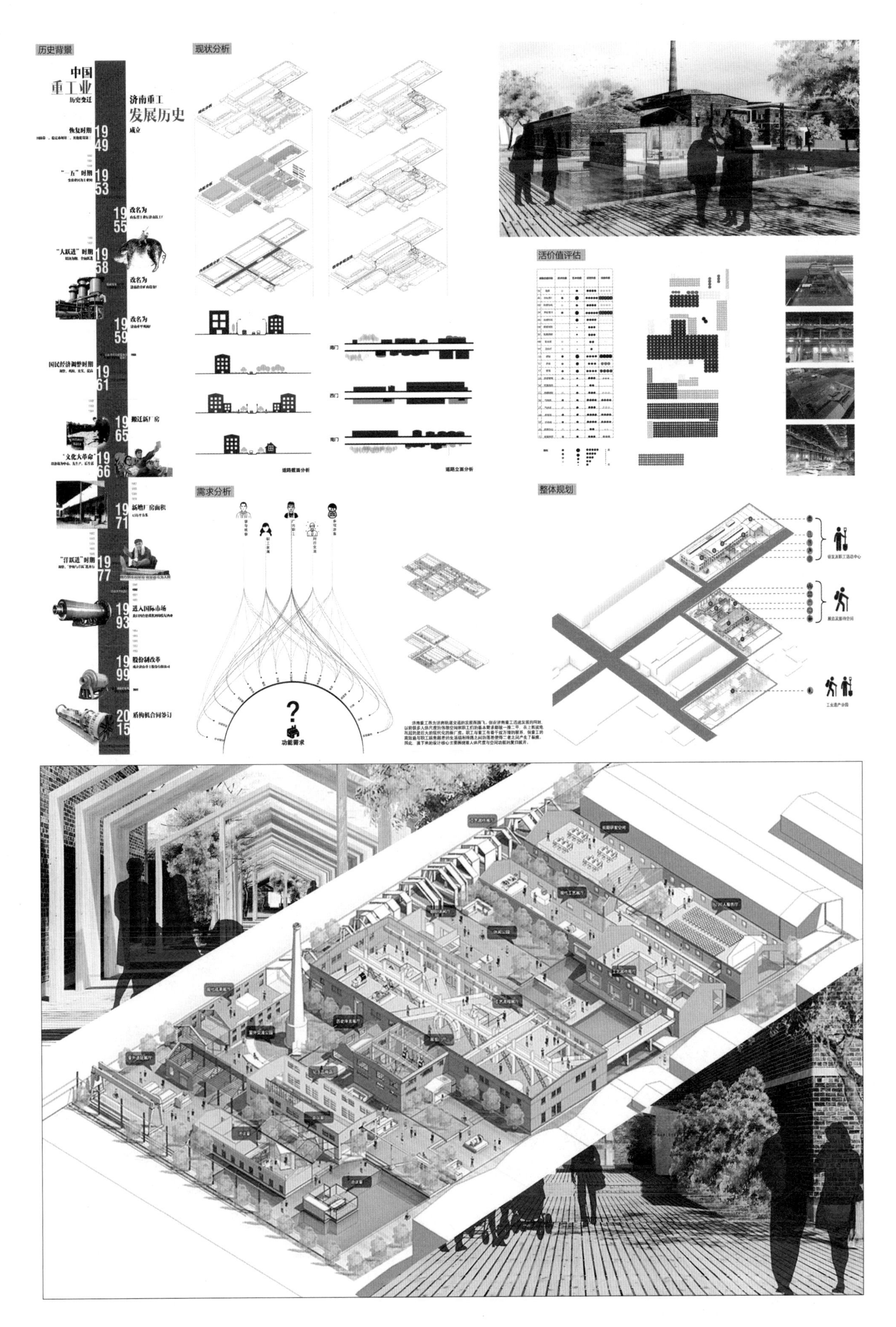

历史背景
中国
重工业
历史变迁
济南重工
发展历史
恢复时期
1949
成立
"一五"时期
1953
1955
改名为
"大跃进"时期
1958
改名为
1959
改名为
国民经济调整时期
1961
1965
搬迁新厂房
"文化大革命"
1966
1971
新增厂房面积
"洋跃进"时期
1977
1993
进入国际市场
1999
股份制改革
2015
盾构机合同签订
现状分析
南门
西门
东门
道路截面分析
道路立面分析
需求分析
功能需求
活价值评估
整体规划

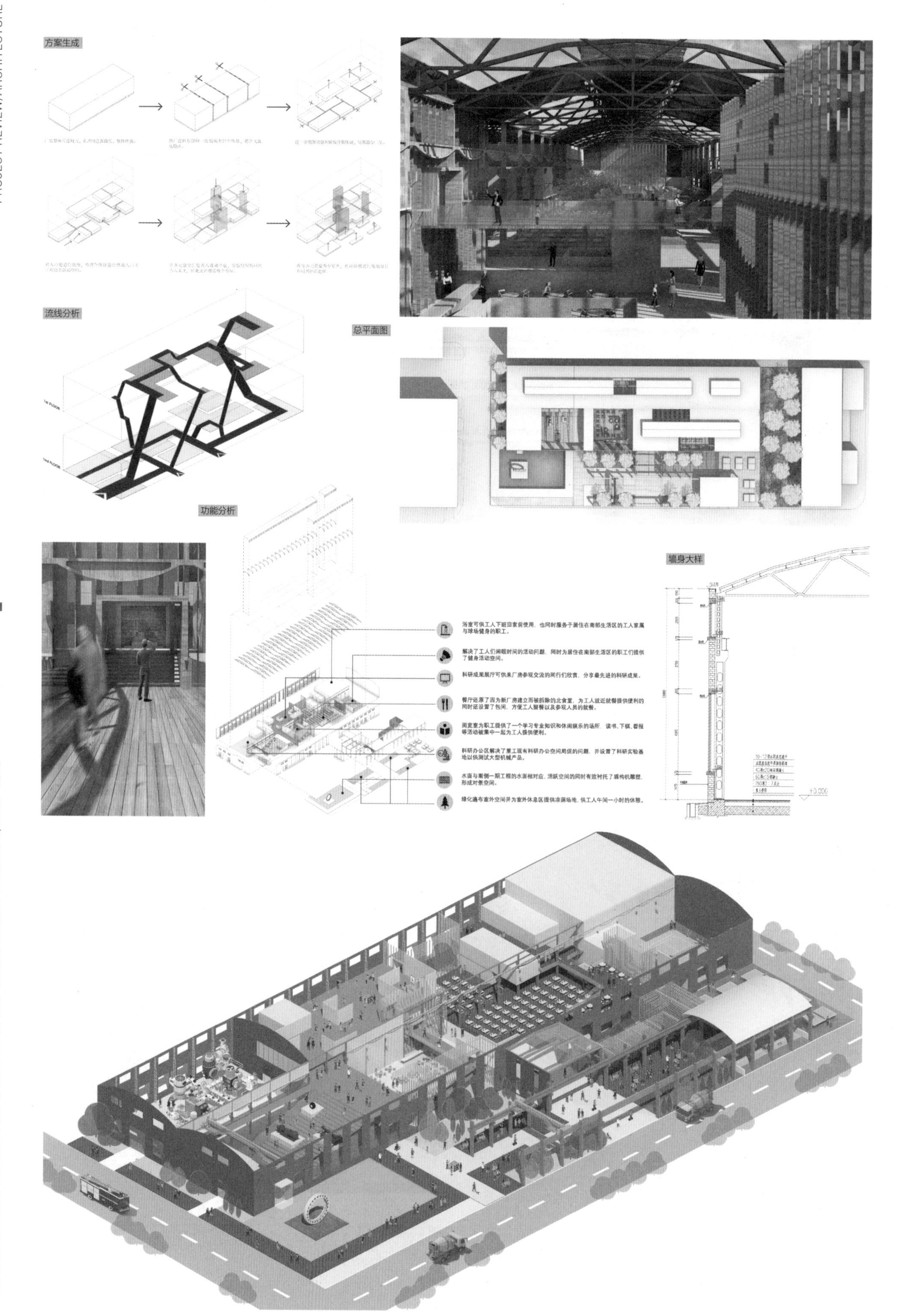

方案生成
流线分析
总平面图
功能分析
浴室可供工人下班回家前使用，也同时服务于居住在南部生活区的工人家属与球场健身的职工。
解决了工人们闲暇时间的活动问题，同时为居住在南部生活区的职工们提供了健身活动空间。
科研成果展厅可供来厂房参观交流的同行们欣赏，分享最先进的科研成果。
餐厅还原了因为新厂房建立而被拆除的北食堂，为工人就近就餐提供便利的同时还设置了包间，方便工人聚餐以及参观人员的就餐。
阅览室为职工提供了一个学习专业知识和休闲娱乐的场所，读书、下棋、看报等活动被集中一起为工人提供便利。
科研办公区解决了重工现有科研办公空间局促的问题，并设置了科研实验基地以供测试大型机械产品。
水面与南侧一期工程的水面相对应，活跃空间的同时有效衬托了盾构机雕塑，形成对景空间。
绿化遍布室外空间并为室外休息区提供凉荫场地，供工人午间一小时的休憩。
墙身大样

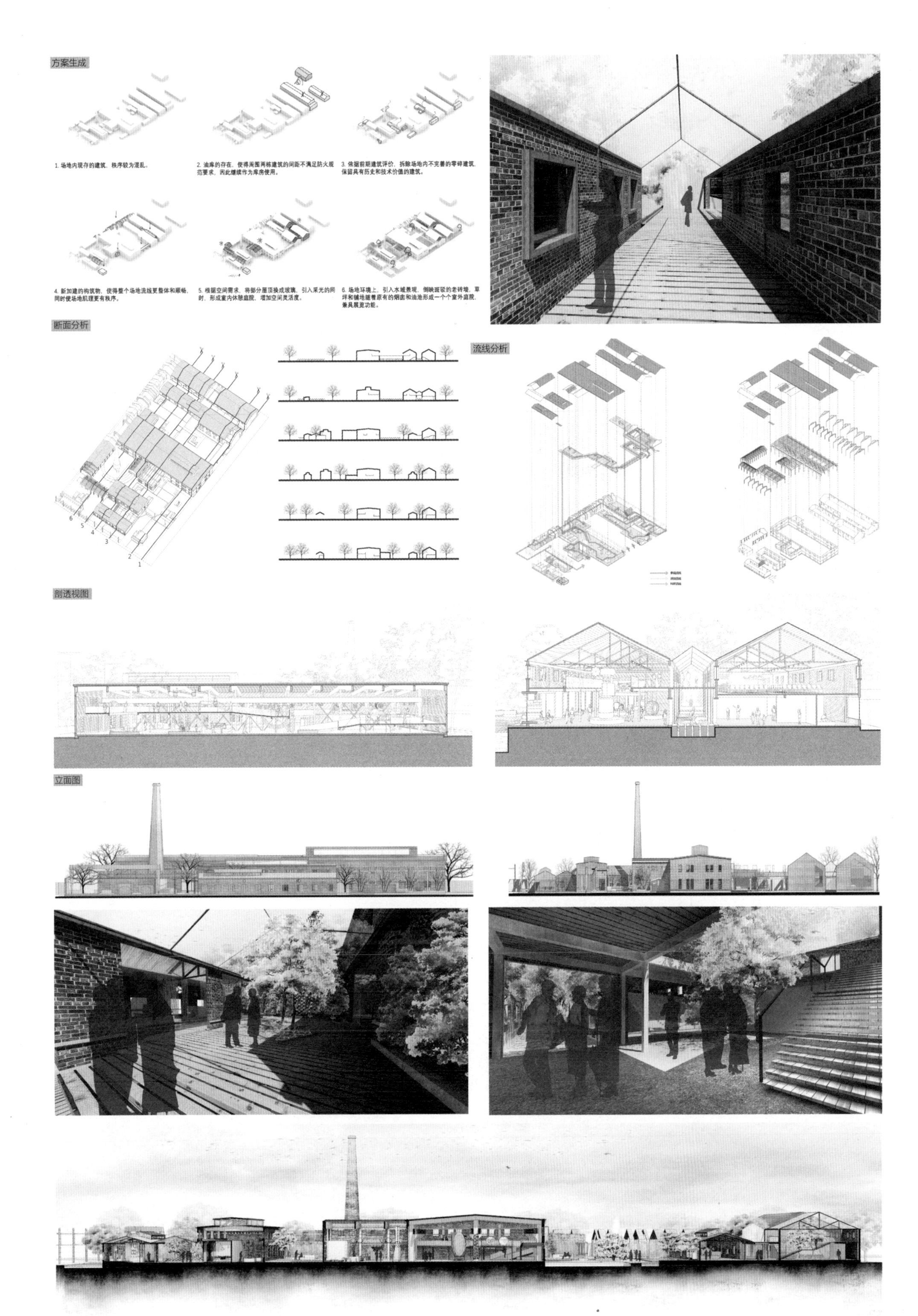
方案生成
1. 场地内现存的建筑，秩序较为混乱。
2. 油库的存在，使得周围两栋建筑的间距不满足防火规范要求，因此继续作为库房使用。
3. 依据前期建筑评价，拆除场地内不完善的零碎建筑，保留具有历史和技术价值的建筑。
4. 新加建的构筑物，使得整个场地流线更整体和顺畅，同时使场地肌理更有秩序。
5. 根据空间需求，将部分屋顶换成玻璃，引入采光的同时，形成室内休憩庭院，增加空间灵活度。
6. 场地环境上，引入水域景观，倒映斑驳的老砖墙，草坪和铺地随着原有的烟囱和油池形成一个个室外庭院，兼具展览功能。
断面分析
流线分析
剖透视图
立面图

ARCHITECTURE

# 威海刘公岛旅游度假养老中心方案设计

Author
2011级
李笃伟
顾荣竹

Advisor
仝　晖
李晓东

Site
山东省威海市

项目定位为全民化养老的疗养度假中心，建筑用地面积 1.52 公顷，建筑高度控制在 24 米以内，建筑地上层数专家工作室不多于 6 层；实验区部分不多于 5 层，建筑密度不大于 50%，绿化率不小于 35%，建筑红线退校园道路红线不小于 8 米。依据相关规范要求，结合建筑用地中的场地组织地面临时停车。

总平面图

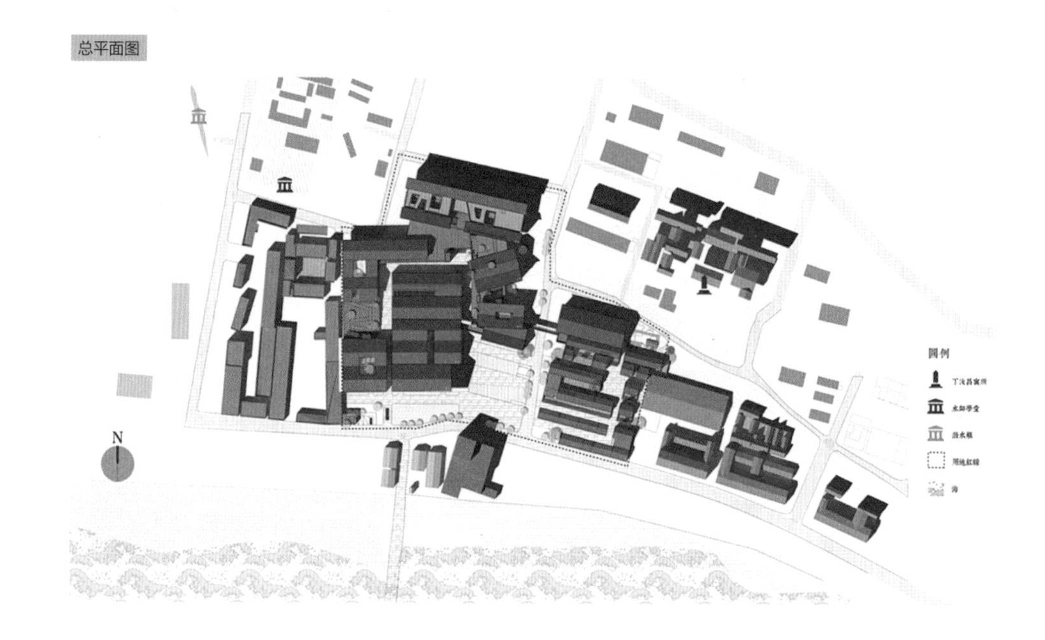


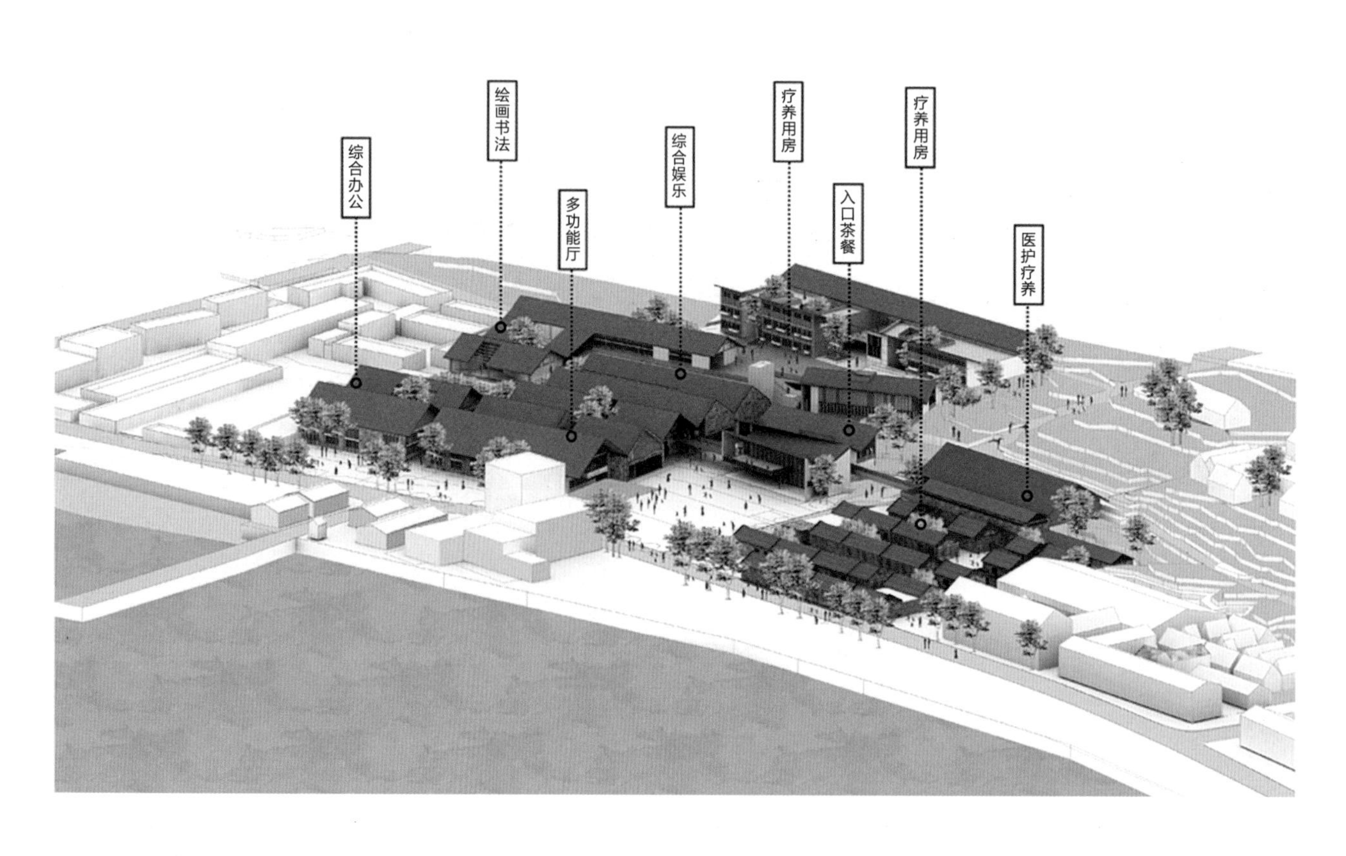

## 思维导图

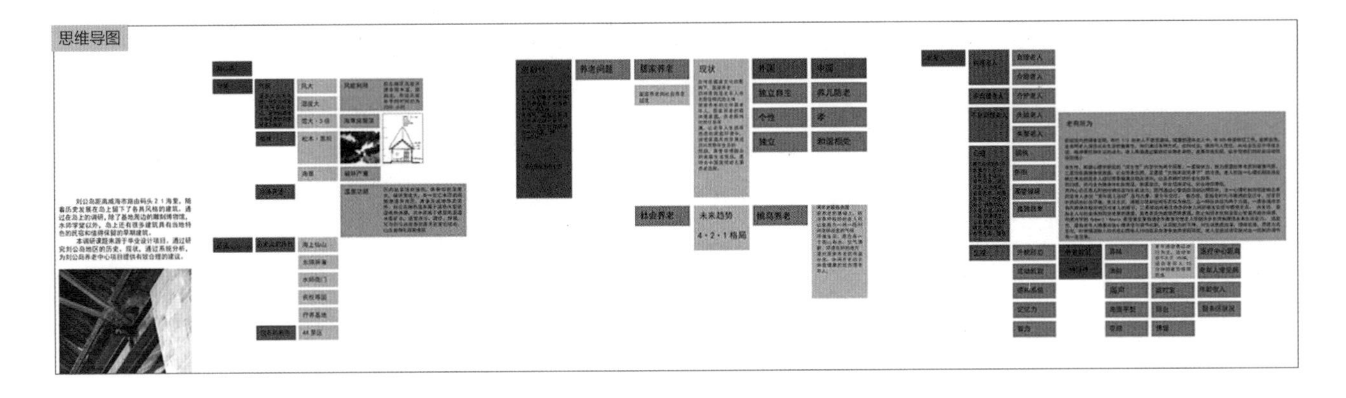

## 历史分析

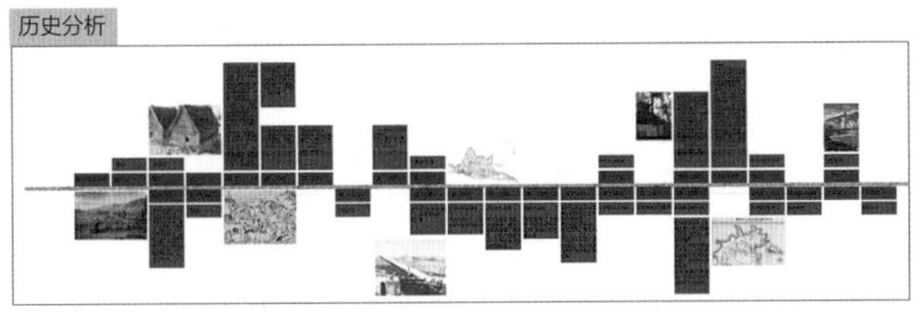

## 保留建筑

## 总平面推敲

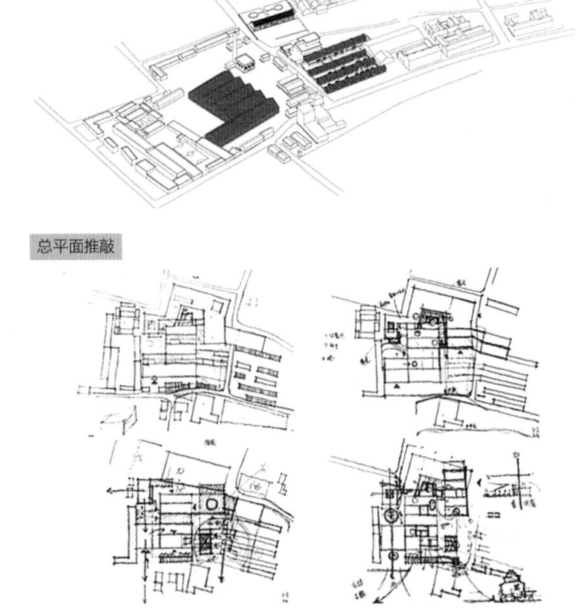

## 环境分析

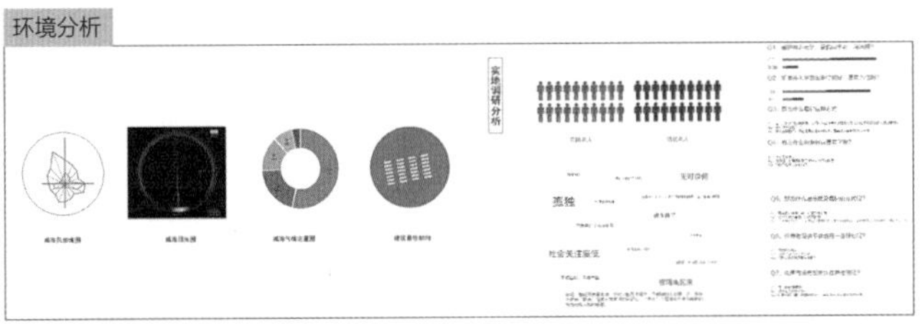

## 基地印象

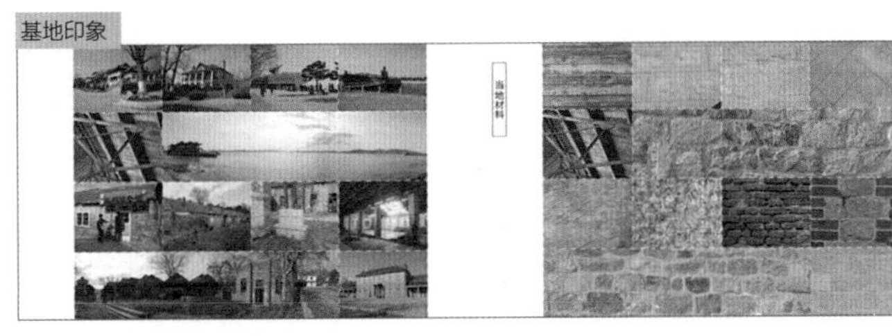

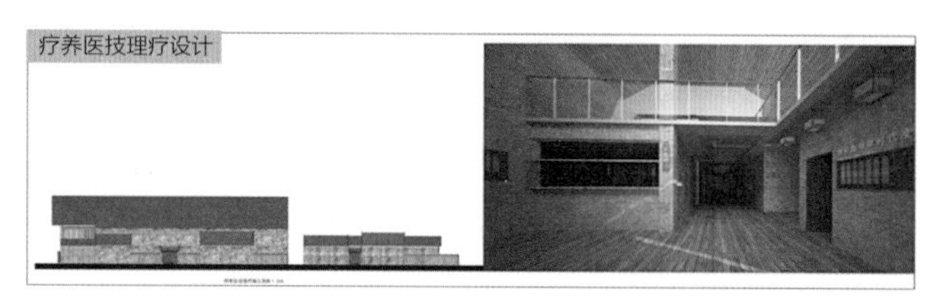
疗养医技理疗设计

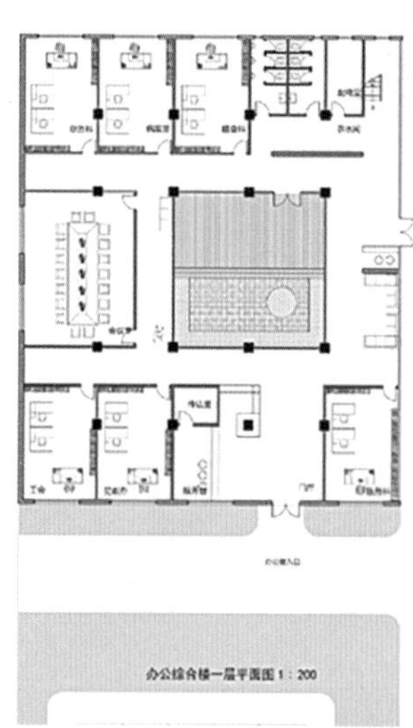
办公综合楼一层平面图 1：200

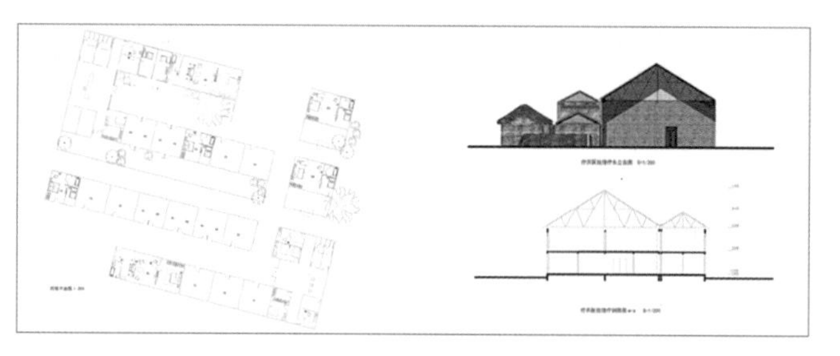

多功能厅设计

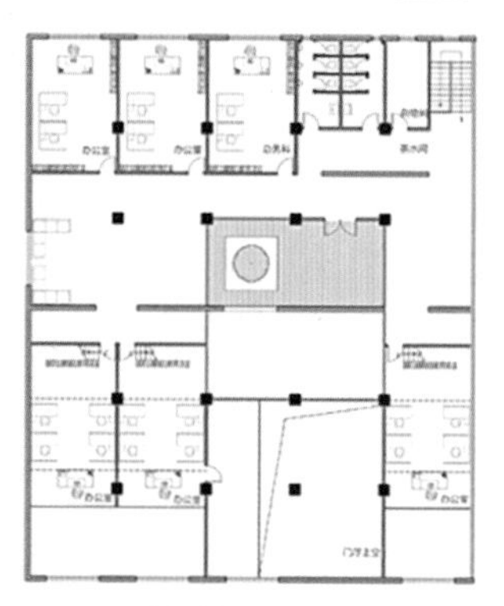
办公综合楼二层平面图 1：200

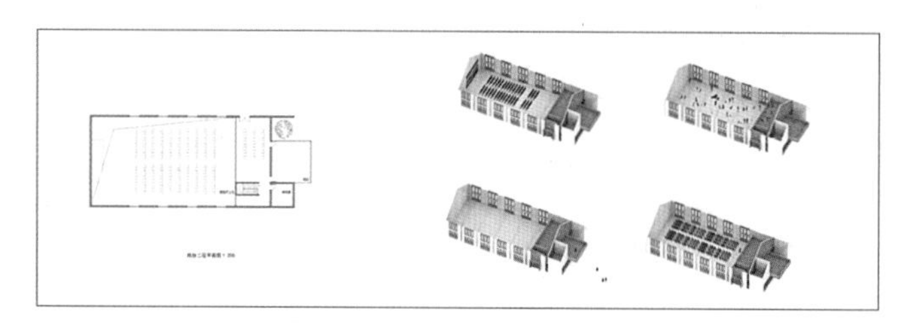

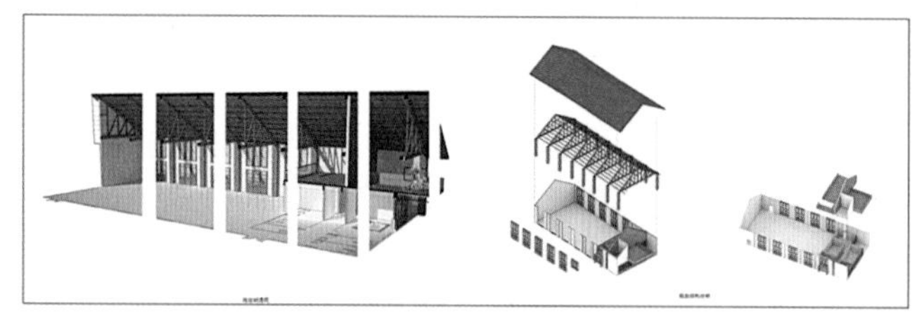

办公综合楼剖面图 1-1 1：200

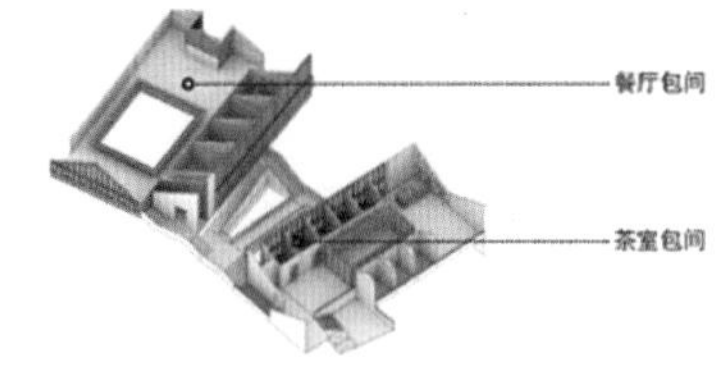


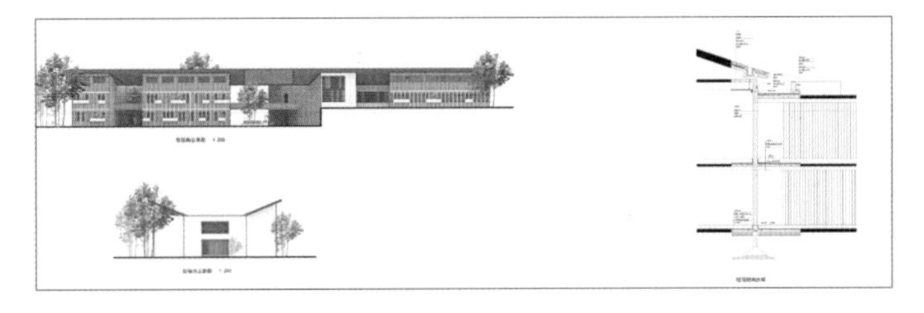

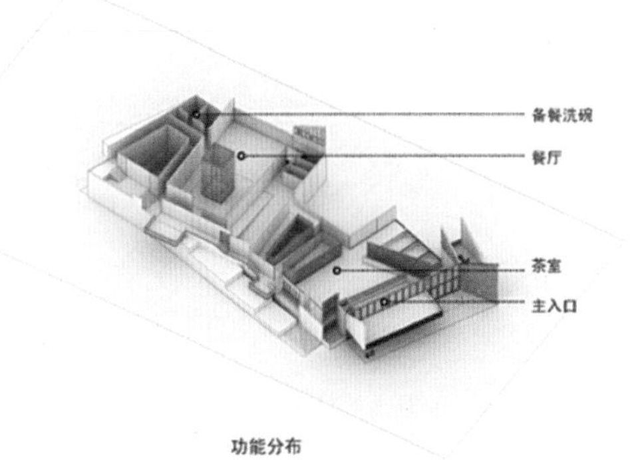


功能分布

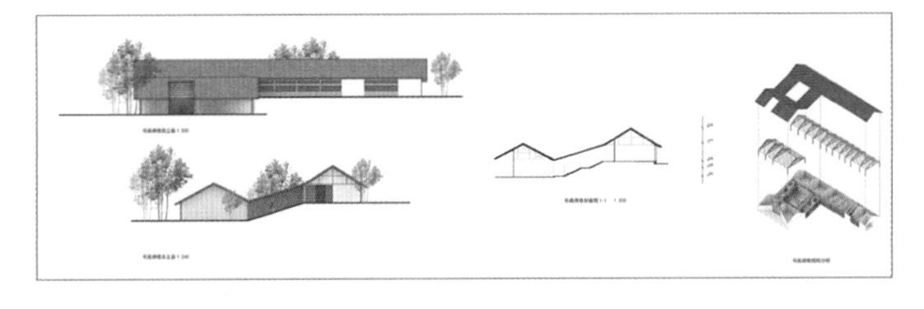

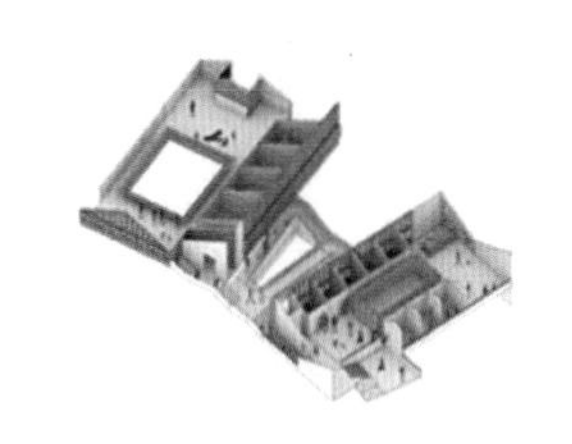

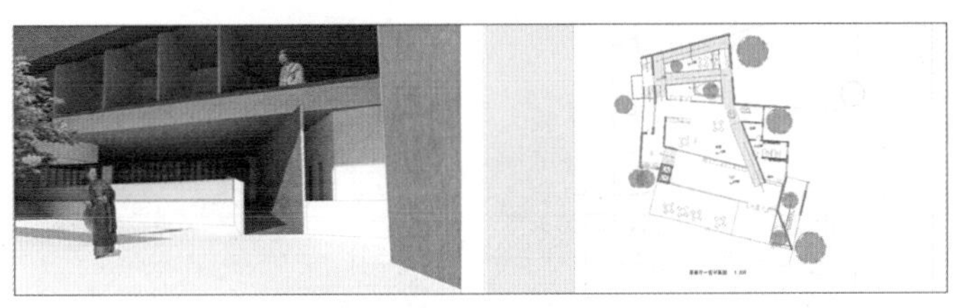

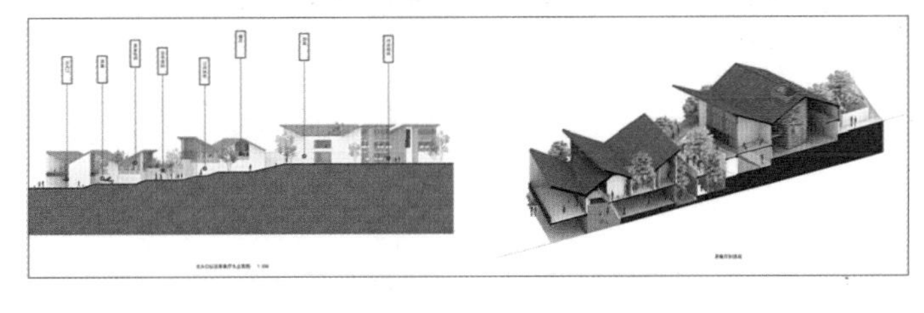

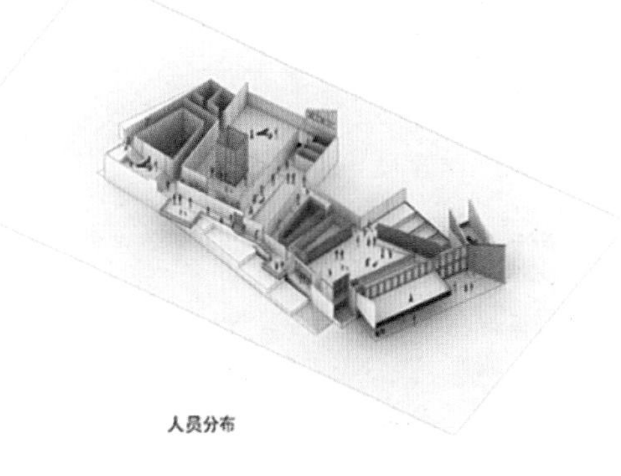

人员分布

# 山东省医科院附属医院就地改扩建工程

Author
2011级
唐 凯
全泽亚

Advisor
门艳红

Site
山东省济南市

## 多核体系创新模式设计探讨与实践

在刚刚过去的“十二五”期间，医疗服务需求的增长、国家政策的支持使得医院建筑在数量和规模上都呈现出急剧扩张。而在中国当前用地紧张、资源有限而又追求速度的国情下，不可避免地出现了以“工”字楼、“王”字楼为典型形象的“千院一面”的现象。本设计基于山东省医学科学院附属医院改扩建工程要求，从医院诊疗特点、基地环境出发，探索新型的多核医院设计模式。

场地现状

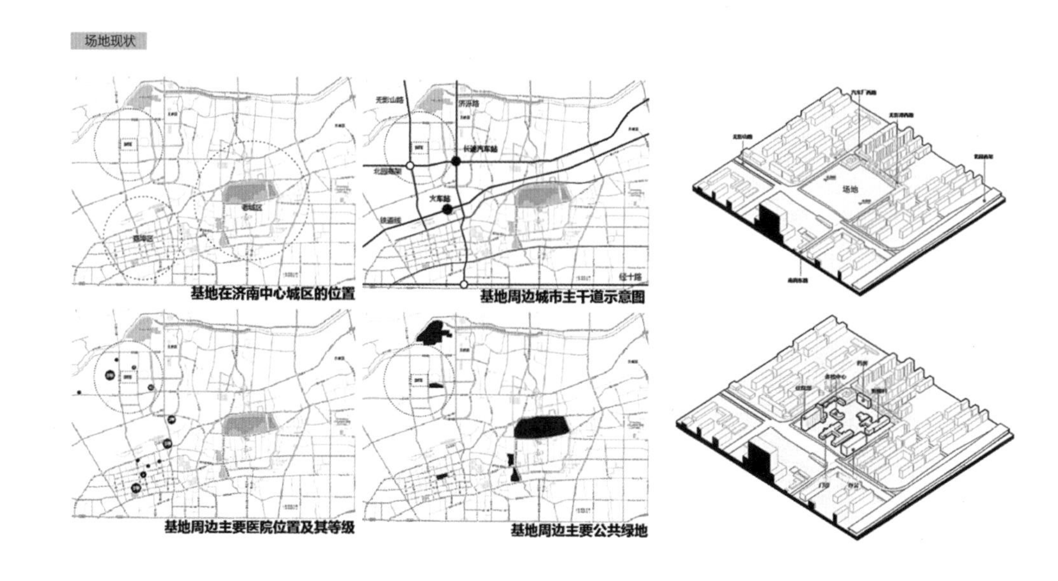


基地在济南中心城区的位置

基地周边城市主干道示意图

基地周边主要医院位置及其等级

基地周边主要公共绿地

运营特色下的空间模式

**以老院区为代表的医院建筑空间布局模式**

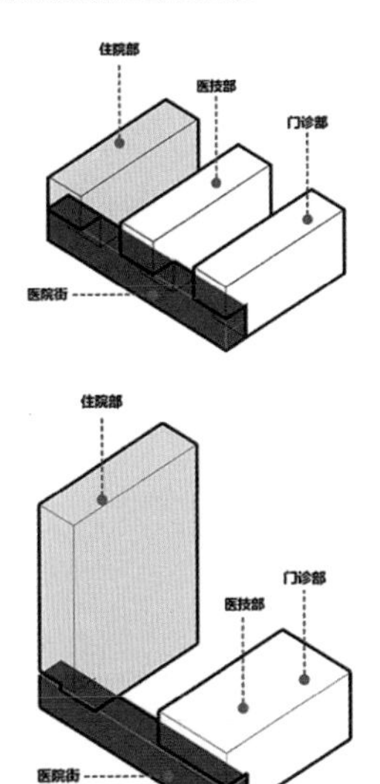

**由以上信息我们得出以下结论：**

- 山东医科附属医院是一所治疗肿瘤疾病为专长的“大专科小综合”的大型医院。根据其人员配置，按科室类型可大致分为肿瘤医疗服务以及提供普通医疗服务的综合医疗服务。
- 肿瘤疾病患者的平均住院日达 13.8 天，为所有疾病系统中最高，平均治愈好转率为所有疾病系统中最低。
- 山东医科附属医院作为山东省最优秀的肿瘤医院，具有一定的虹吸效应，即集中了最优秀的肿瘤专科医生，同时也集中了较多慕名前来的外地患者。庞大的就诊患者，再加上陪同人员以及探视人员会对病房环境造成很大的影响。

总平面图

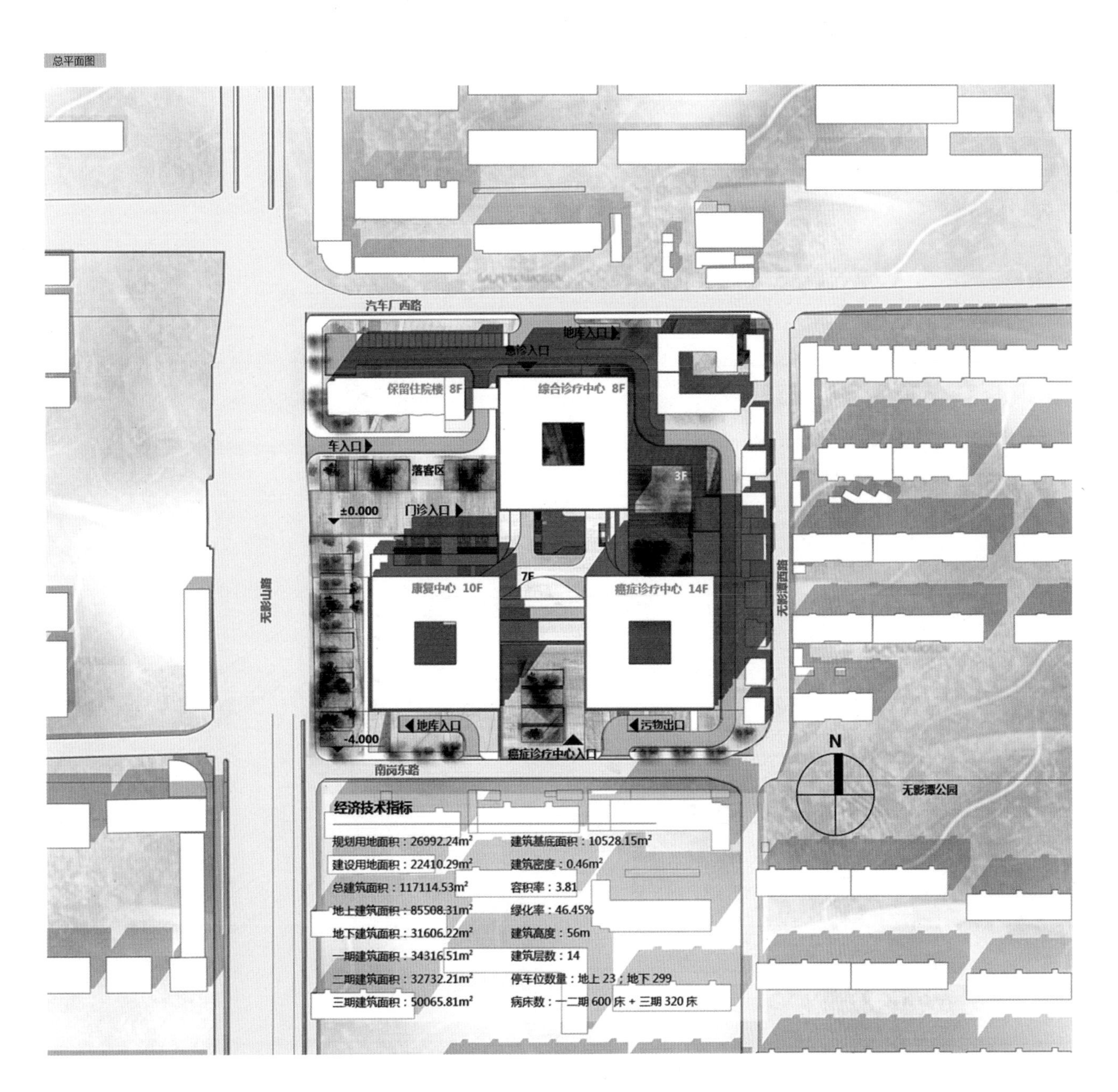

## 集约高效交通——环形医院街

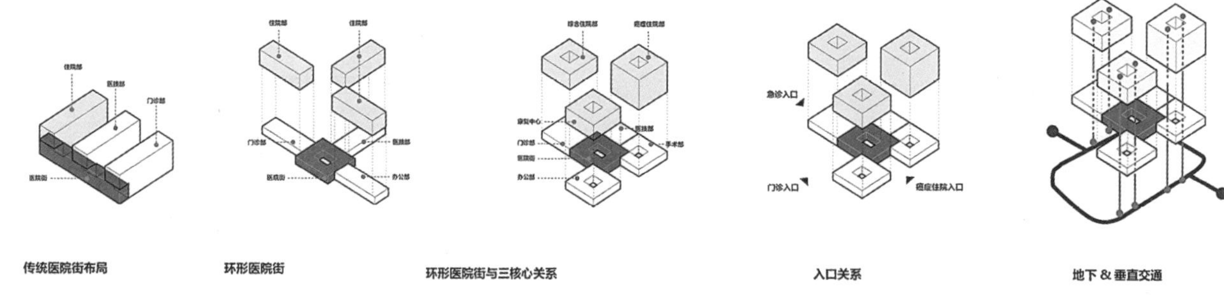


●相较于传统的医院街布局，多核体系下，出于整合资源、缩短流线、提高效率的需求，直线的医院街被环绕为环形医院街。各功能板块之间的联系因此变得更紧密，流线更短

## 弹性设计

## 多核分层医院

## 建筑对基底压力的分散

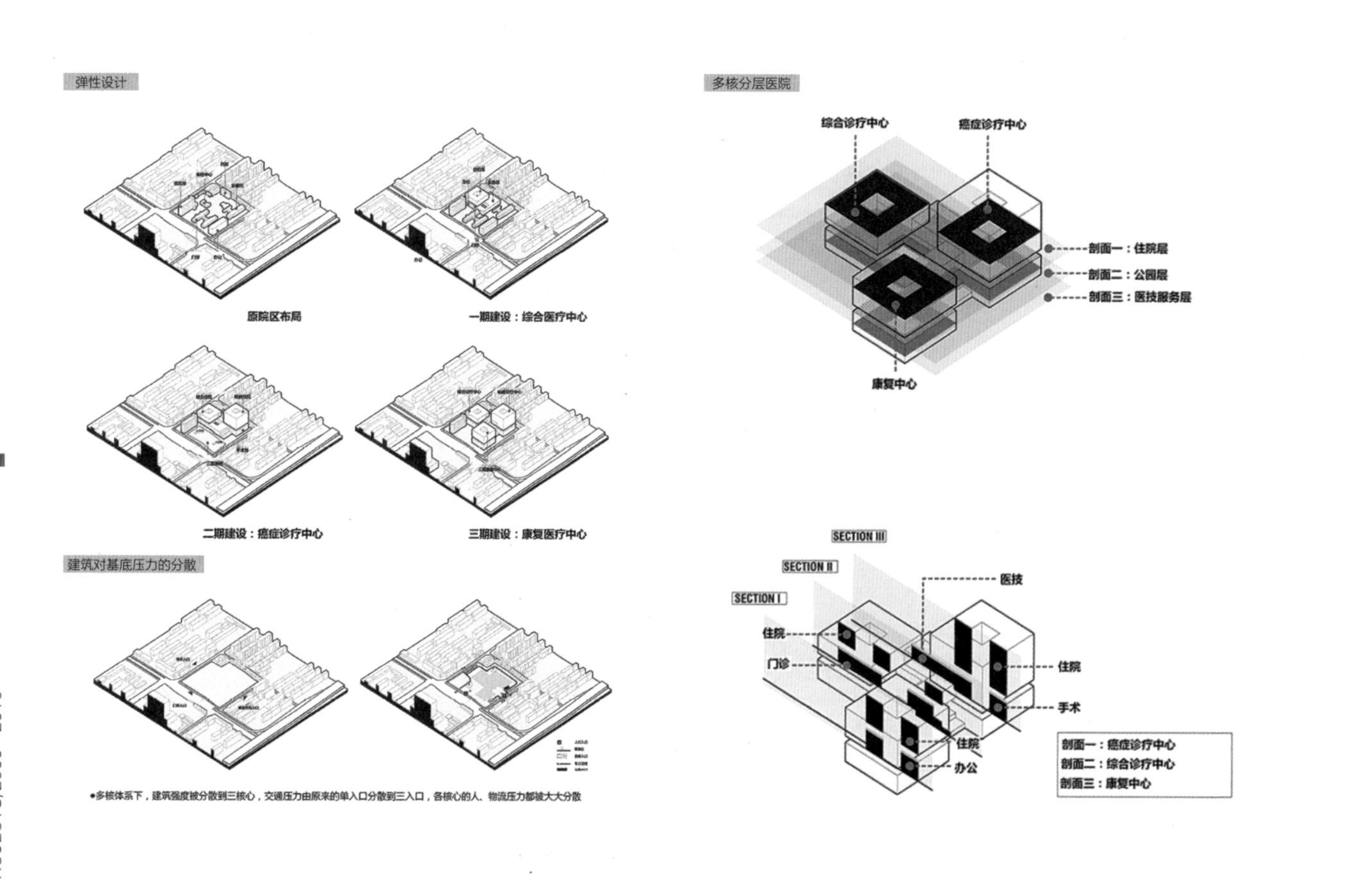


●多核体系下，建筑强度被分散到三核心，交通压力由原来的单入口分散到三入口，各核心的人、物流压力都被大大分散

## 公共空间品质的提升

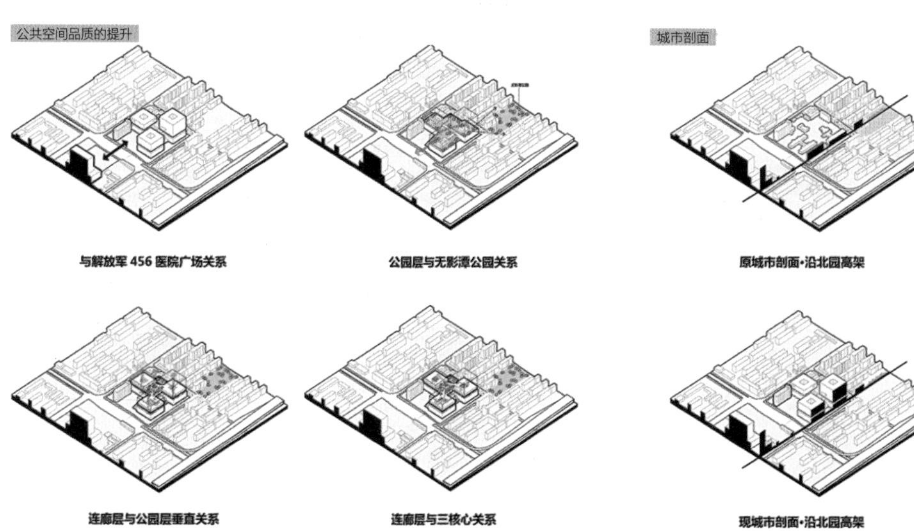


●置入的公园层为有限的院区用地提供了尽可能多的高品质公共空间，优化院区的治愈环境，并打通了与无影潭的景观视线连廊

## 城市剖面

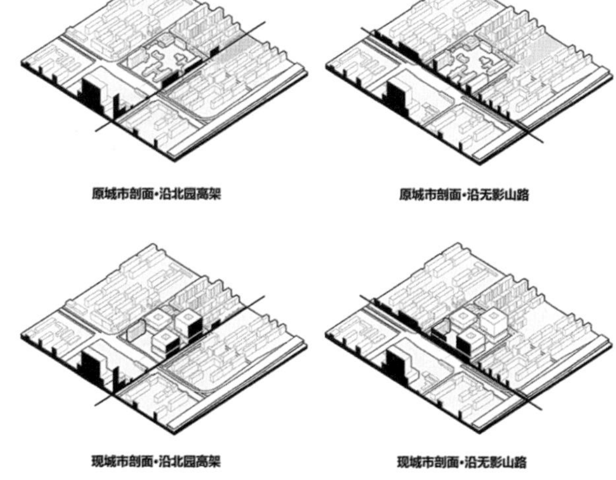


●新院区在沿北园高架和无影山路两条城市干道上形成了更好的城市轮廓，标识性得到提升，对外来患者来说"从视线上更易找到"

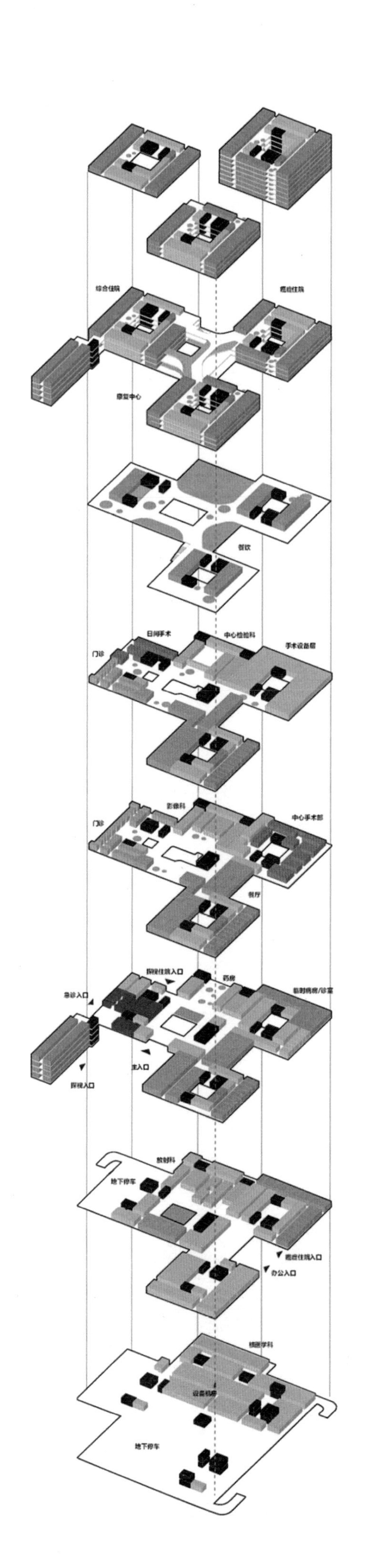


病房
办公
设备
诊室
医技
休闲
急诊
手术

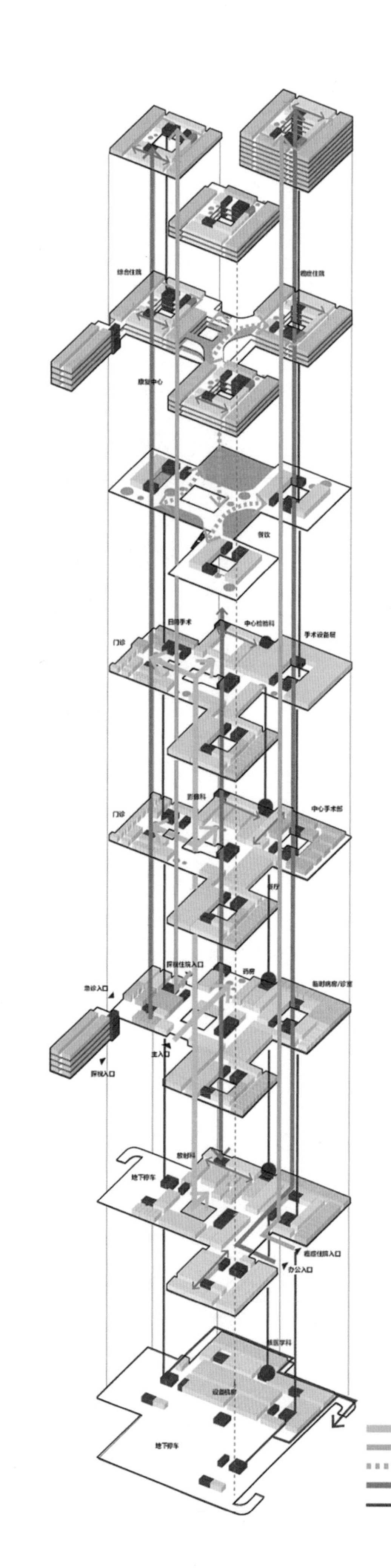


门诊流线
住院流线
住院活动
办公流线
污物流线

# ARCHITECTURE

# 潍坊瀚声国际学校设计

Author
2011级
曲　悦
李晓菲

Advisor
刘伟波

Site
山东省潍坊市

在人类历史的发展历程中，学校是伴随人类文明的进一步发展而形成的，是人类生产力水平达到了一定水准的标志。具体到功能方面，学校建筑是人们为了达到特定的教育目的而兴建的教育活动场所，其品质的优劣直接影响到学校的人才培养，同时作为载体的它还是一个社会的教育思想与价值观念、经济与文化面貌等的具体体现者，因此其重要性不言而喻。内部钢结构的加建，尽可能保留原有里院空间的构成，在拆除违章加建的前提下，对各部分建筑的交通进行梳理。

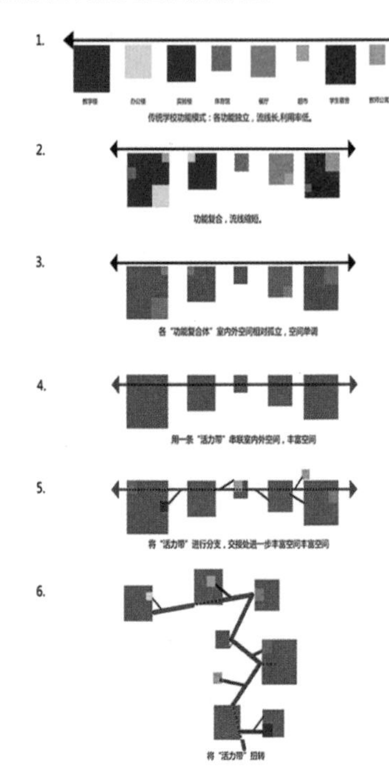

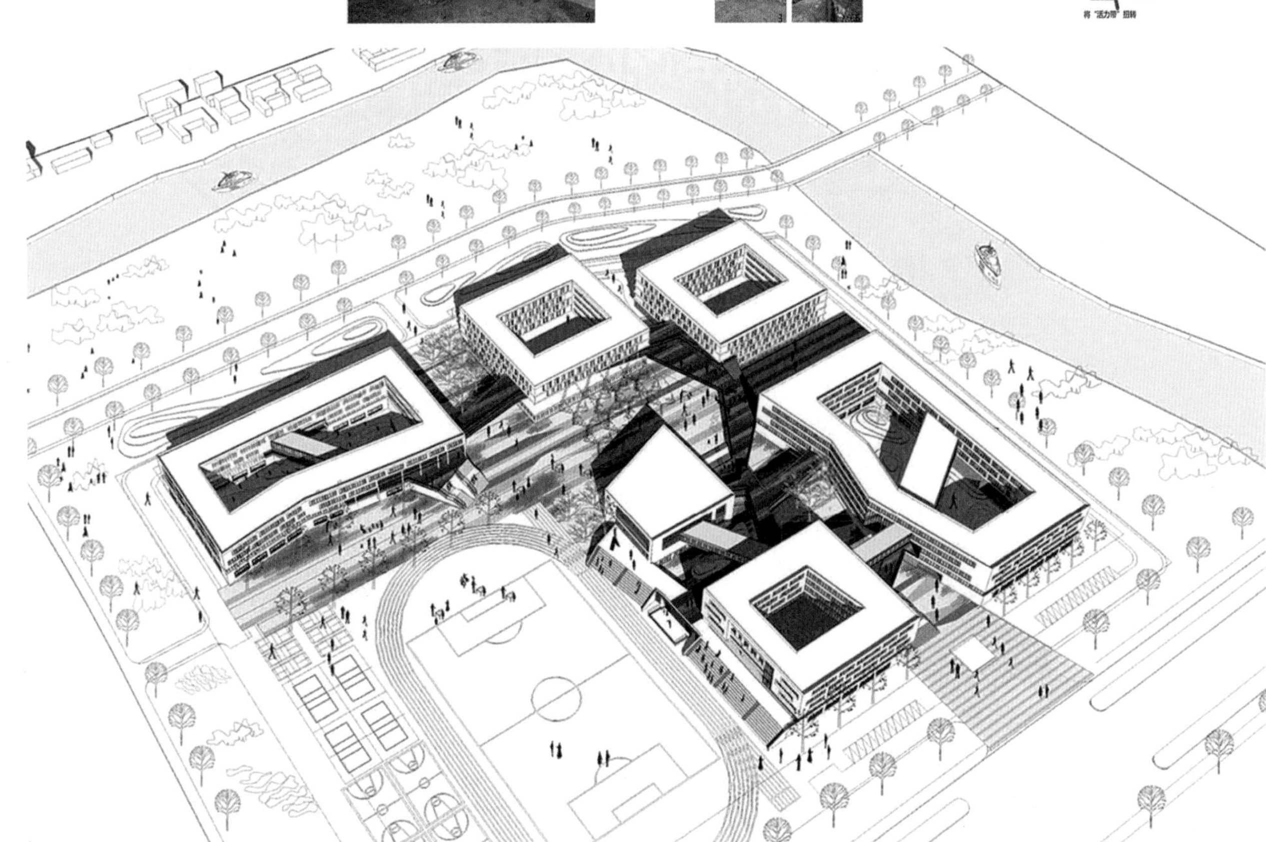

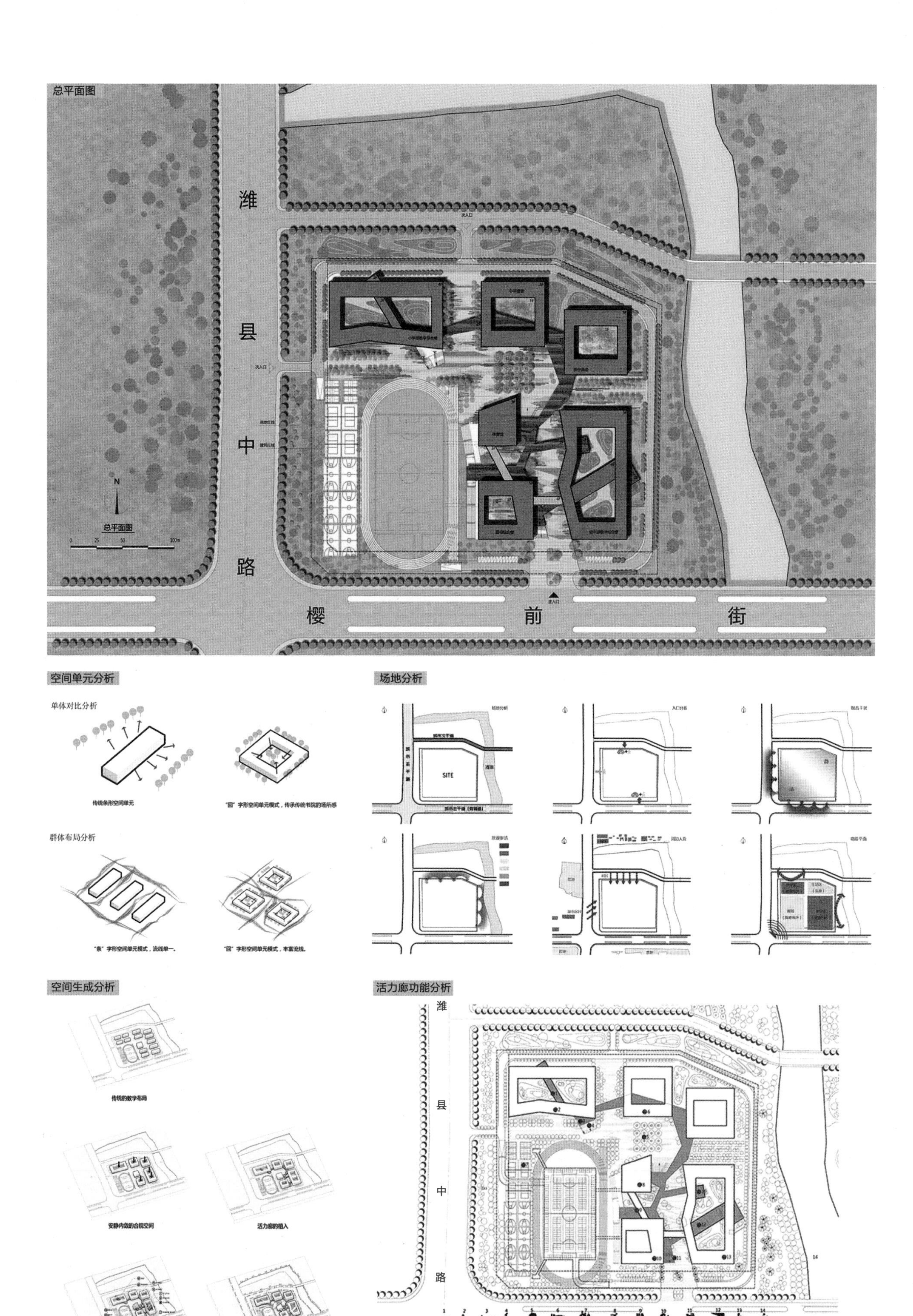
总平面图
潍县中路
樱前街
次入口
主入口
N
总平面图
0 25 50 100m
空间单元分析
单体对比分析
传统条形空间单元
"回"字形空间单元模式，传承传统书院的场所感
群体布局分析
"条"字形空间单元模式，流线单一。
"回"字形空间单元模式，丰富流线。
场地分析
SITE
空间生成分析
传统的教学布局
安静内敛的合院空间
活力廊的植入
活力廊链接公共空间 功能复合
场地设计 方案最终形成
活力廊功能分析
潍县中路

分层系统分析

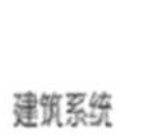
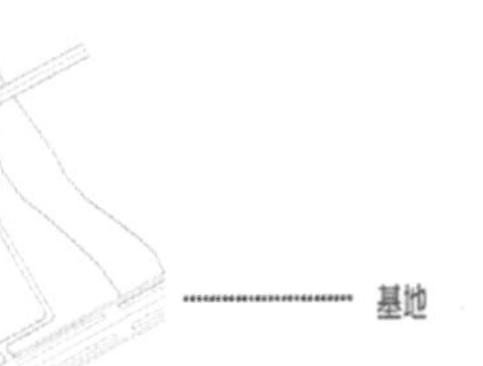

节点场景

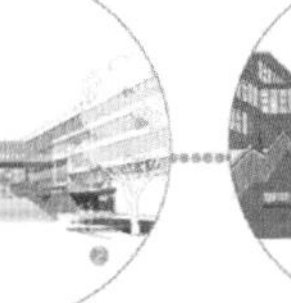

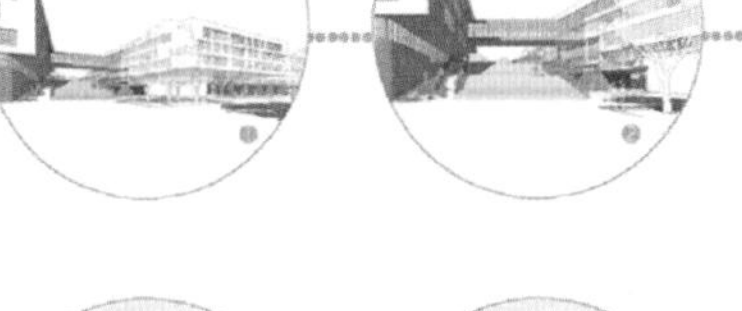
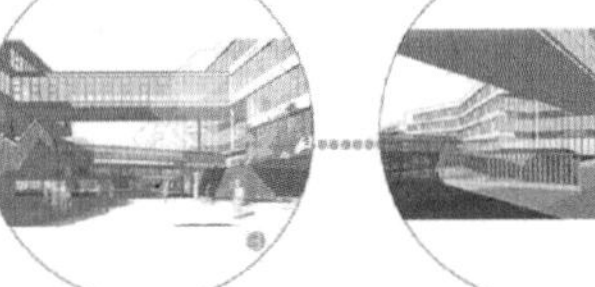

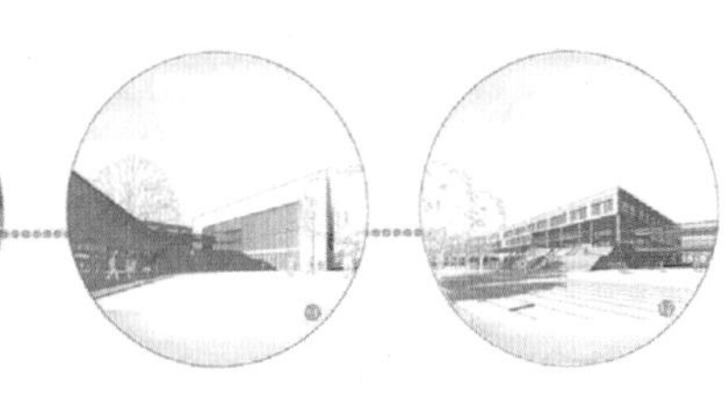

模型照片

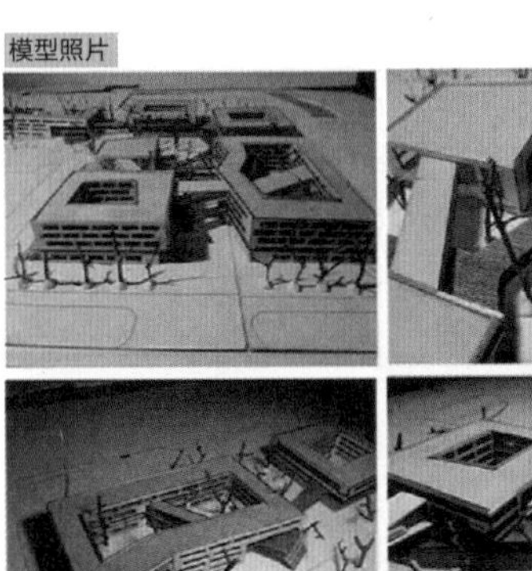
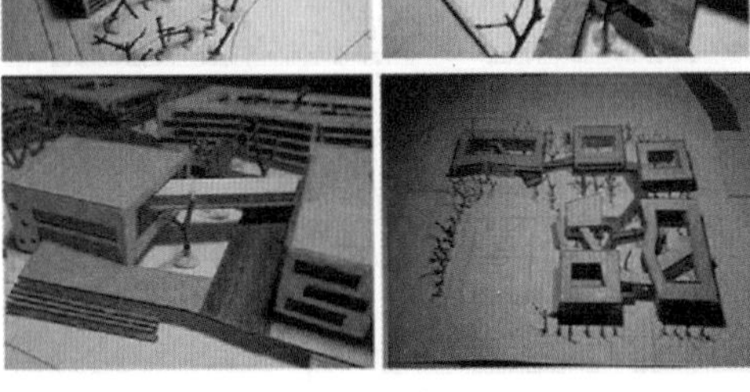
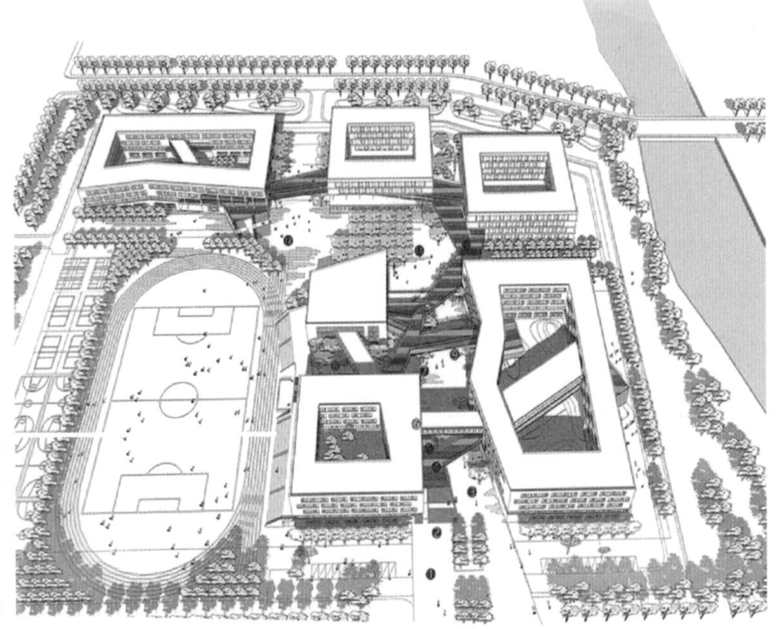

模型照片

小学一层平面图
读书角
手工艺坊
器材室
活动室
语言教室
舞蹈教室
图书资料室
合唱教室
教学办公室
咖啡吧
门厅
储藏室
超市
N
小学一层平面图
0
12.5
25 m



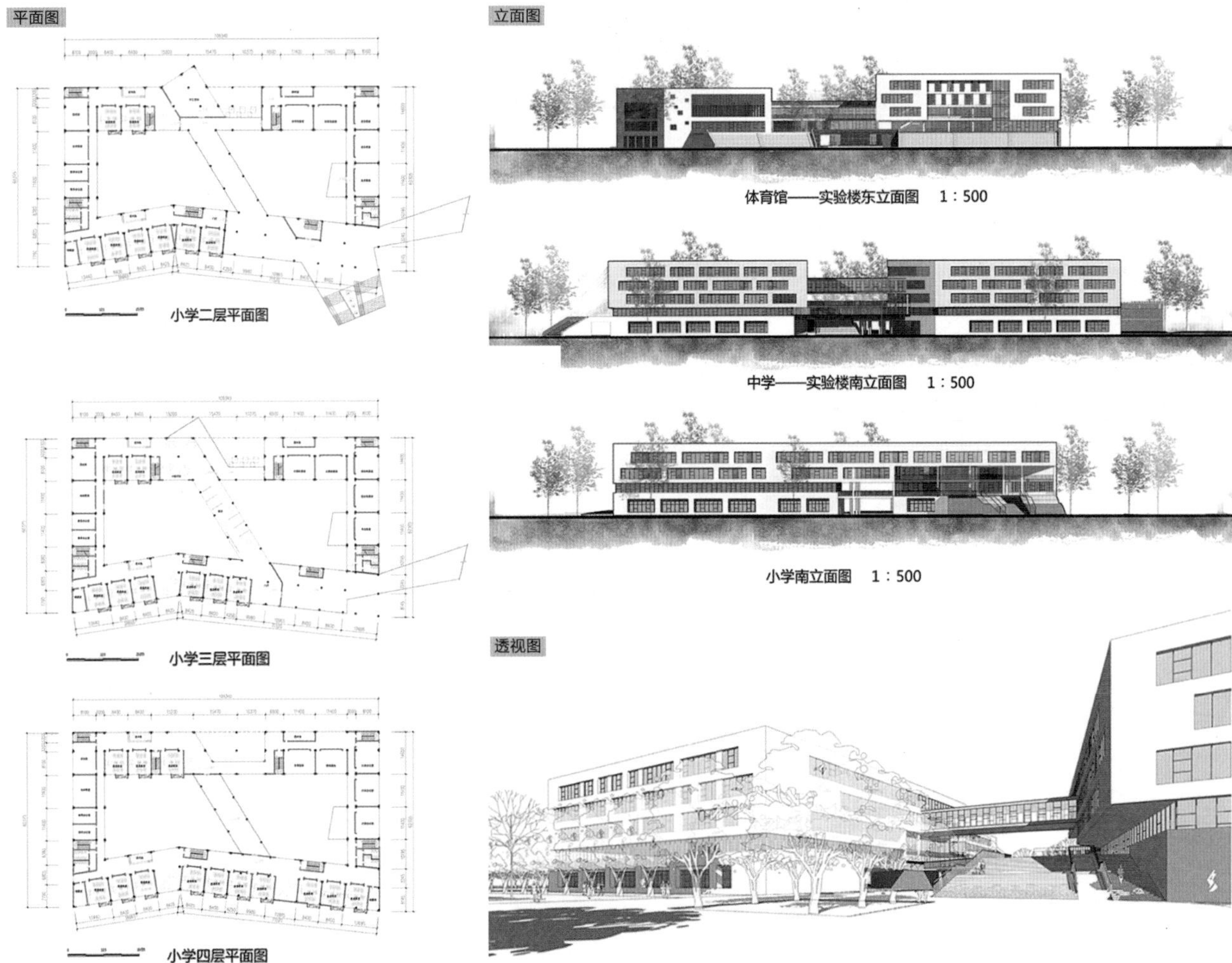
平面图
小学二层平面图
小学三层平面图
小学四层平面图
立面图
体育馆——实验楼东立面图 1：500
中学——实验楼南立面图 1：500
小学南立面图 1：500
透视图

ARCHITECTURE

# 裕德里里院局部地块改造

Author
2011级
徐慧敏

Advisor
慕启鹏

Site
山东青岛市

原有空间较为分散，非典型里院空间，三个院子各具特色，将功能分为三种，院 1 为典型里院，设计为青年旅社；院 2 建筑分散，院子较大，功能设置为创意产业工作室；院 3 原有建筑体量较大，破坏非常严重，结合周边环境设置为区域核心的服务空间，底层以餐饮、简餐、咖啡为主，结合演绎和聚会设置，上层设置为公众书店。结构上，尽可能保留原有砖墙框架，并根据不同功能设置进行加减，内部钢结构的加建，尽可能保留原有里院空间的构成，在拆除违章加建的前提下，对各部分建筑的交通进行梳理。

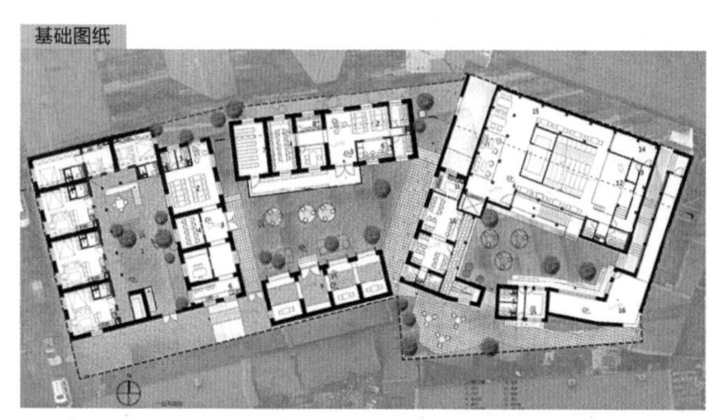


一层平面图

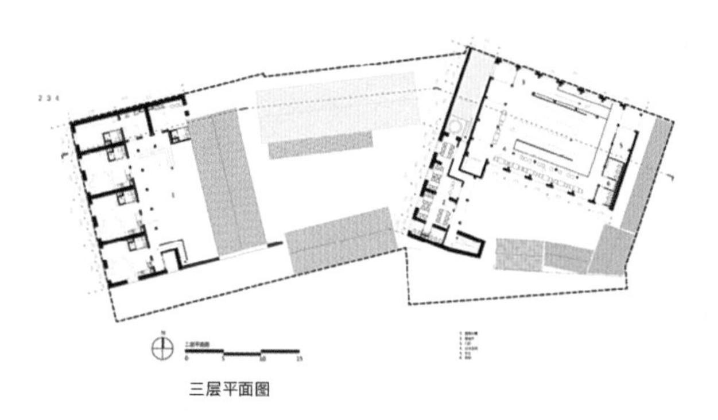

三层平面图

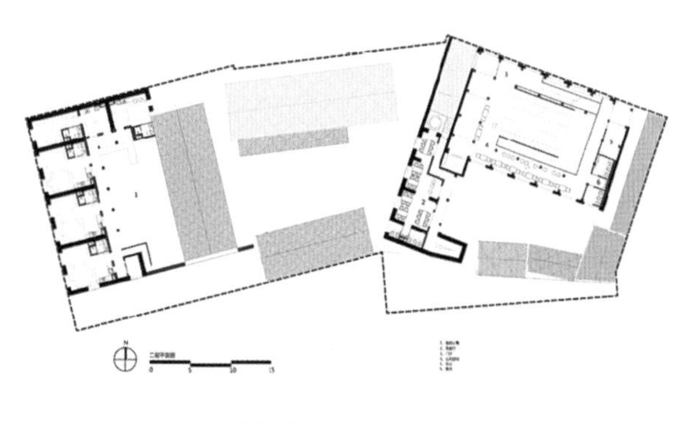

二层平面图

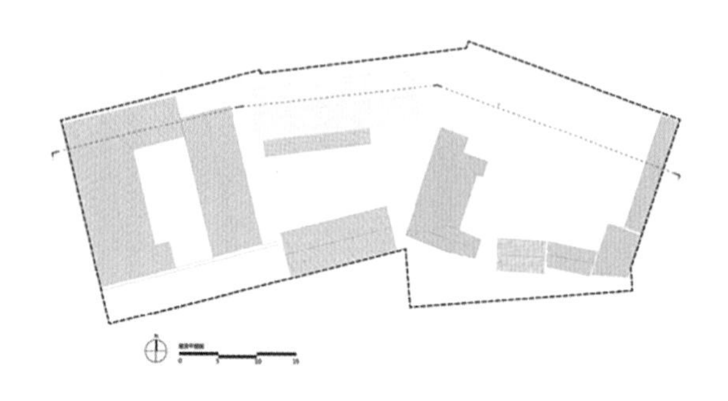

屋顶平面图

A-A 剖面图
南立面图
北立面图
东、西立面图

# 岳滋村绿色泉水村落研究性设计

Author
2010级
穆广坤
吴　宽
周玉蝉
韩赟聪
张境驿
董廷路
陈　硕
闫　峥
赵　赛
吴英超

Advisor
赵继龙
王　江

Site
山东省济南市

## 乡村的内在属性及空间特征的实证研究

岳滋村具有典型的传统乡村风貌和良好的环境资源，同时它也经受着中国快速城镇化的巨大影响，有着相当迫切的发展诉求，因此审慎理解和选择可持续发展模式就成为迫在眉睫的任务。绿色泉水村落研究性设计（2015年）以岳滋村作为研究对象，基于先进发展理念进行目标定位并提出概念性设计策略，最后对其整体和重要局部进行设计研究。

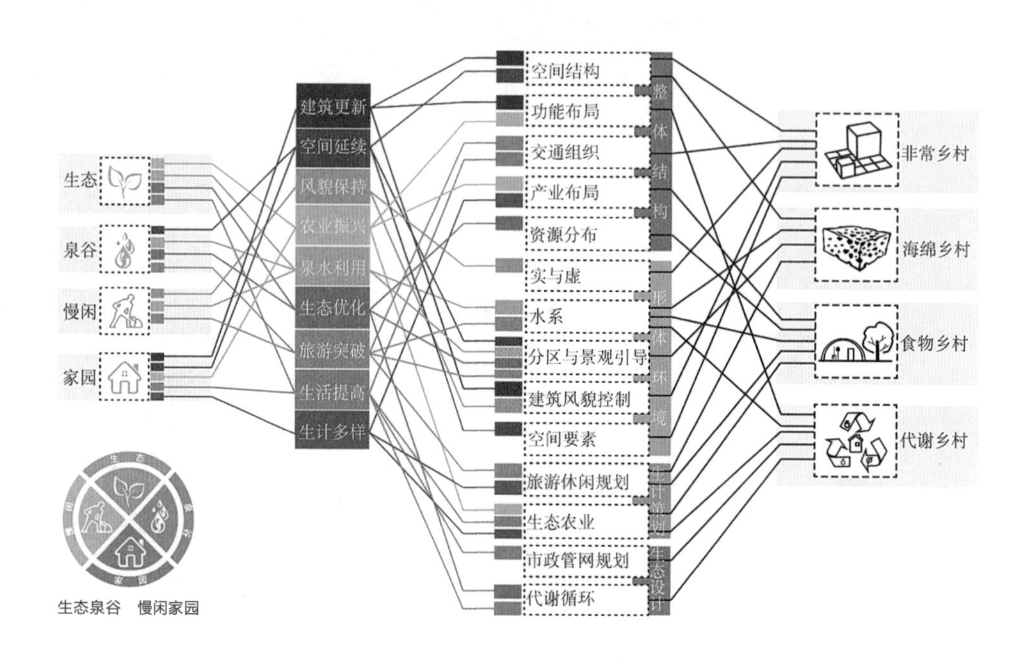

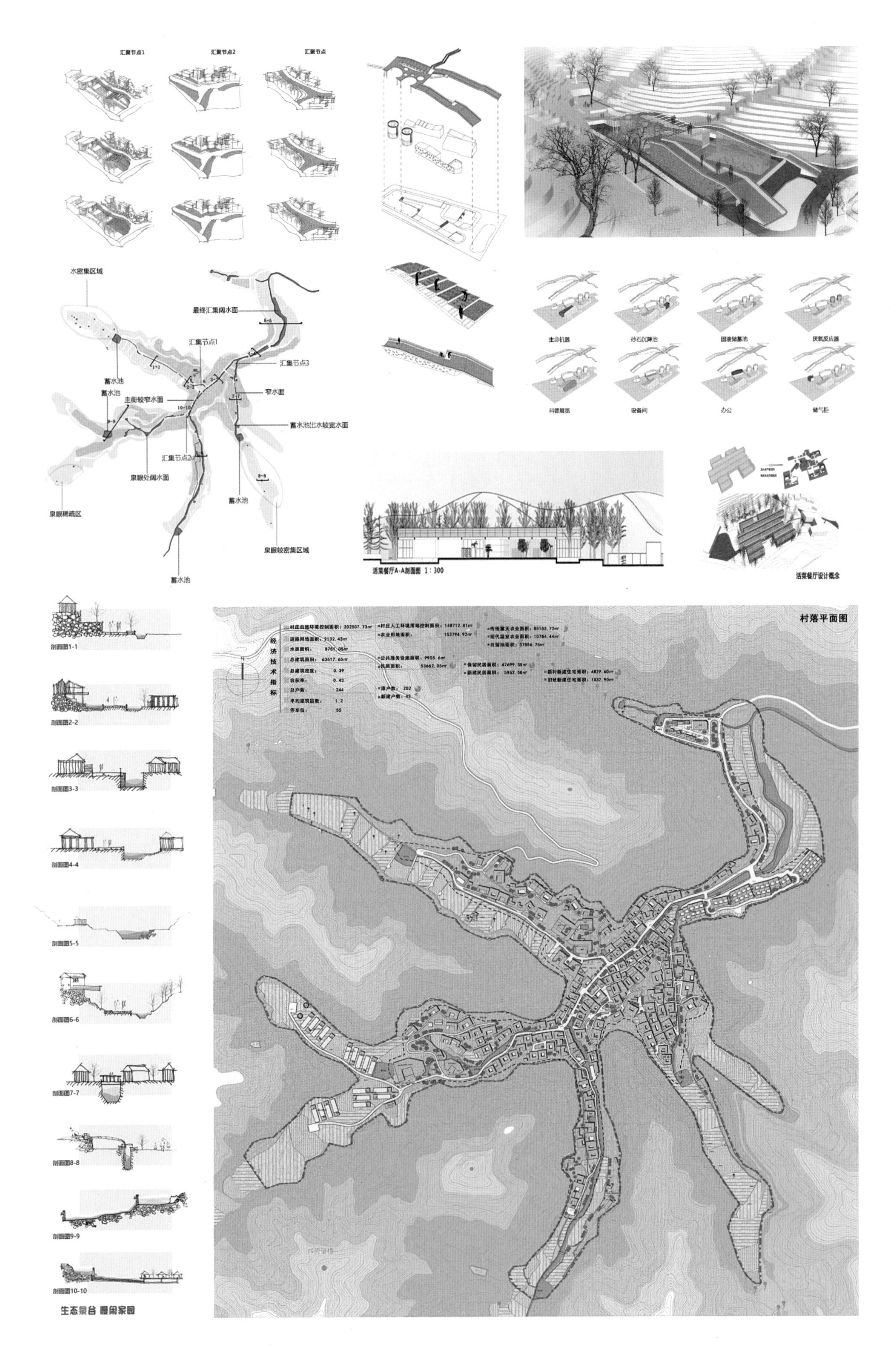

汇聚节点1
汇聚节点2
汇聚节点
水密集区域
最终汇集阔水面
汇集节点1
汇集节点3
蓄水池
窄水面
主街较窄水面
蓄水池出水较宽水面
汇集节点2
泉眼处阔水面
泉眼稀疏区
蓄水池
泉眼较密集区域
生命机器
砂石沉降池
固液储蓄池
厌氧反应器
科普展览
设备间
办公
储气柜
活菜餐厅A-A剖面图 1：300
活菜餐厅设计概念
村落平面图
经济技术指标
村庄自然环境控制面积：302507.73㎡
道路用地面积：2132.43㎡
水面面积：8751.05㎡
总建筑面积：63617.65㎡
总建筑密度：0.39
容积率：0.43
总户数：244
平均建筑层数：1.2
停车位：55
村庄人工环境用地控制面积：148712.81㎡
农业用地面积：153794.92㎡
公共服务设施面积：9955.6㎡
民居面积：53662.05㎡
原户数：202
新建户数：42
传统露天农业面积：85153.72㎡
现代温室农业面积：10784.44㎡
自留地面积：57856.76㎡
保留民居面积：47699.55㎡
新建民居面积：5962.50㎡
新村新建住宅面积：4829.60㎡
旧址新建住宅面积：1032.90㎡
剖面图1-1
剖面图2-2
剖面图3-3
剖面图4-4
剖面图5-5
剖面图6-6
剖面图7-7
剖面图8-8
剖面图9-9
剖面图10-10


生态泉谷 曜闲家园

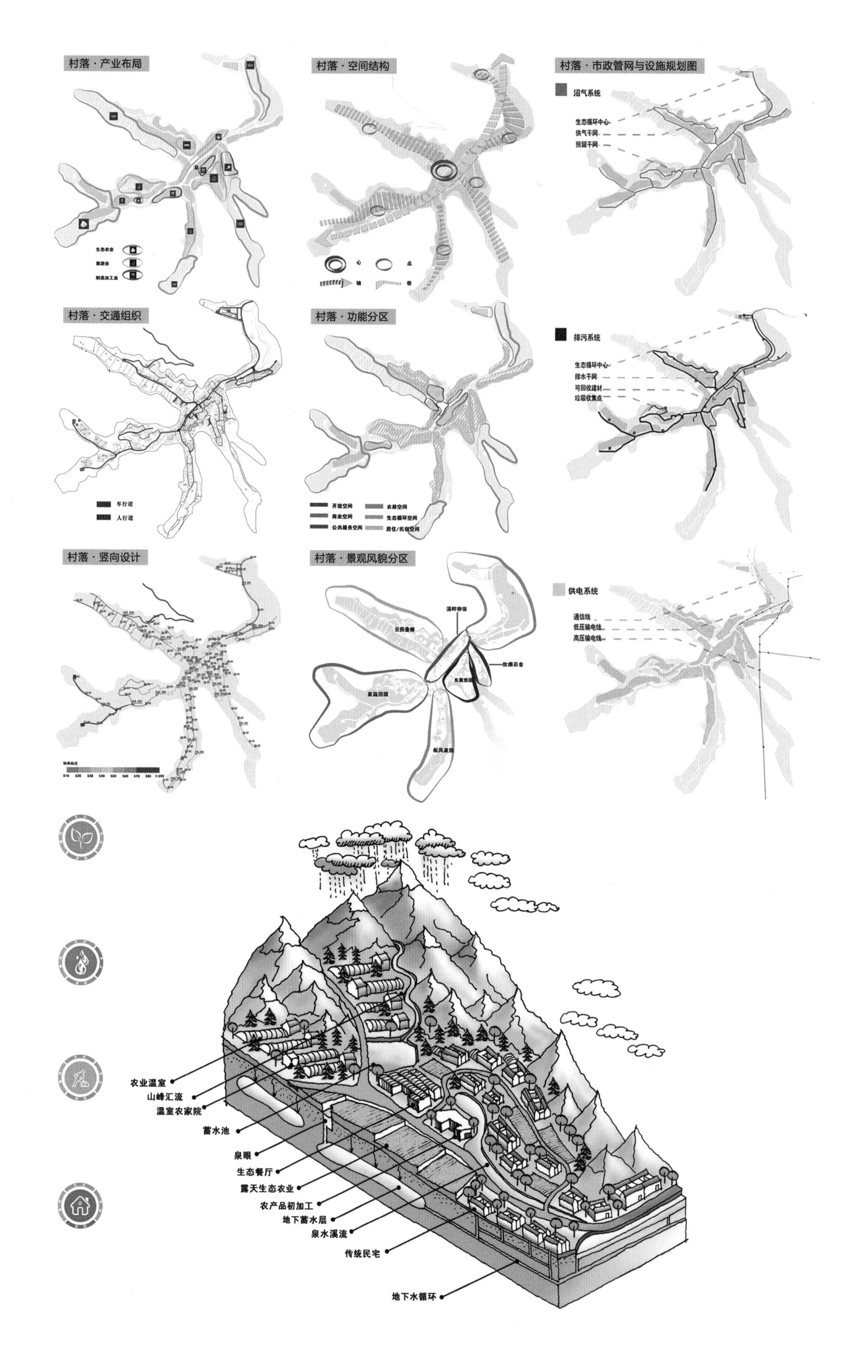

村落 · 产业布局
生态农业
旅游业
制造加工业
村落 · 空间结构
心
点
轴
带
村落 · 市政管网与设施规划图
沼气系统
生态循环中心
供气干网
预留干网
村落 · 交通组织
车行道
人行道
村落 · 功能分区
开放空间
商业空间
公共服务空间
农耕空间
生态循环空间
居住/民宿空间
排污系统
生态循环中心
排水干网
可回收建材
垃圾收集点
村落 · 竖向设计
村落 · 景观风貌分区
溪畔柳依
云田叠阁
依傍石舍
东篱悠园
泉涌田园
松风泉院
供电系统
通信线
低压输电线
高压输电线
农业温室
山峰汇流
温室农家院
蓄水池
泉眼
生态餐厅
露天生态农业
农产品初加工
地下蓄水层
泉水溪流
传统民宅
地下水循环

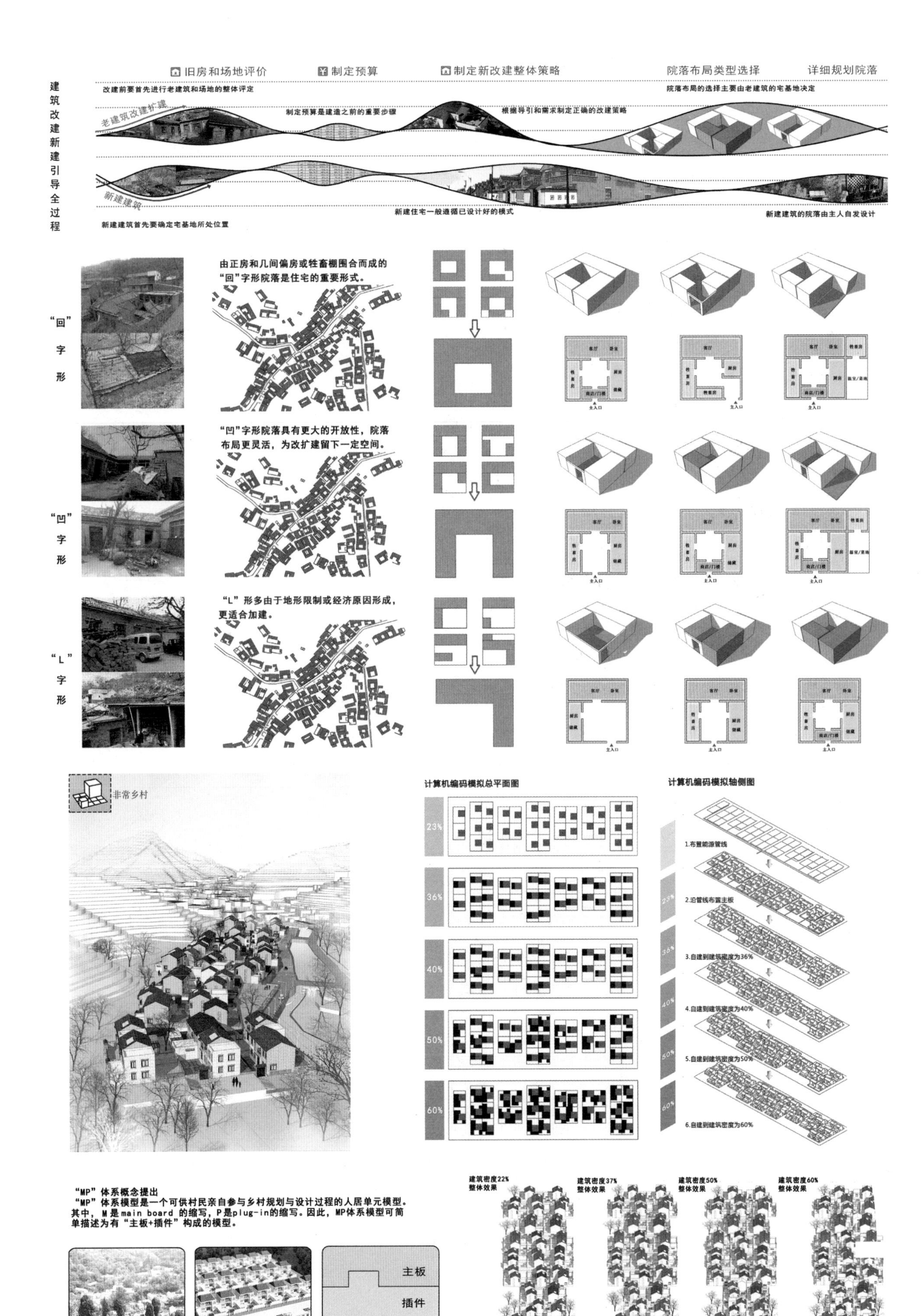


"MP"体系概念提出

"MP"体系模型是一个可供村民亲自参与乡村规划与设计过程的人居单元模型。其中，M是main board 的缩写，P是plug-in的缩写。因此，MP体系模型可简单描述为有"主板+插件"构成的模型。

# ARCHITECTURE

# 山东建筑大学科研实验中心设计

Author
2010级
王大众

Advisor
仝　晖

Site
山东省济南市

本方案设计为山东建筑大学科研实验中心设计，设计的首要出发点在于解决实验中心与校园整体环境的契合问题，在充分理解校园结构与基地现状的前提下，发掘校园的建筑特点与可能存在的问题，把持建筑空间设计的整体概念，考虑人的实际感受，以获得一个与外部环境相协调，与人相适宜的外部形象。

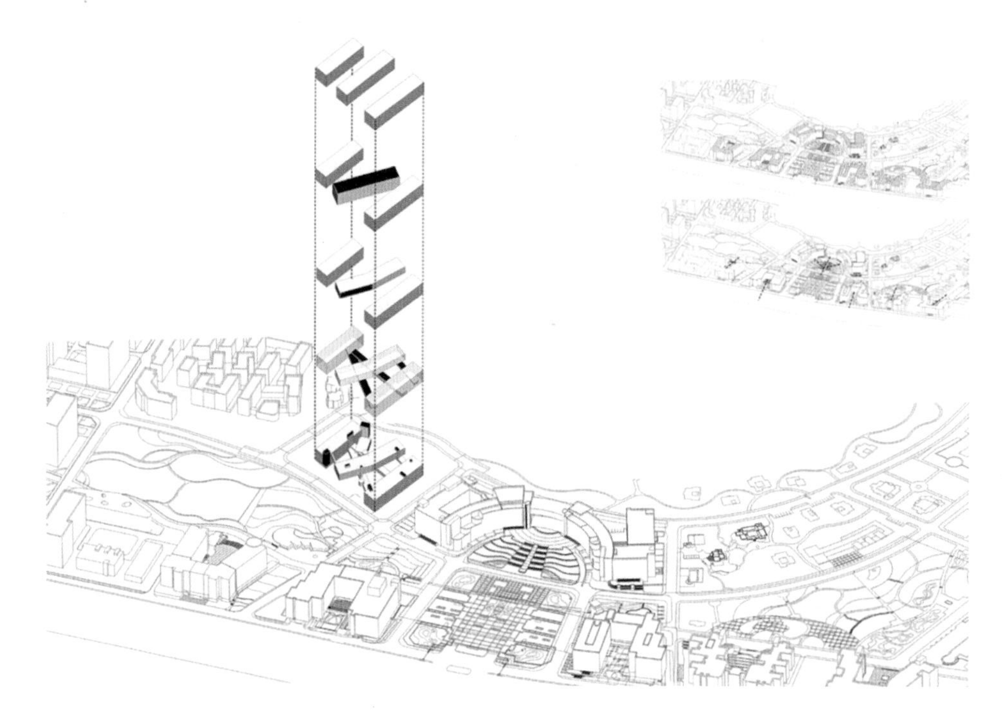

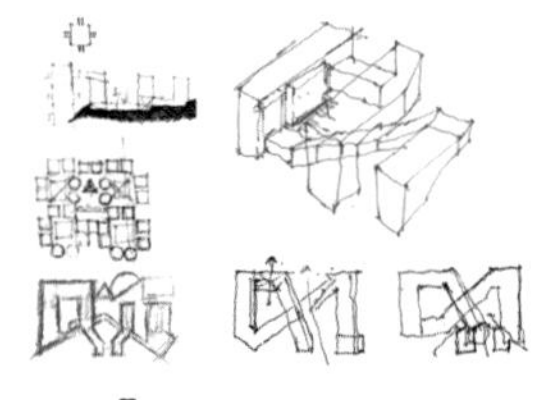

方案来自于我们的社会与机构的力量产生的某个策划，在这个过程中并未存在建筑，建筑之遥稍微地被窥视到了一个瞬间，你无法知道他是什么样子的，他将会是什么样子的。在这个场地上，不存在这个建筑，因为他并未被建成，甚至连草图都没有。社会与机构产生了来自于他们的需求与欲望，他们呼唤着存在，名为建筑的存在。建筑想要成为他自身想要成为的样子。一种产生于场地的呼唤。

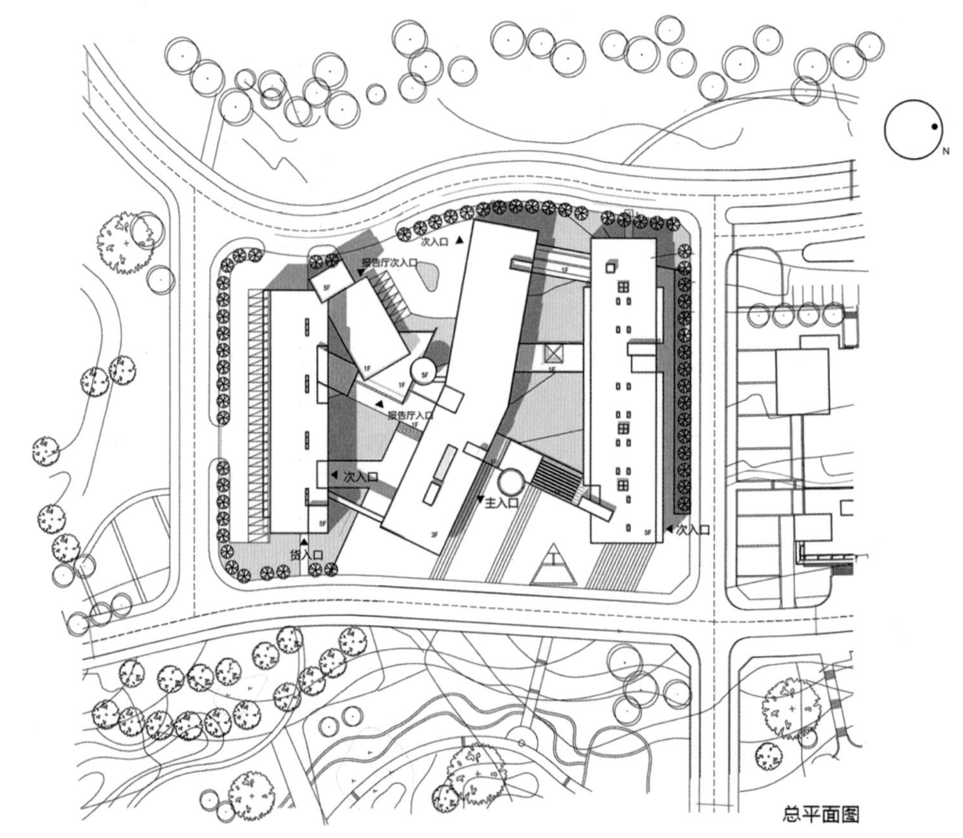

总平面图

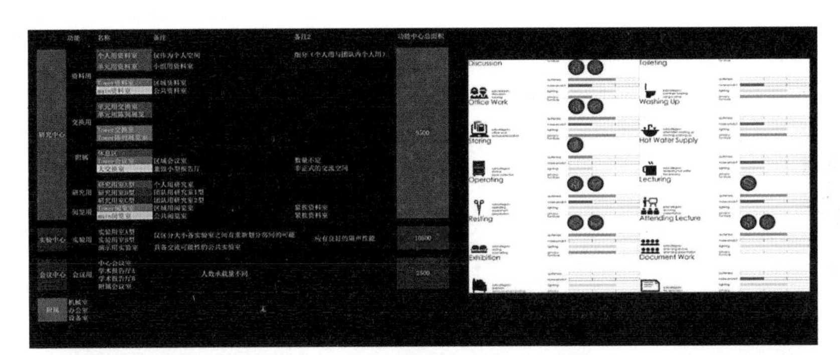


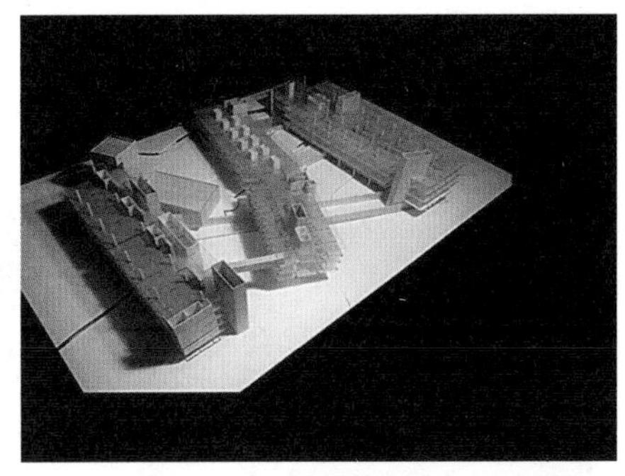

57

本设计引入积极的、真实的、动态的和活力十足的空间设计手段和方法。

这一方法满足日常生活行为、气候和需求的改变。持续不变的时间和结构之间的互动将导致形态和空间的积极转化。建筑并不是纪念碑，而是操作和运营的过程。设计的目标并不是解决最终的问题，而是一个包括对场地条件分析研究到转化的过程。

在这一阶段，将探讨不同的建筑设计方法，保持对演绎推理的批判性，因为这将会导致建筑平面模式预定的解决办法。将城市分析、设计目标和建筑形态结合起来才可以产生新的设计方法。首先，对组成单元的秩序和稳定性持怀疑态度。鼓励所有形态分散、模糊和变化过程的多样性和不稳定性。其次，建筑被认为是一个由信息、材料和时间积累的物体，形成紧凑的或松散排列的城市群体——即房间群。

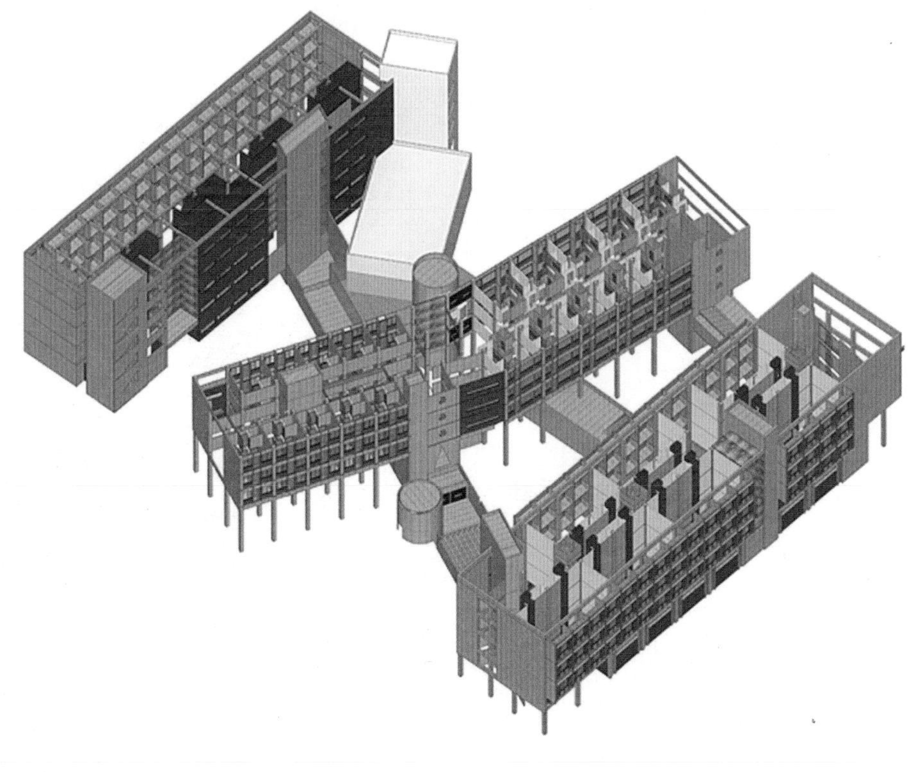

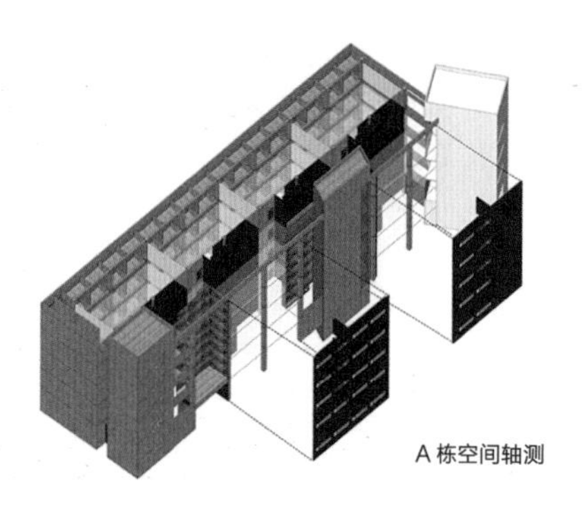

A 栋空间轴测

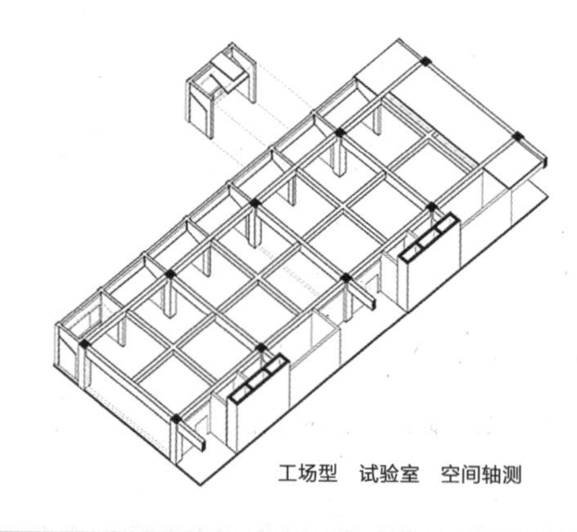

工场型 试验室 空间轴测

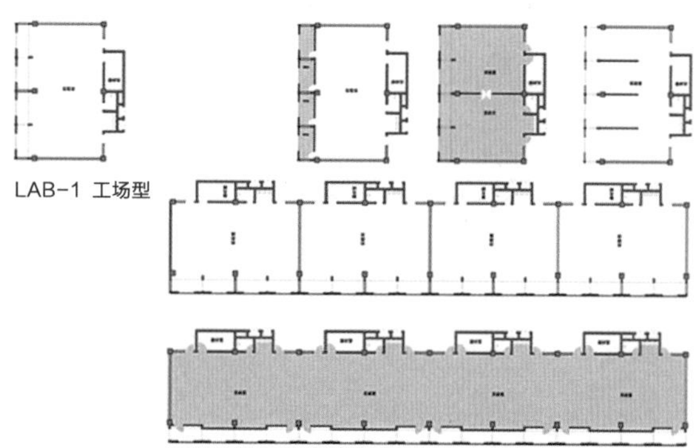

LAB-1 工场型

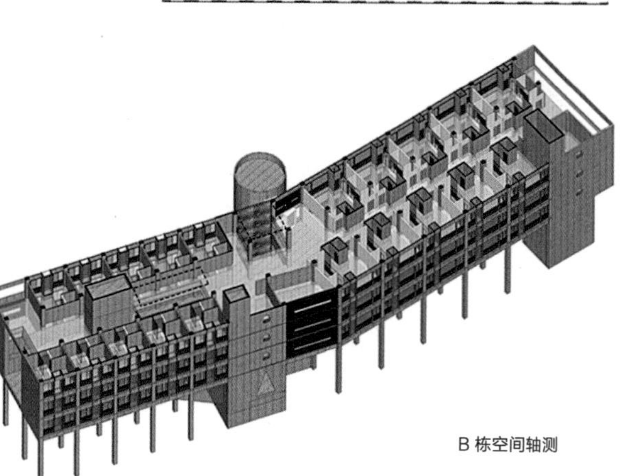

B 栋空间轴测

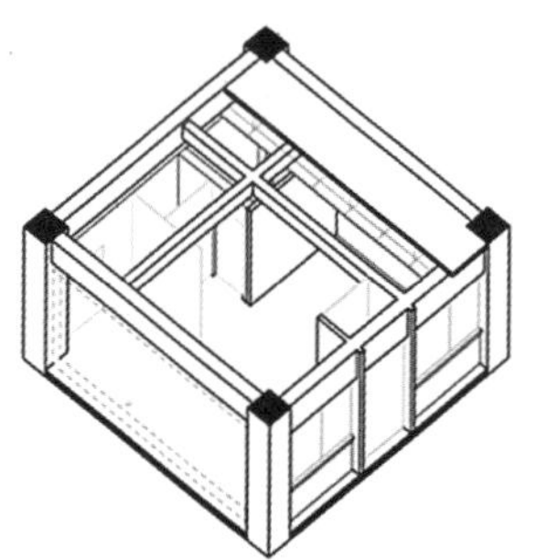

40m² 工作室 空间轴测

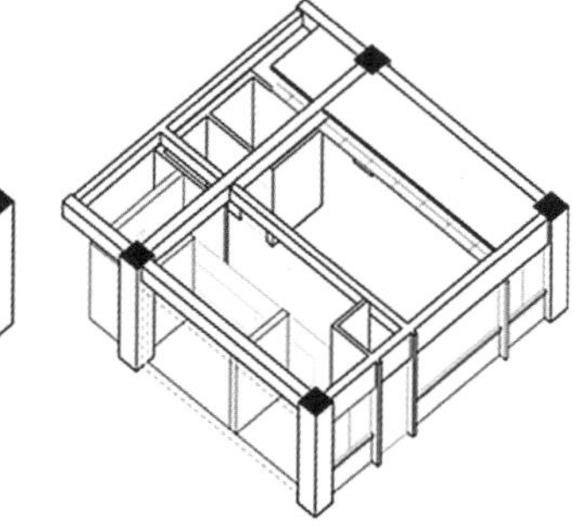

70m² 工作室 -1 空间轴测

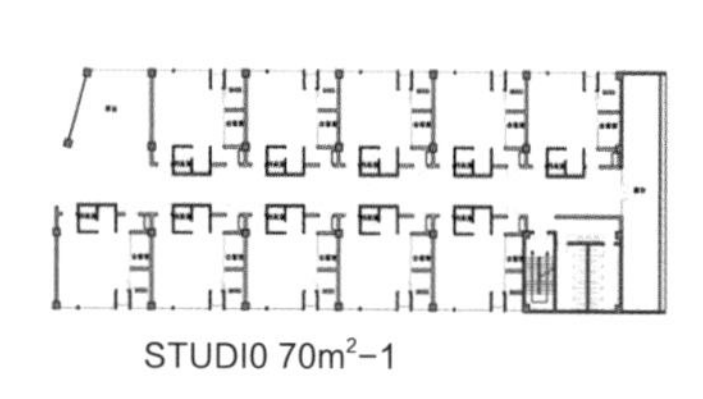

STUDIO 70m²-1

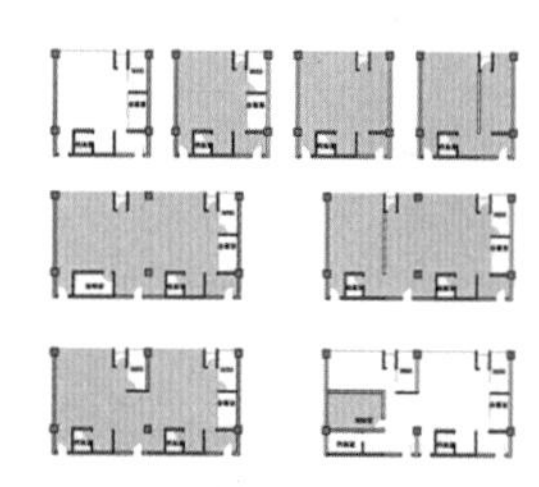

STUDIO 40m²

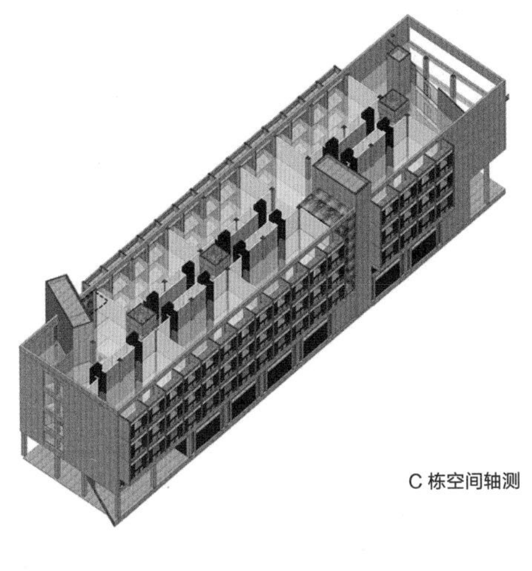

C 栋空间轴测

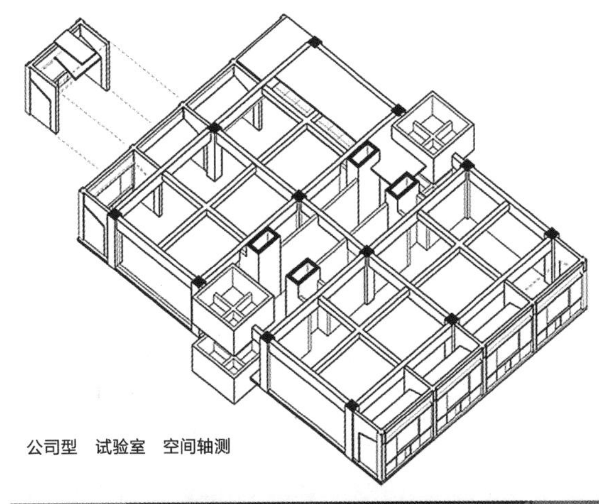

公司型　试验室　空间轴测

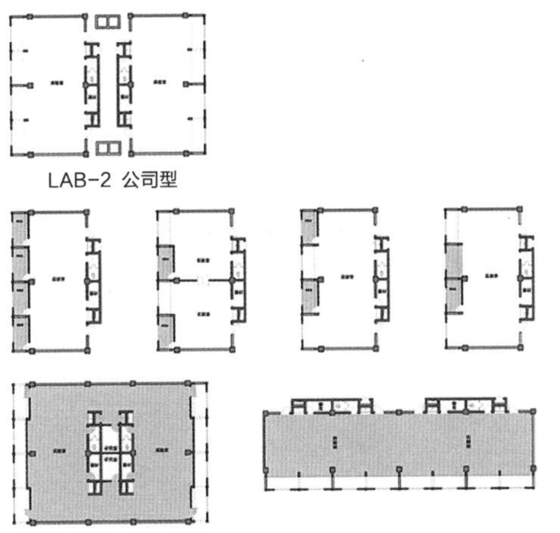

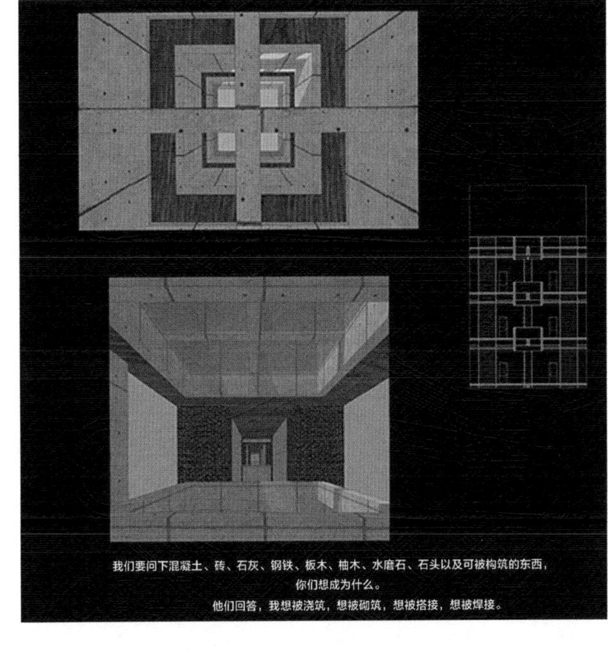


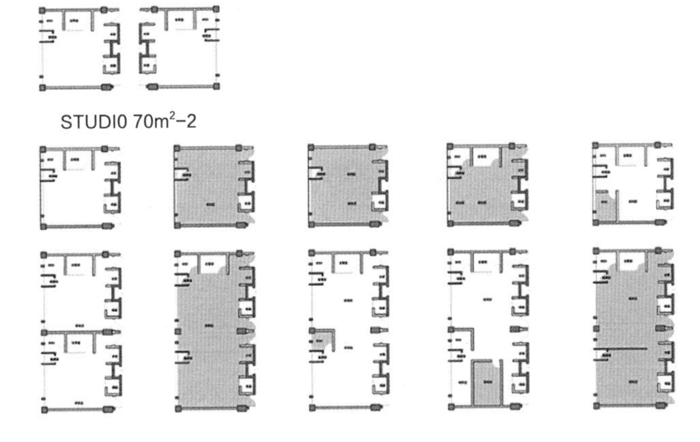


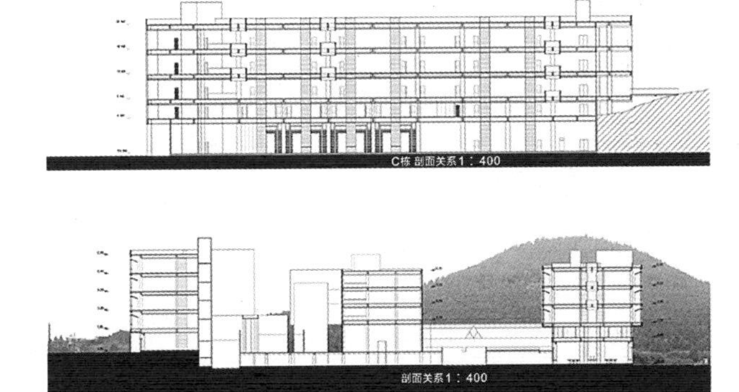


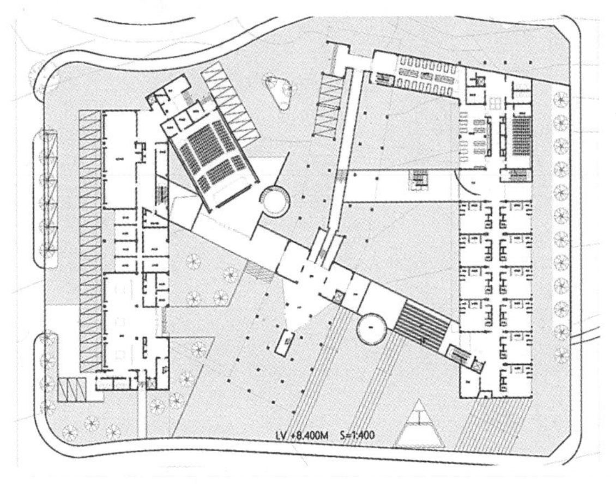

ARCHITECTURE

# 基于都市农业的城市旧社区更新研究与设计


Author

2010级

赵文爽

王尧靓

高　昊

Advisor

刘长安

周忠凯


Site

山东省济南市

本设计是以农业生产种植要素为主题的旧社区改造更新设计，本着尊重自然、和谐共生、可持续发展的理念进行设计。社区内物质能量的循环利用是本次设计最大的特色，也是我们设计的初衷。从基地调研、走访居民、分析现状、计算数据到规划设计、建筑设计，我们努力地去将生产性要素与我们的社区设计有机合理地结合，并严格地依照任务书的各项要求进行设计，最终完成本次方案。本次设计的重点在于满足社区内人与自然、与建筑之间的物质能量循环，这也是支撑本次设计的关键要素。因此尽量达到物质能量流的闭合循环是我们的主要目的。

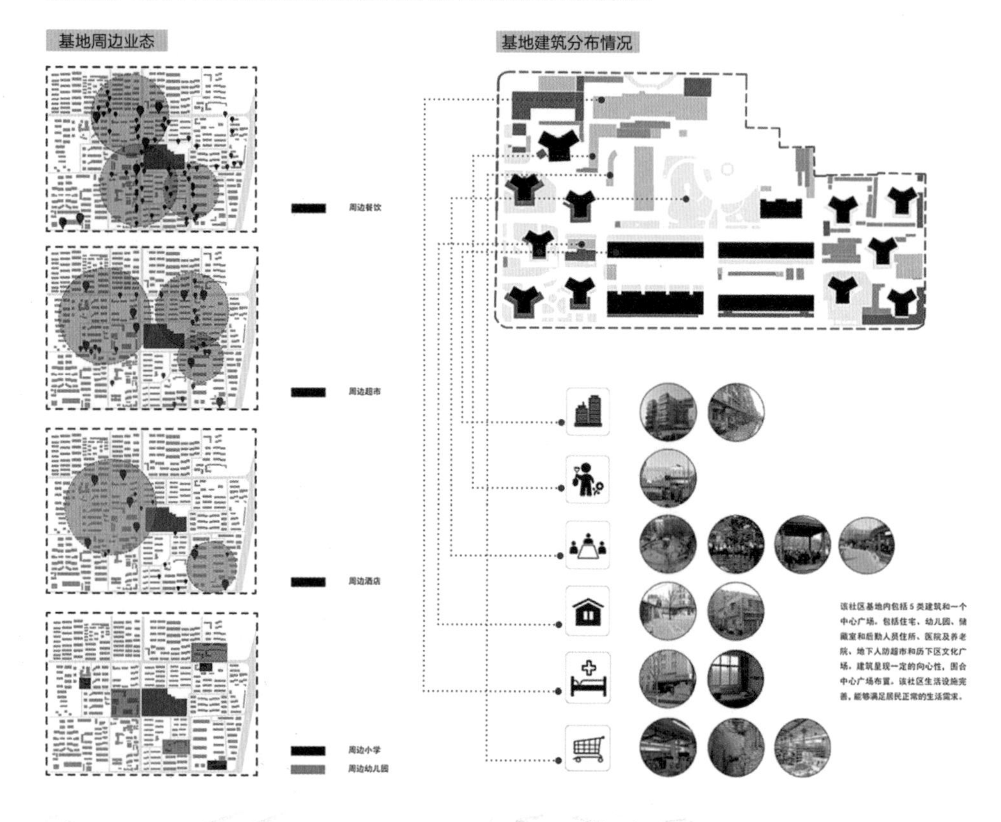


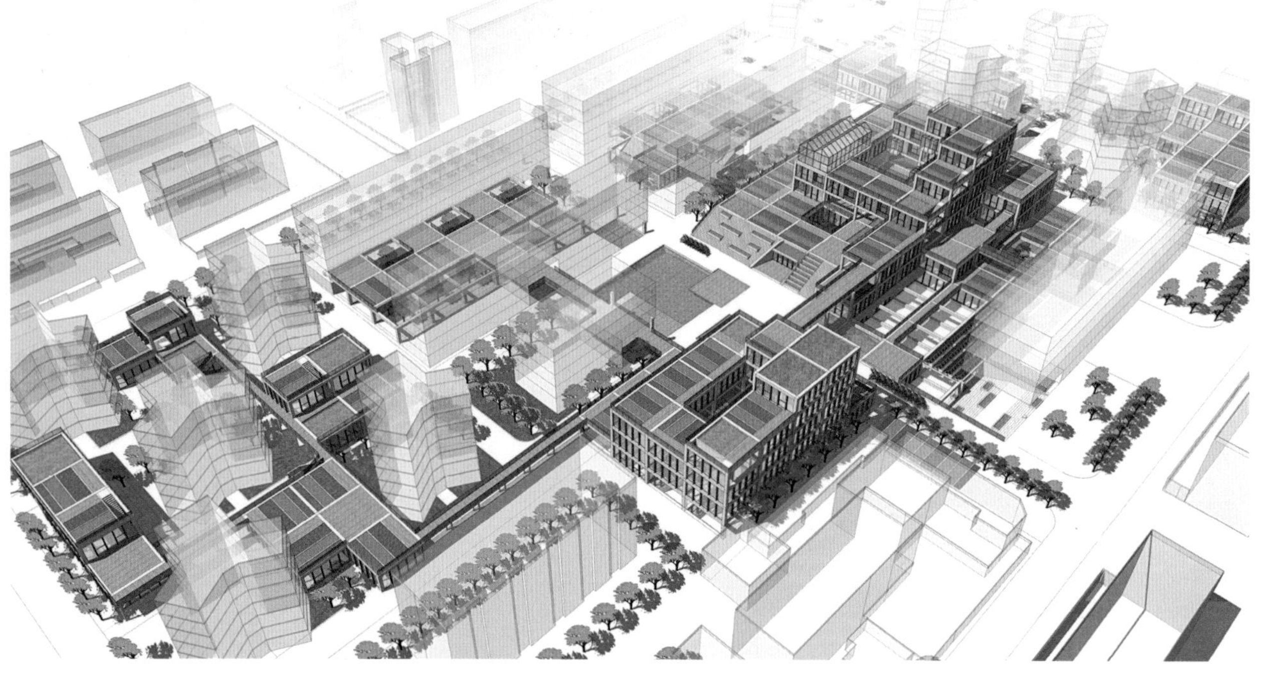

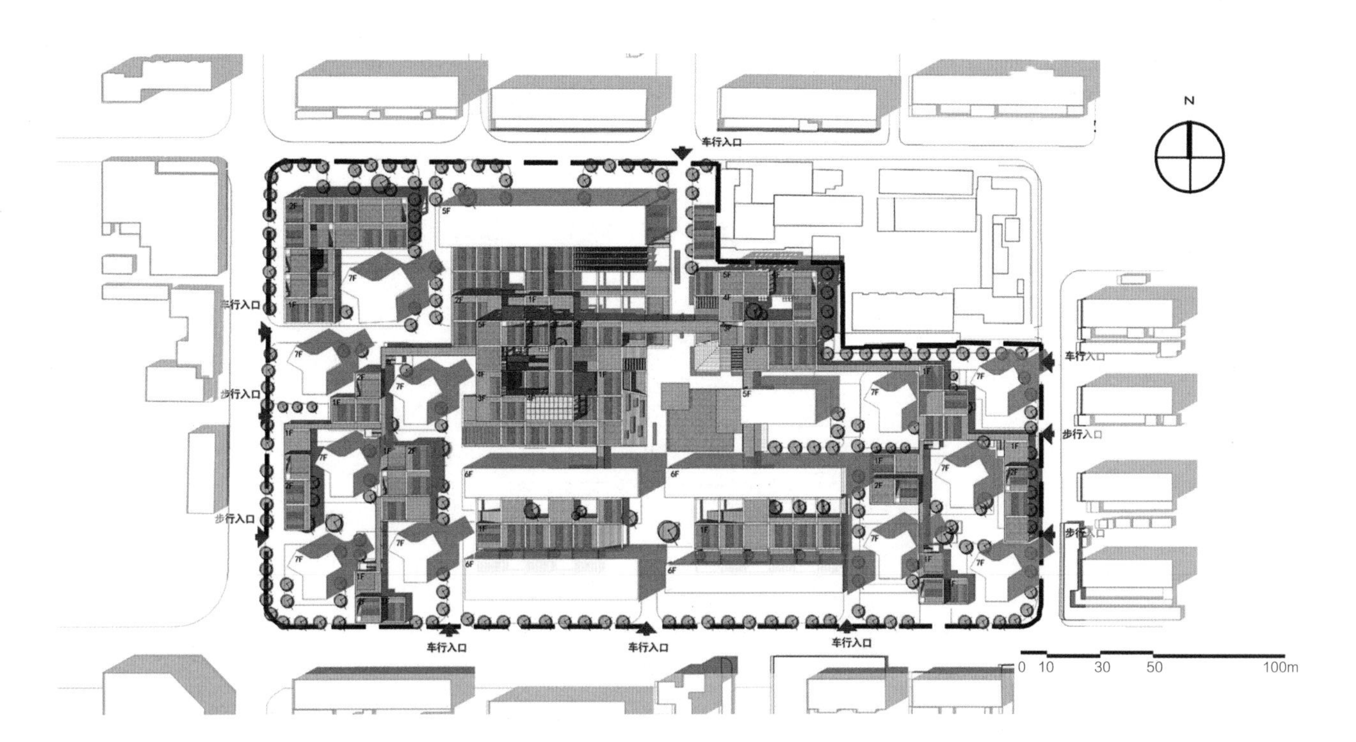

N
车行入口
车行入口
步行入口
步行入口
车行入口
步行入口
步行入口
车行入口
车行入口
车行入口
0 10 30 50 100m


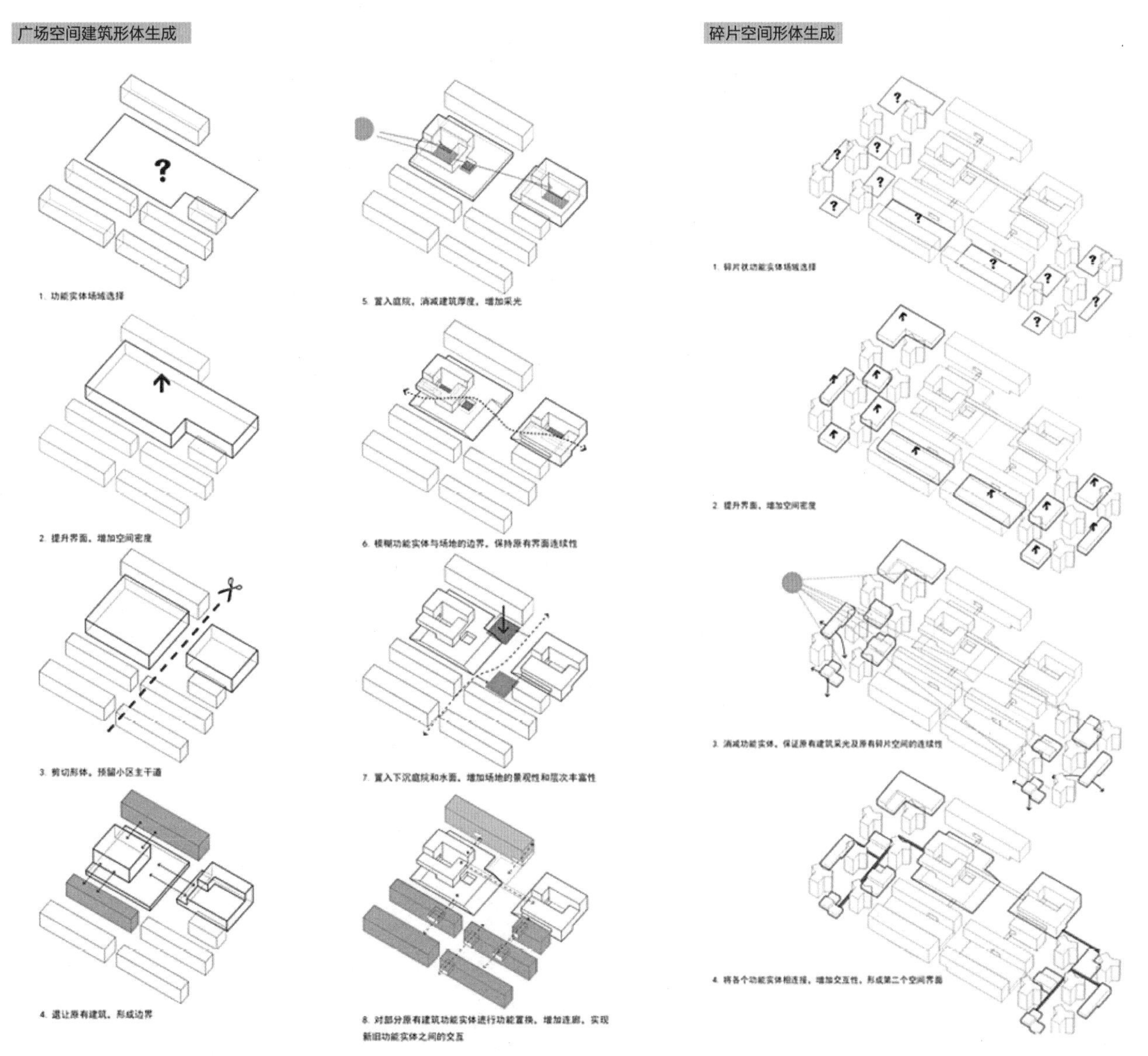

广场空间建筑形体生成
碎片空间形体生成
1. 功能实体场地选择
2. 提升界面，增加空间密度
3. 剪切形体，预留小区主干道
4. 退让原有建筑，形成边界
5. 置入庭院，消减建筑厚度，增加采光
6. 模糊功能实体与场地的边界，保持原有界面连续性
7. 置入下沉庭院和水面，增加场地的景观性和层次丰富性
8. 对部分原有建筑功能实体进行功能置换，增加连廊，实现新旧功能实体之间的交互
1. 碎片状功能实体场地选择
2. 提升界面，增加空间密度
3. 消减功能实体，保证原有建筑采光及原有碎片空间的连续性
4. 将各个功能实体相连接，增加交互性，形成第二个空间界面


生态整合“模块”介入

技术图纸

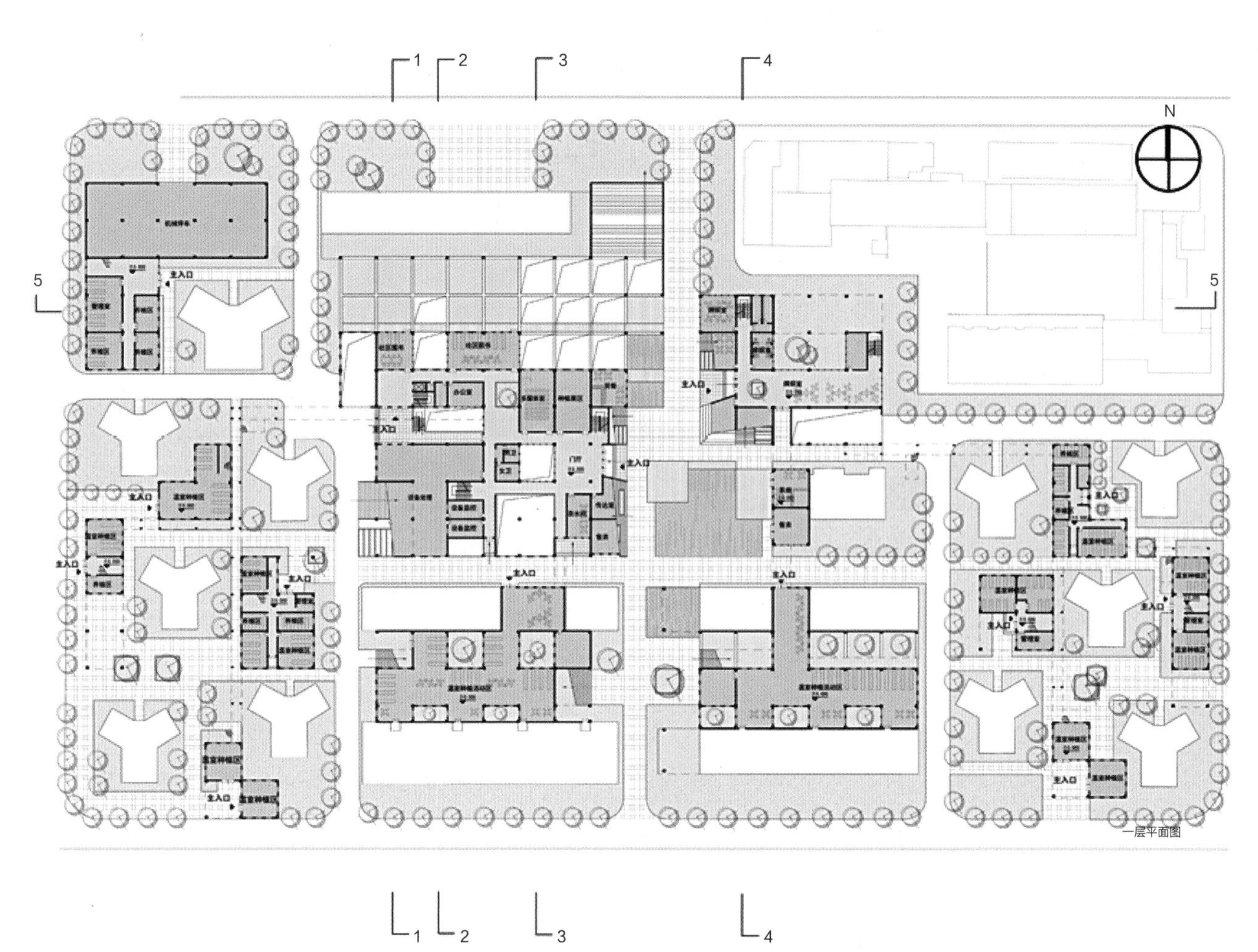


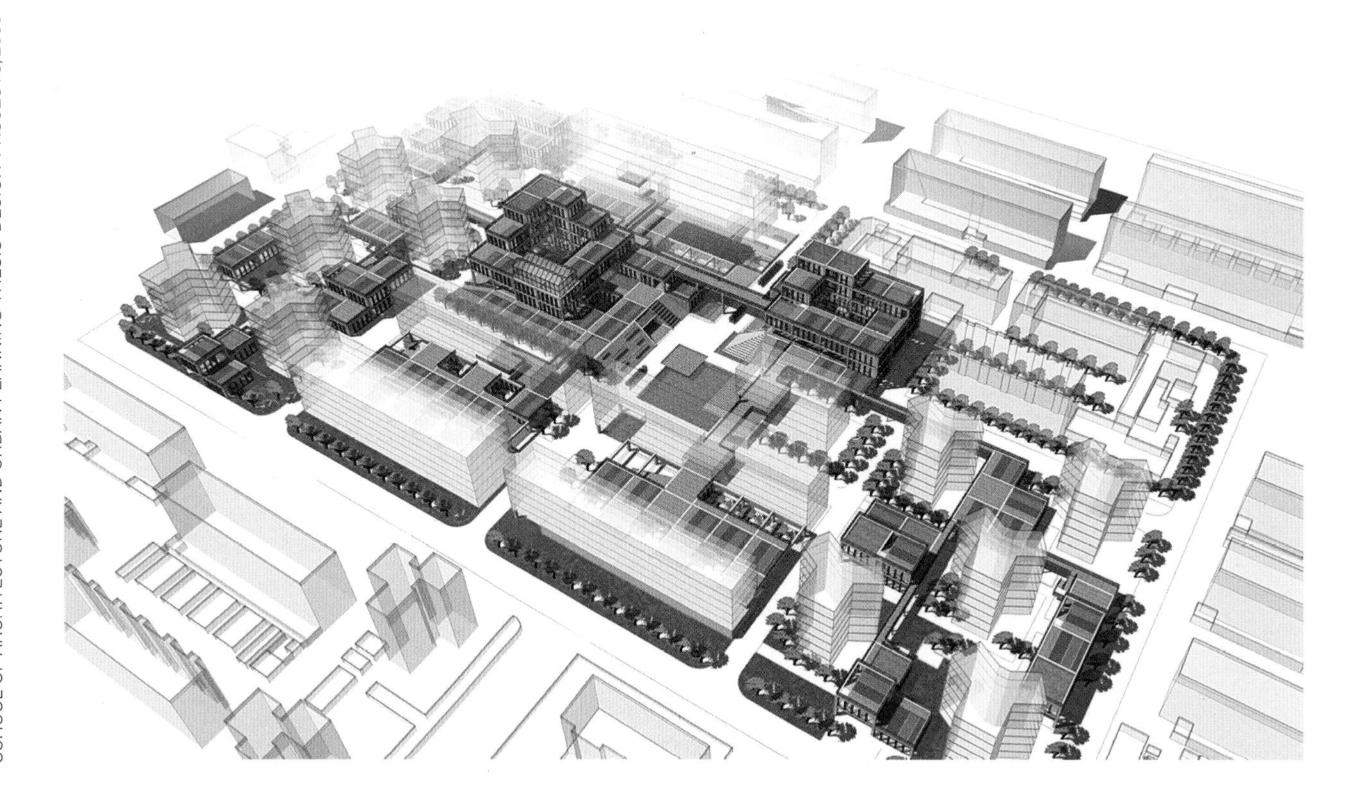

## 社区物质输入现状分析

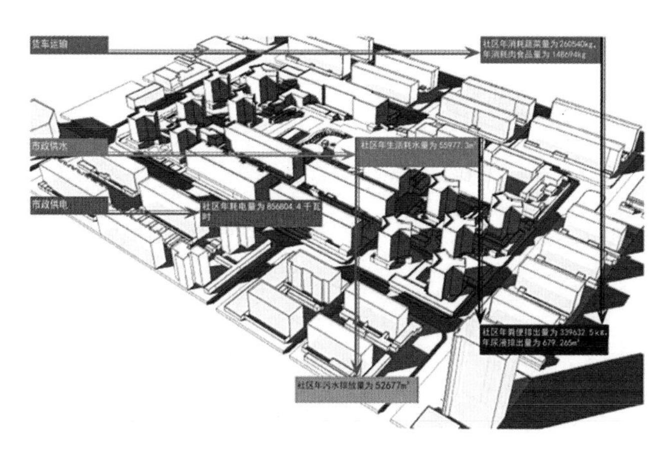


| 社区总人口数 | 人均年蔬菜消耗量（kg） | 社区蔬菜年消耗量（kg） |
|---|---|---|
| 1861 | 140 | 260540 |

| 年人均用水量（单位：m³） | 社区日耗水量为（单位：m³） | 社区年耗水量（单位：m³） |
|---|---|---|
| 33.3 | 153.36 | 55977.3 |

| 人均单日污水排放量 | 社区日污水排放量 | 社区年总污水量 |
|---|---|---|
| 77.55L | 144320.55L | 52677000.75L |

| 社区年生活垃圾量 | 有机物的含量 | 厨余垃圾 | 无机物含量 |
|---|---|---|---|
| 475485.5 | 259995.47 | 185439.35 | 66900.80 |

| 排泄物 | 粪便（kg） | 尿液（m³） |
|---|---|---|
| 人均每日产生量 | 0.5 | 0.001 |
| 社区单日产生 | 930.5 | 1.861 |
| 社区年产生量 | 339632.5 | 679.265 |

| 人均年用电量（千瓦时） | 人均日用电量（千瓦时） | 社区居民日均的用电量（千瓦时） | 社区全年居民用电量（千瓦时） |
|---|---|---|---|
| 460.4 | 1.26 | 2347.41 | 856804.4 |

## 社区立体农场分析

有很多济南当地植物可以被种植在立体农场中。在立体农场中种植有很多优势：

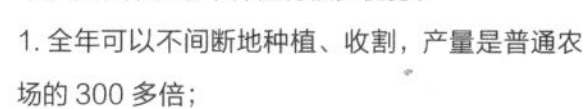

1. 全年可以不间断地种植、收割，产量是普通农场的 300 多倍；
2. 不受干旱、洪水、害虫等自然因素的影响；
3. 植物有机生长，没有除草剂、杀虫剂、肥料等；
4. 节约用水，还可以节约利用城市污水；
5. 增加城市绿地面积，有助于净化空气；
6. 形成新的环保绿色循环体系。

玉米生长期较短，要求温暖多雨，消耗水量大，若灌溉水源不足，就会减产甚至绝收

马铃薯性喜冷凉，是喜欢低温的作物，其地下薯块形成和生长需要疏松透气、凉爽湿润的土壤环境

在营养生长期，要求凉爽的气温，中等强度光照，耐寒、喜湿、喜肥，不耐高温、强光、干旱和贫瘠，高温长日照时进入休眠期

樱桃喜温喜光，怕涝怕旱，大樱桃忌风忌冻

香蕉喜湿热气候，在土层深、土质疏松、排水良好的地里生长旺盛

茄子喜温作物，较耐高温，结果的适宜温度为 25-30℃，对光周期长短的反应不敏感，只要温度适宜，从春到秋都能开花、结果

番茄是喜光作物，适宜光照强度为 30000—50000lx。番茄是短日照植物，喜温，需要较多的水分

苹果喜光，喜微酸性到中性土壤，喜低温干燥的温带果树、要求冬无严寒，夏无酷暑

胡萝卜为半耐寒性蔬菜，发芽适宜温度为 20—25℃，生长适宜温度为昼 18—23℃，夜 13—18℃，温度过高、过低均对生长不利

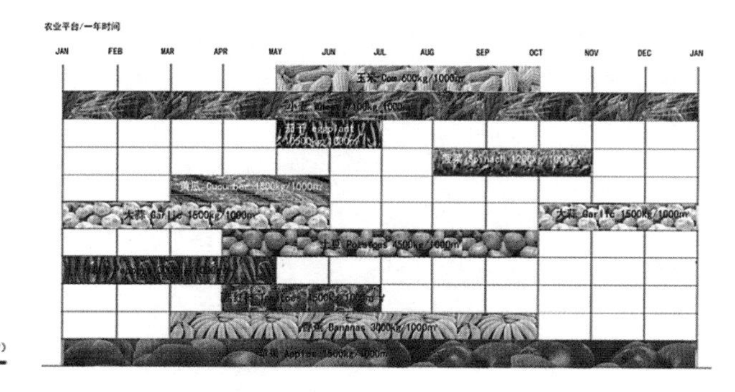




## 技术图纸

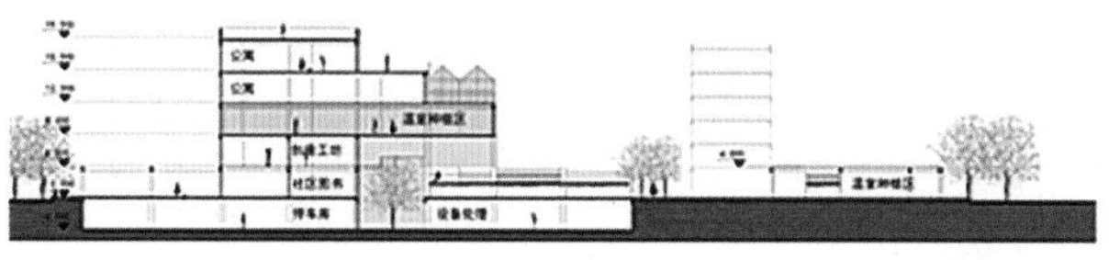

1-1 剖面图

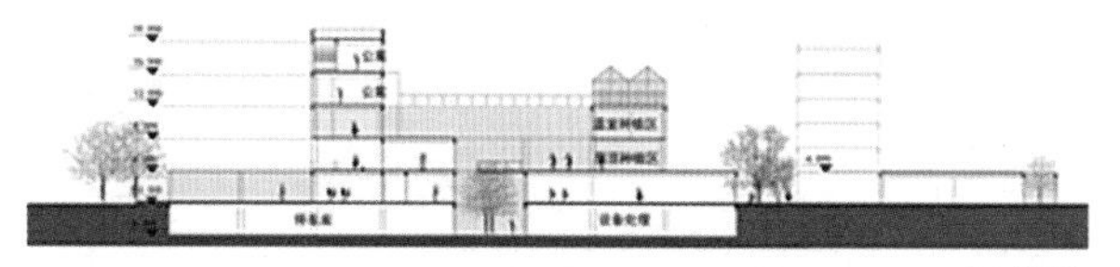

2-2 剖面图

1.18

ARCHITECTURE

# 东营区人民医院门诊医技病房综合楼设计

Author
2009级
吕　尧
张　洁

Advisor
陈兴涛

Site
山东省东营市

**方案基本情况概述**

东营区人民医院门诊医技病房综合楼工程位于济南路以北，城市规划路以南。项目总用地面积约 10358 平方米，总建筑面积约 36000 平方米（面积可以上下浮动 10%，其中地上建筑面积约 28000 平方米，地下室建筑面积约 8000 平方米），门诊楼、医技楼 4-5 层，病房楼 16-18 层。设计床位约 480 张。机动车停车位（地下车库）约 180 个。

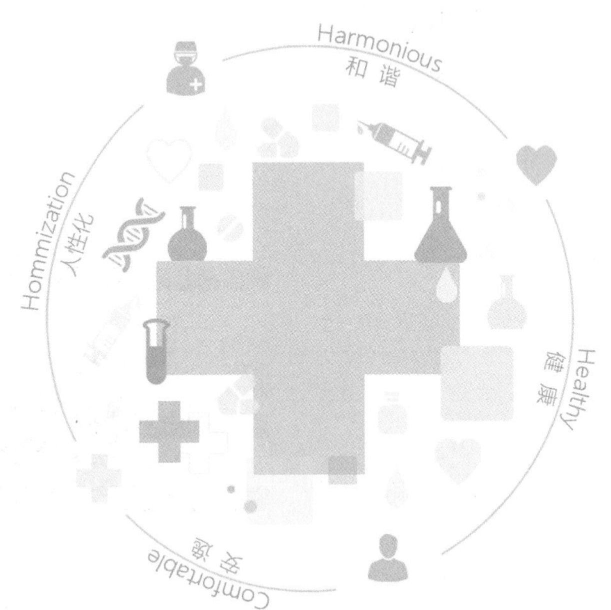


**方案设计理念概述**

本方案以“和谐医院”的主题贯穿整个设计过程，强调建筑对自然和人文的尊重，整个建筑群与自然环境和谐共生，形成了“万绿丛中一点白”的建筑效果。设计点滴之处都体现着对于医患的人文关怀。为患者、医护人员、探视人员创造一个“人性化”的“和谐”空间。设计符合以和谐为主调的东营城市文化，为整座城市创造了和谐、健康、安逸的诊疗医患环境。设计的最终目的是力图创造一个“人性化”节能环保的“和谐”医院。

东南侧鸟瞰效果图

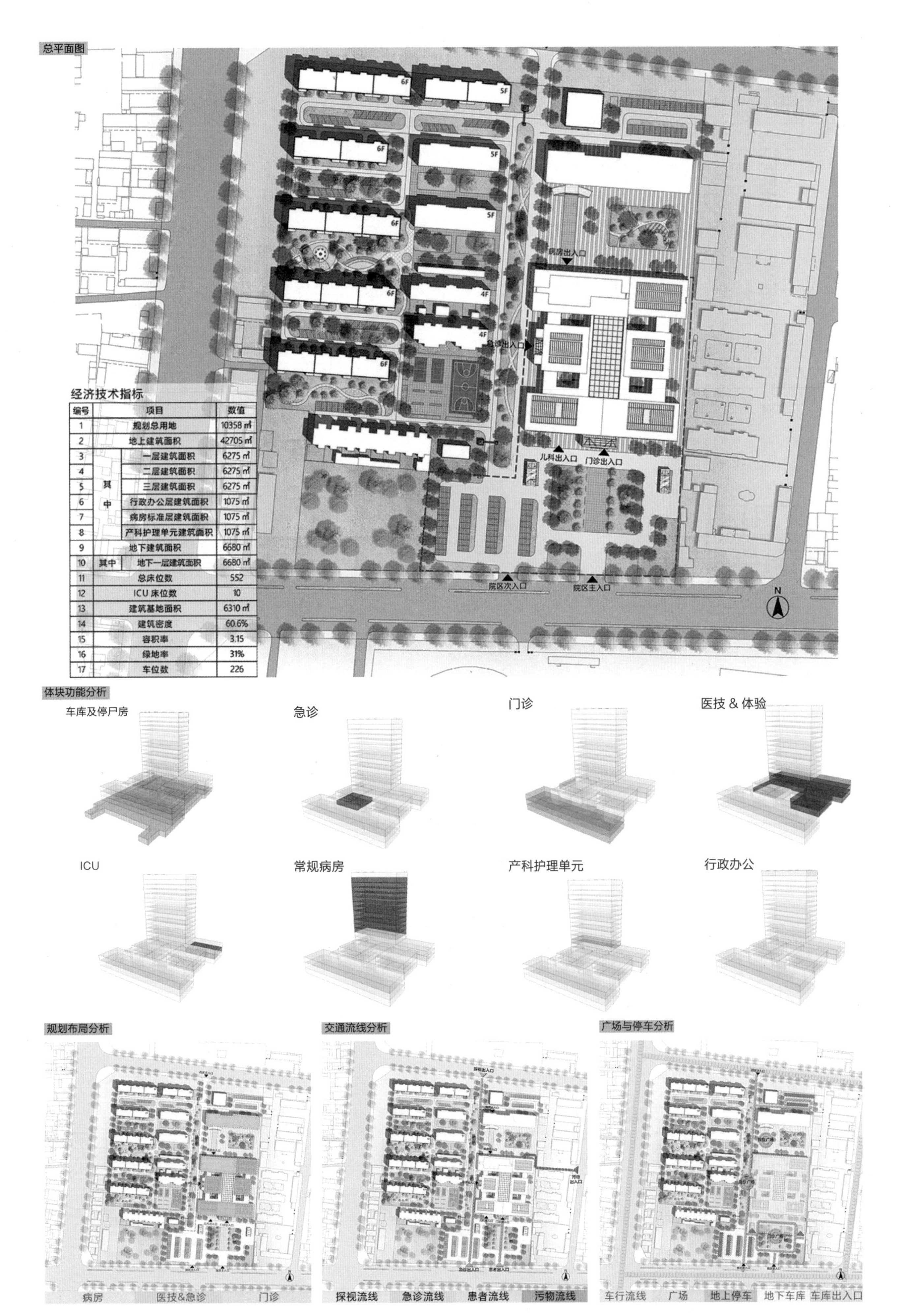


经济技术指标

| 编号 | 项目 | | 数值 |
|---|---|---|---|
| 1 | 规划总用地 | | 10358 ㎡ |
| 2 | 地上建筑面积 | | 42705 ㎡ |
| 3 | 其中 | 一层建筑面积 | 6275 ㎡ |
| 4 | | 二层建筑面积 | 6275 ㎡ |
| 5 | | 三层建筑面积 | 6275 ㎡ |
| 6 | | 行政办公层建筑面积 | 1075 ㎡ |
| 7 | | 病房标准层建筑面积 | 1075 ㎡ |
| 8 | | 产科护理单元建筑面积 | 1075 ㎡ |
| 9 | 地下建筑面积 | | 6680 ㎡ |
| 10 | 其中 | 地下一层建筑面积 | 6680 ㎡ |
| 11 | 总床位数 | | 552 |
| 12 | ICU 床位数 | | 10 |
| 13 | 建筑基地面积 | | 6310 ㎡ |
| 14 | 建筑密度 | | 60.6% |
| 15 | 容积率 | | 3.15 |
| 16 | 绿地率 | | 31% |
| 17 | 车位数 | | 226 |

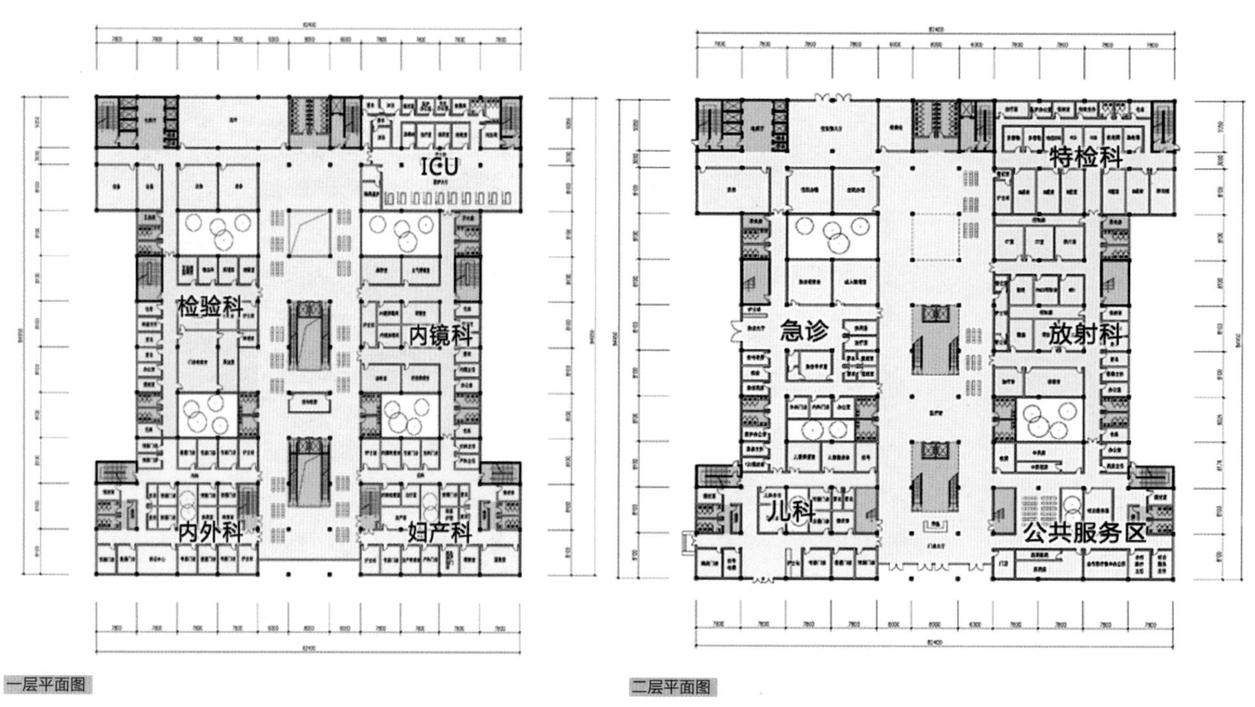


一层平面图

二层平面图

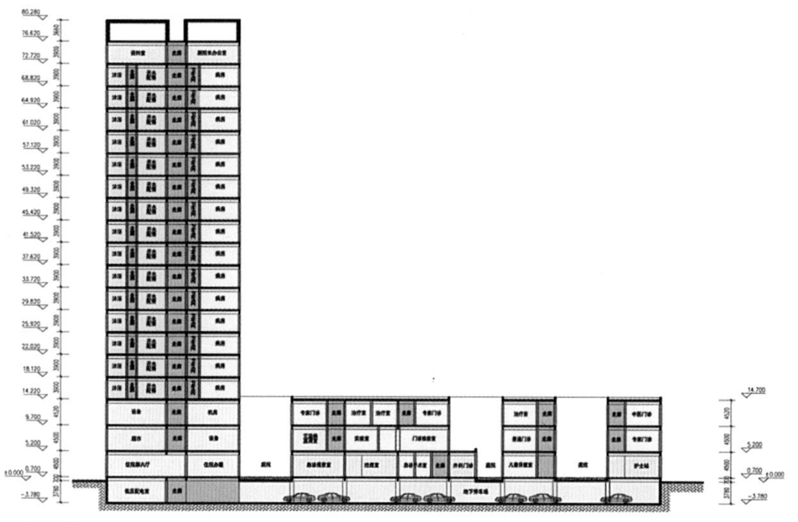

本方案采用集中的功能布局方式，门诊医技病房整体设计，提高就医的便捷性。各功能模块分区清晰明了，患者就医时的导向性更强，易识别、易查找，最快捷地到达目的区域。整个用地总共划分为七大功能区块：1.门诊区、急诊区；2.医技区；3.病房区；4.后勤保障区；5.行政综合区；6.ICU；7.设施设备配套区。七大功能区块合理布局，充分整合了如下四个关键设计因素：最佳朝向、最佳景观、最佳布局、最佳形象。

总体规划图

剖面图

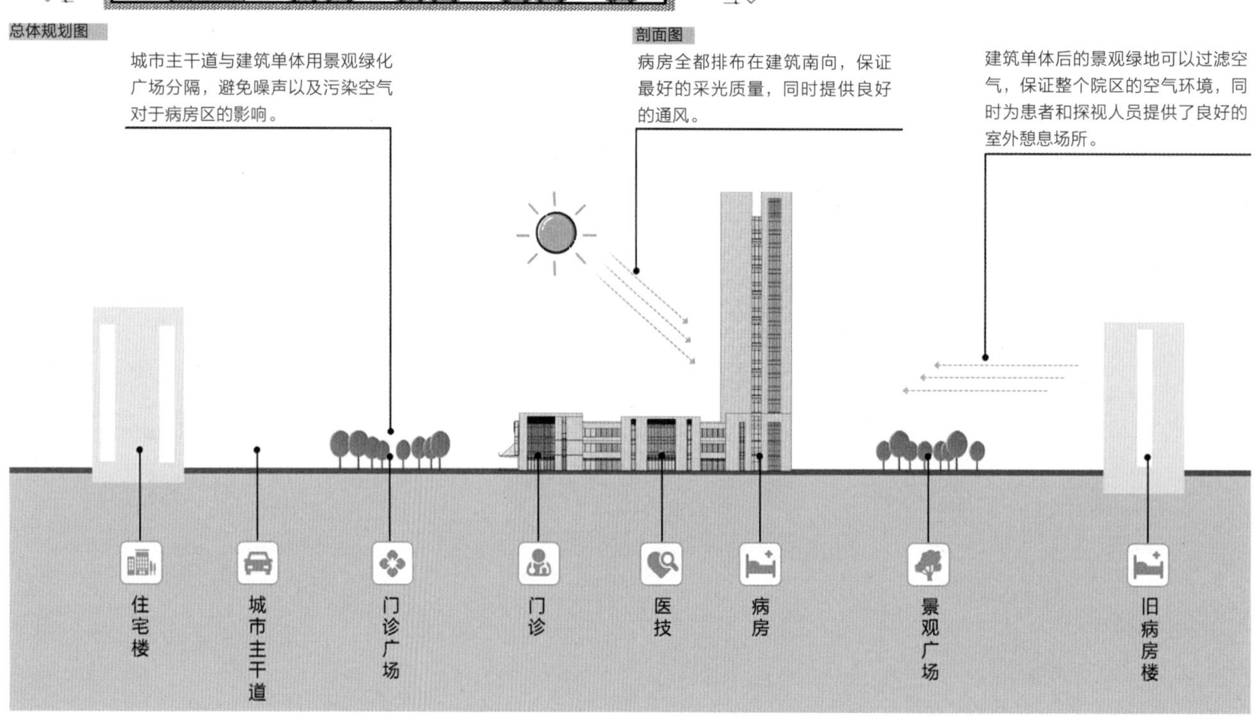

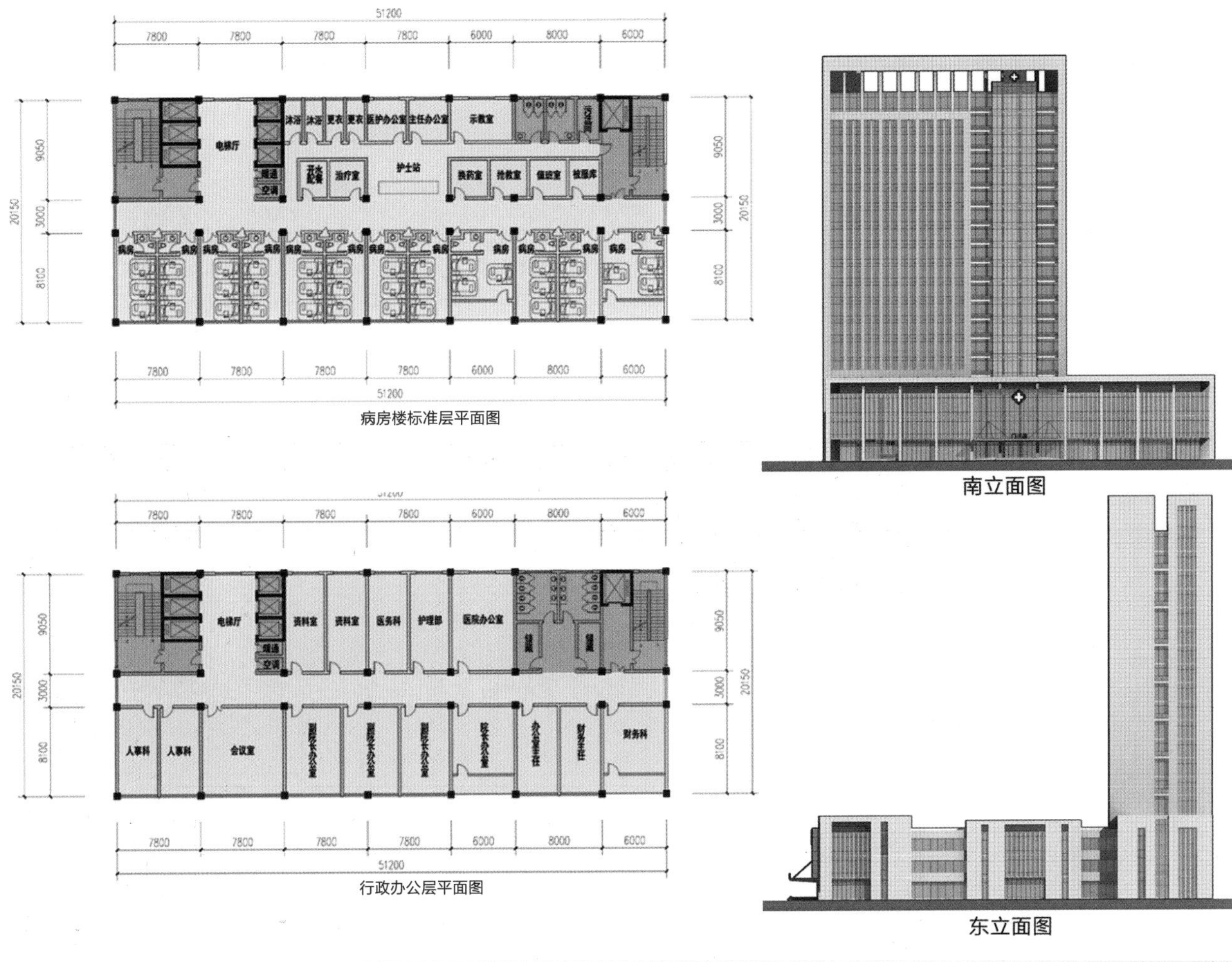


病房楼标准层平面图

行政办公层平面图

南立面图

东立面图

西南侧人视点效果图

ARCHITECTURE

# 山东省老年人活动中心建筑设计

Author
2008 级
黄　倩

Advisor
张克强

Site
山东省济南市

山东省老年人活动中心设计，是从城市角度出发，在特定地块，根据文体活动中心建筑的设计特点和空间组织方法，结合老年人的行为心理特征进行深入的设计。设计综合解决建筑各组成部分的功能空间、交通组织和整体形态组合三者之间的关系。建筑设计突出以人为本，关注老年人的行为心理，营造方便快捷又富有文化气韵的活动环境，从而体现对老年人的关怀。

## 设计思路

“老年人”是这个课题中最重要的关键词。如何在建筑设计中体现对这一特殊群体的关爱，则是设计中最值得关注解决的问题。所以，对于如何解决这一问题，我们决定将老年人的行为心理特征作为衔接点来实现建筑空间对于老年人群体的关爱。

## 院落空间研究

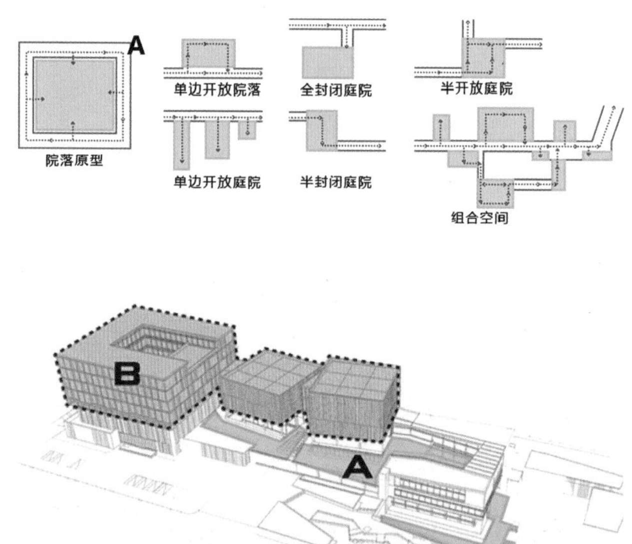

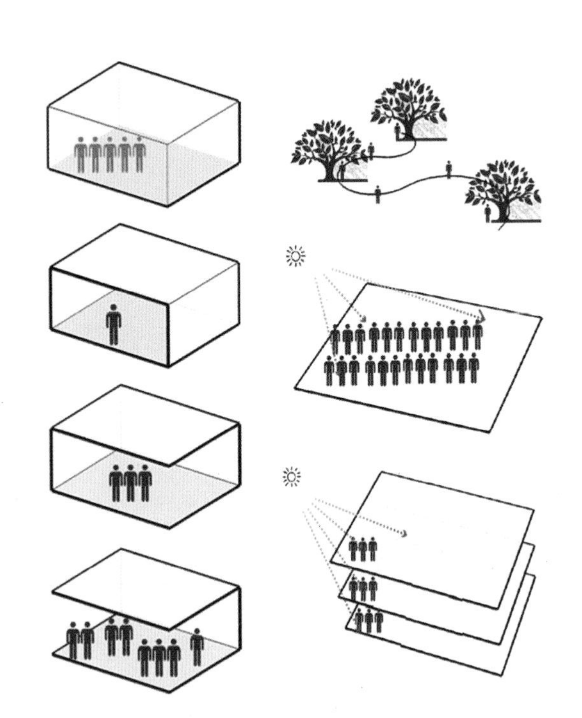

互动空间研究

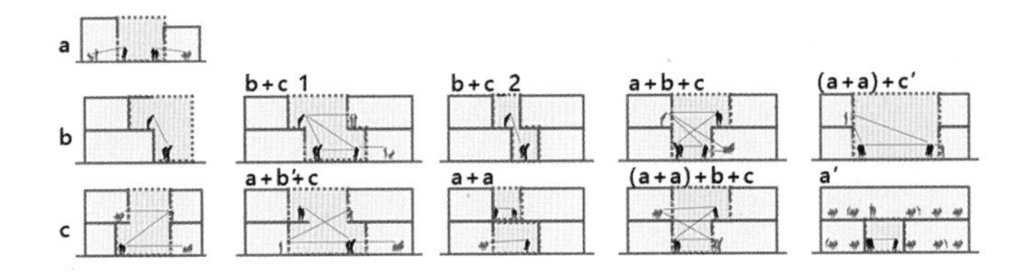


空间体验分析

考虑到北方人的生活习性，希望为主要使用者——老年人创造更多的南向室外活动空间，而项目用地整体东西长，南北窄，南侧紧邻城市街道，使得用地中优质的南向开敞活动空间余量十分有限。

为解决这一问题，决定通过东侧下沉庭院的设置与不同层高处室外屋顶活动平台的设置，形成一个由东向西、由南至北、上下联通、外吵内静的立体活动平台系统。并且通过实墙与玻璃两种效果反差极大的材质的使用，限定出一系列立体的线性动态连续的活动空间，在满足老年人使用相应功能的同时，丰富使用者的心理互动体验。

基地环境分析

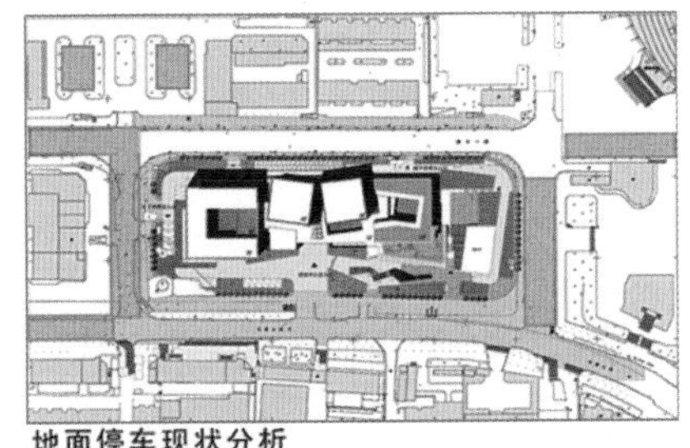

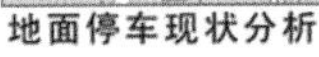

地面停车现状分析

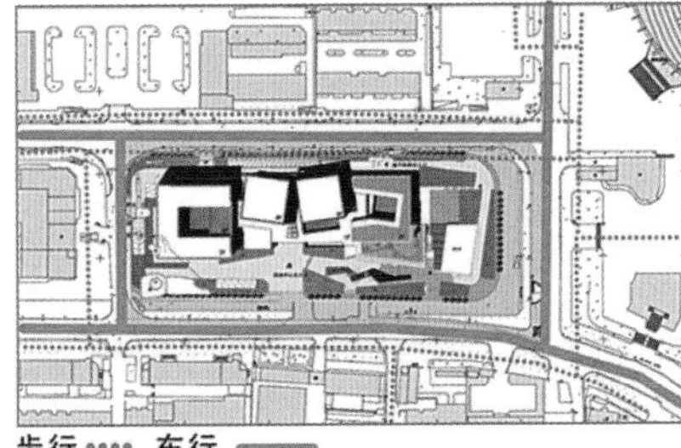

步行 ····· 车行 ▬▬

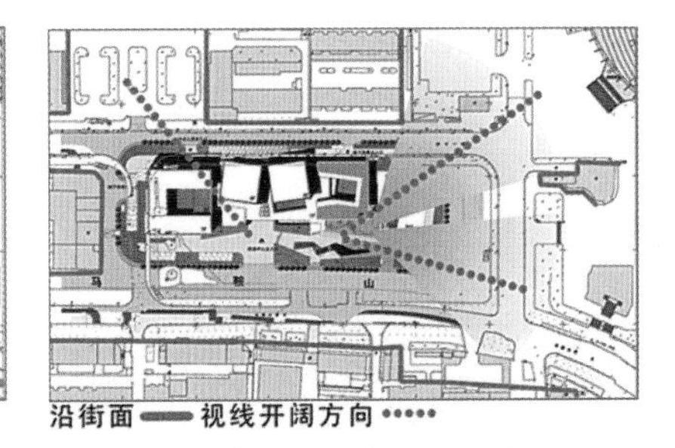

沿街面 ▬▬ 视线开阔方向 ·····

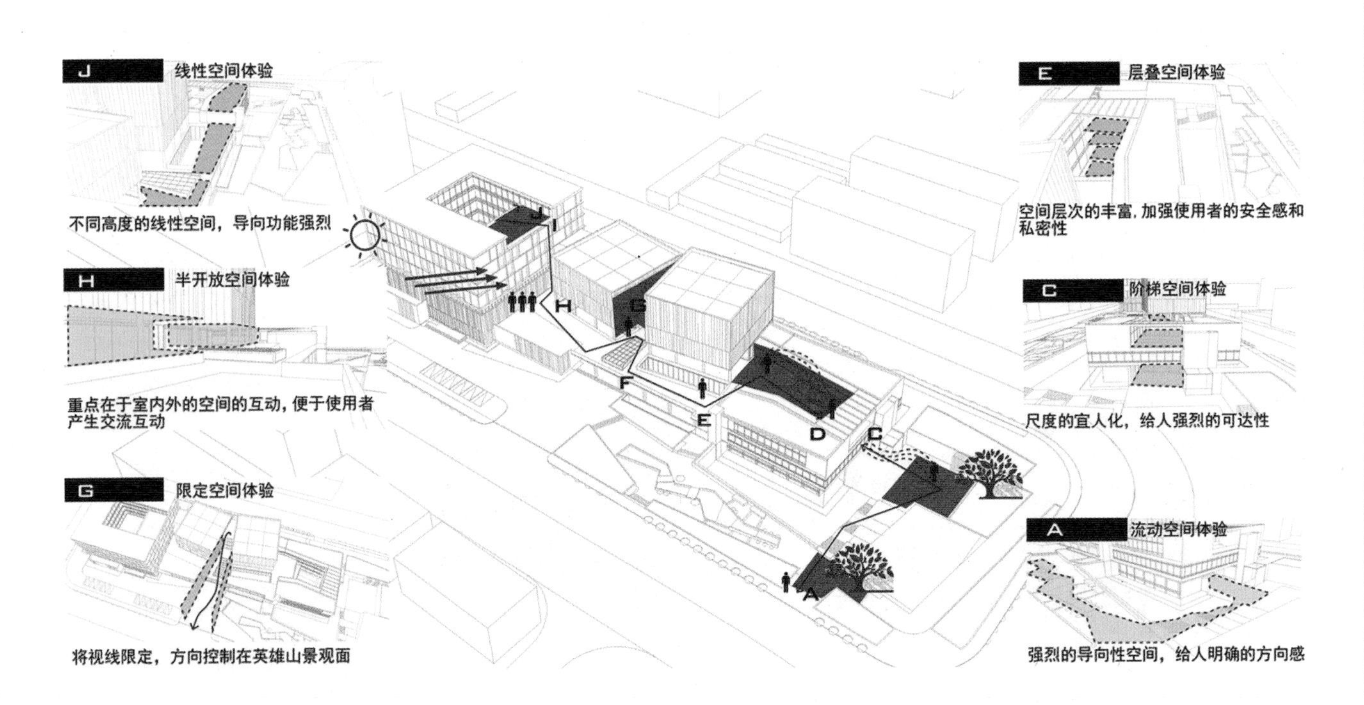

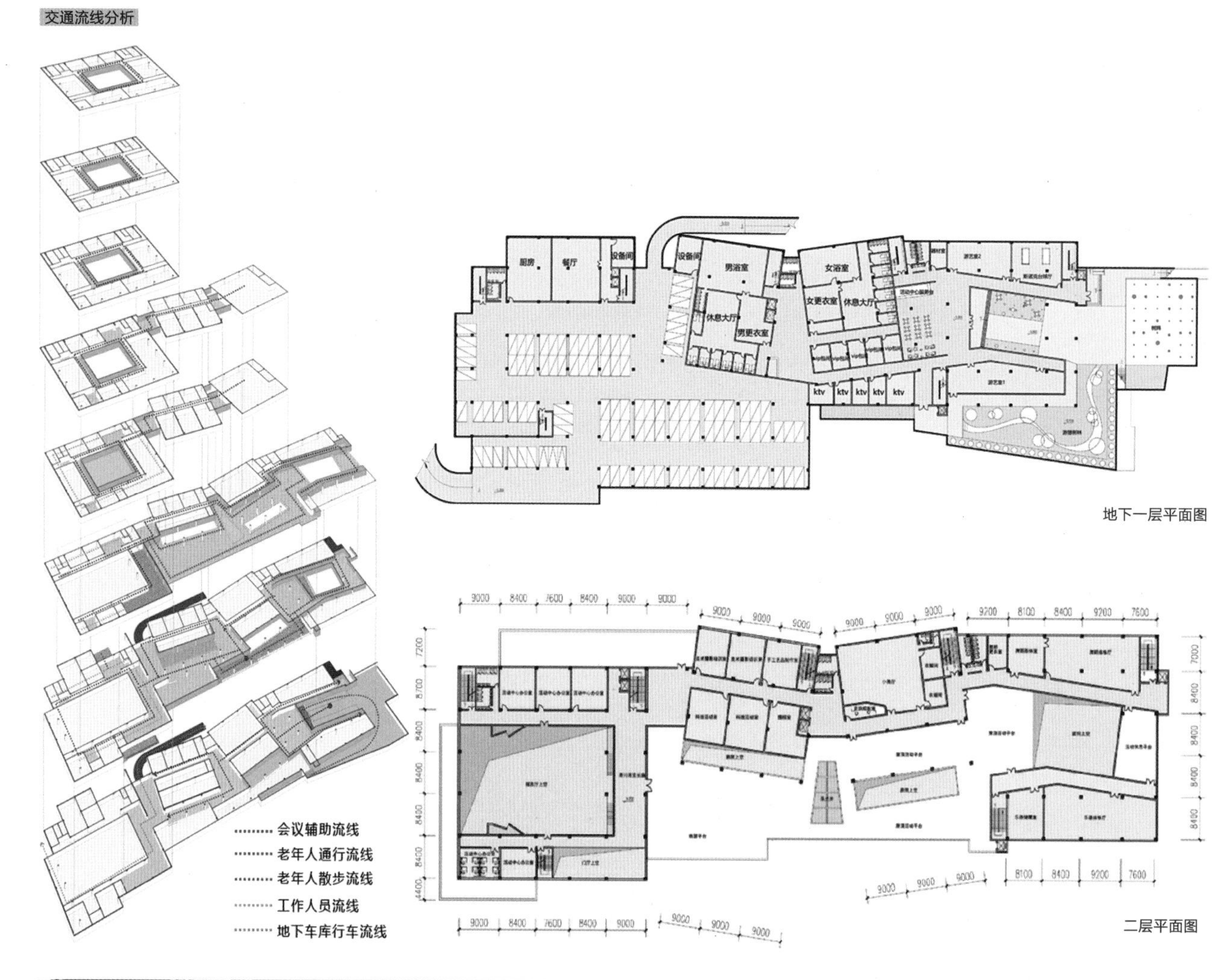


地下一层平面图

二层平面图

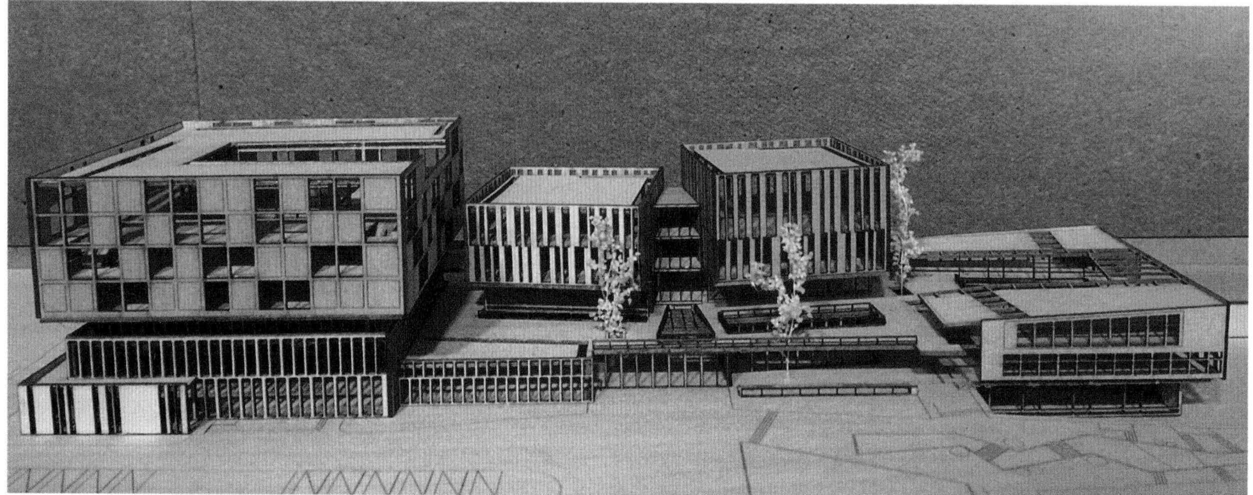

效果图

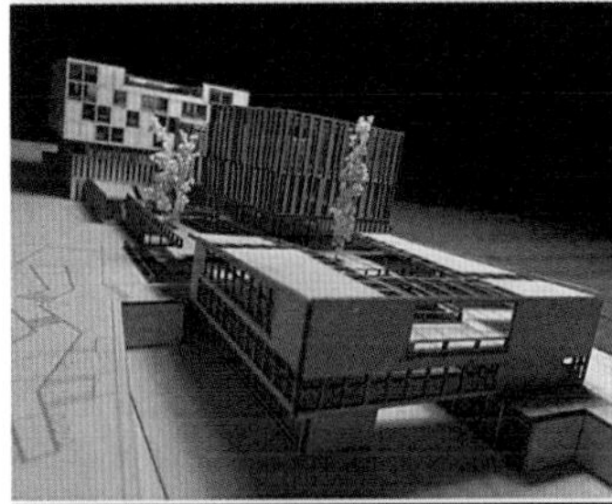

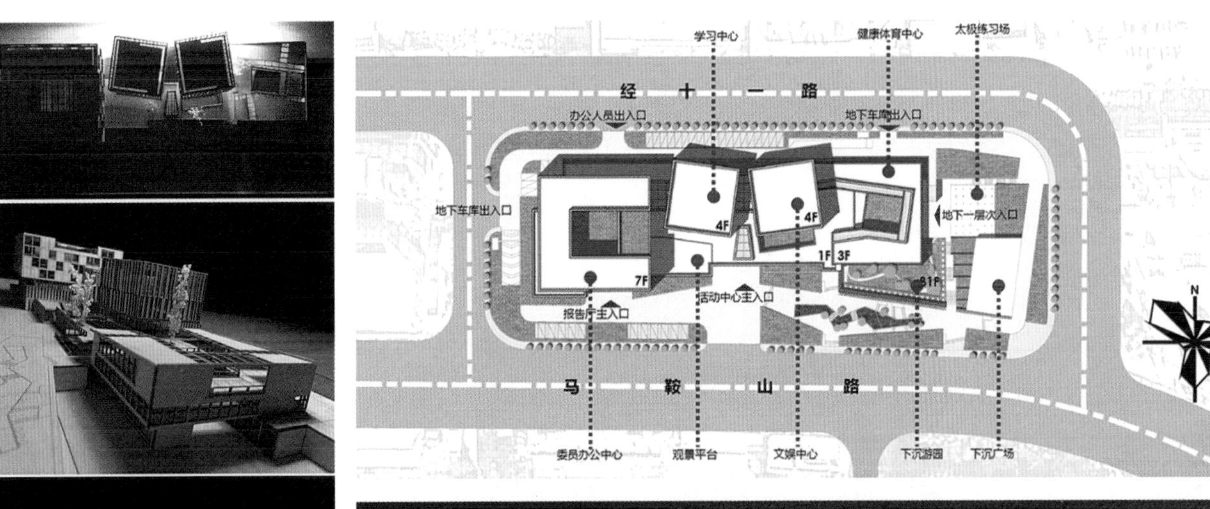
学习中心
健康体育中心
太极练习场
经十一路
办公人员出入口
地下车库出入口
地下车库出入口
地下一层次入口
4F
4F
7F
1F
3F
B1F
报告厅主入口
活动中心主入口
马鞍山路
委员办公中心
观景平台
文娱中心
下沉游园
下沉广场
N

A-A 剖面图

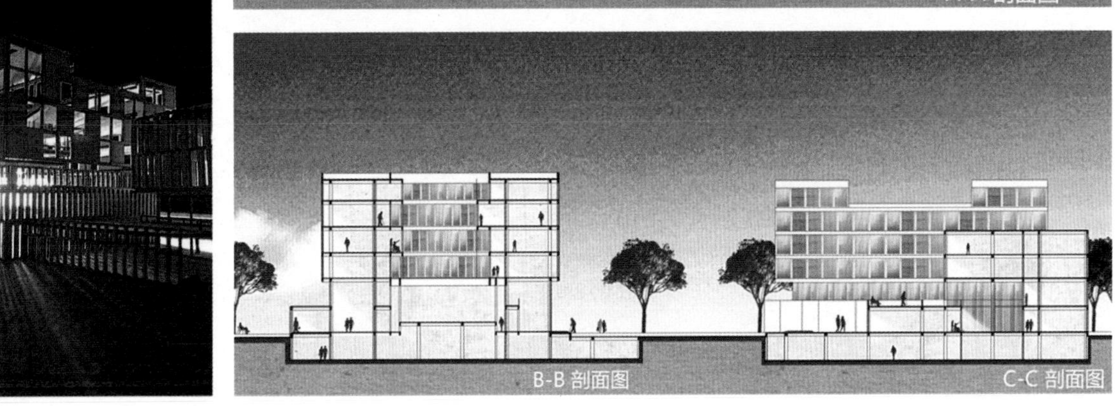
B-B 剖面图
C-C 剖面图

ARCHITECTURE

# 山东省老年人活动中心建筑设计

Author
2007级
李　雯

Advisor
张克强

Site
山东省济南市





### 城市老年人文体活动中心设计研究

通过山东省老年人活动中心设计，从城市角度在特定地块对文体活动中心建筑设计特点及空间组织的方法进行深入设计，综合解决好建筑各组成部分的功能空间、各功能区的分区组织及整体形态组合，突出以人为本，关注老年人的行为心理，建筑体现对老年人的关怀，营造富有文化气韵的活动环境。

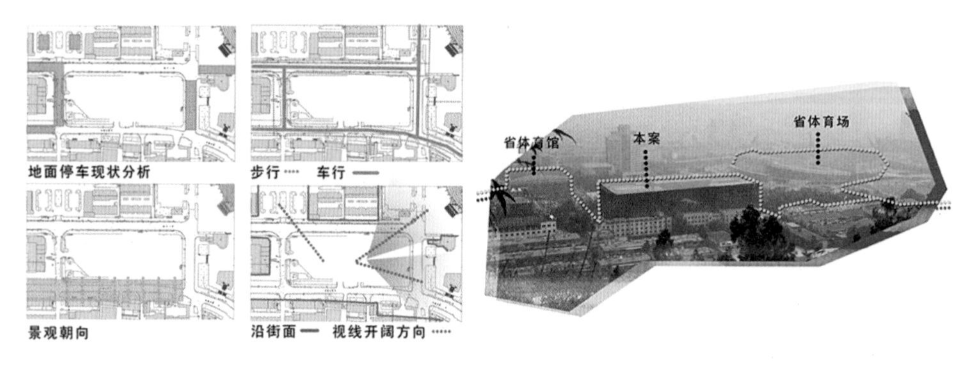


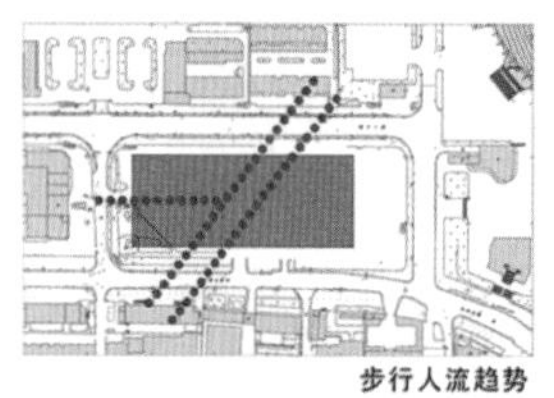
步行人流趋势

打通，形成室外空间节点

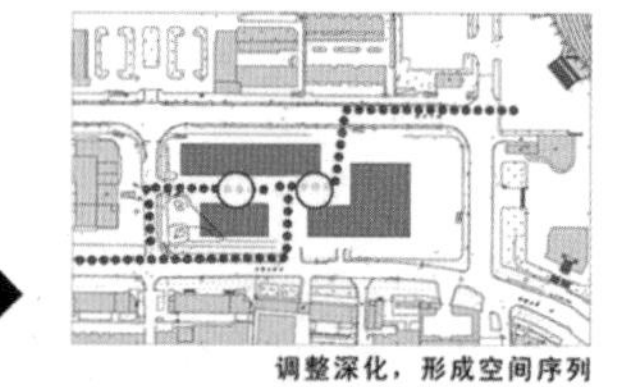
调整深化，形成空间序列

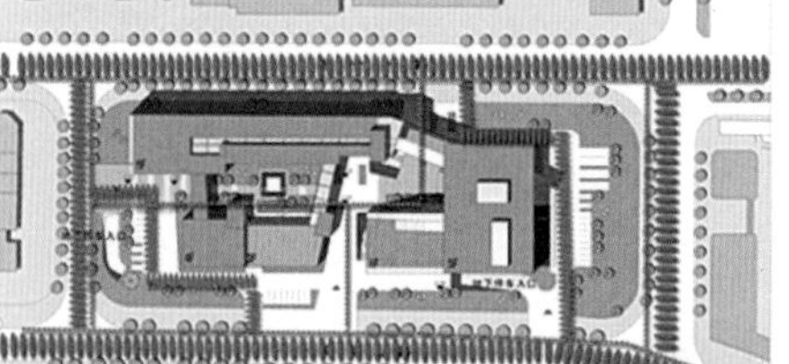

场地流线布置

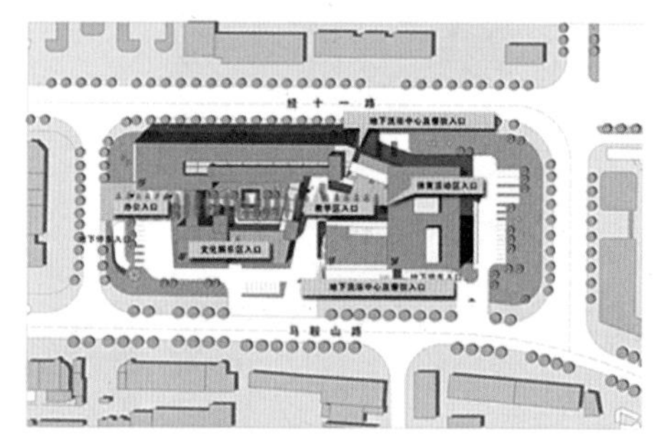
建筑入口与庭院关系示意

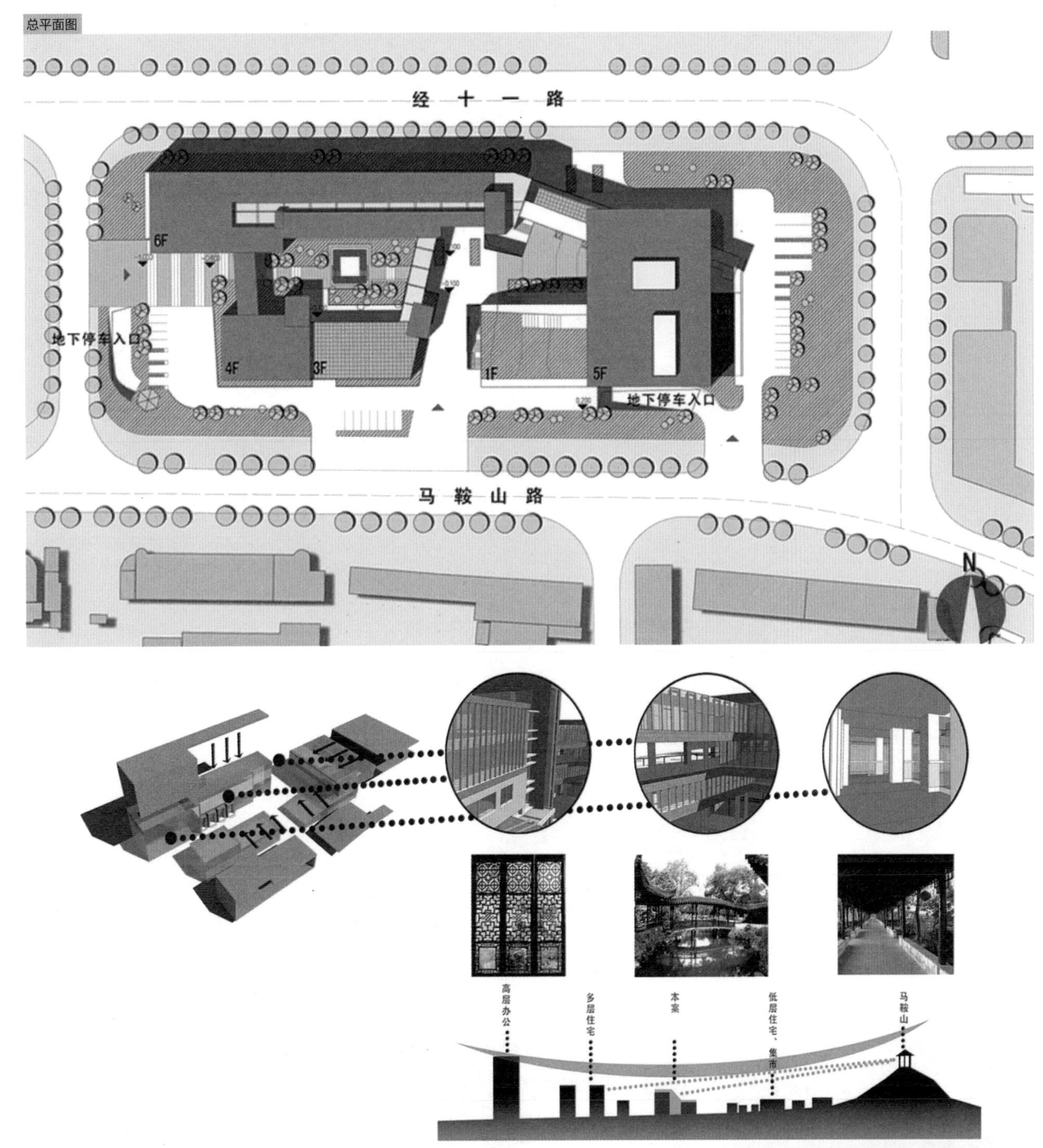


中国传统的园林空间具有雅致含蓄而有层次的特点，本案在对景观视线的呼应及立面处理中试图有所体现，来呼应文化建筑的性格。自马鞍山向北至经十路建筑高度由低渐渐增高，自建筑内部向南望，马鞍山山顶双亭可视为普遍存在的景观优势。考虑到本案规模较大，从城市角度来看，体量不宜过大。否则会对北侧居住建筑产生压迫感，从而破坏原有的城市秩序。因此，设计中在满足面积要求的情况下尽量压低建筑高度。而对于本案南北两个体块来说，将北侧体块加高两层，以形成面山而望之势。达到基地北侧大体量建筑与南侧低层建筑之间的过渡。

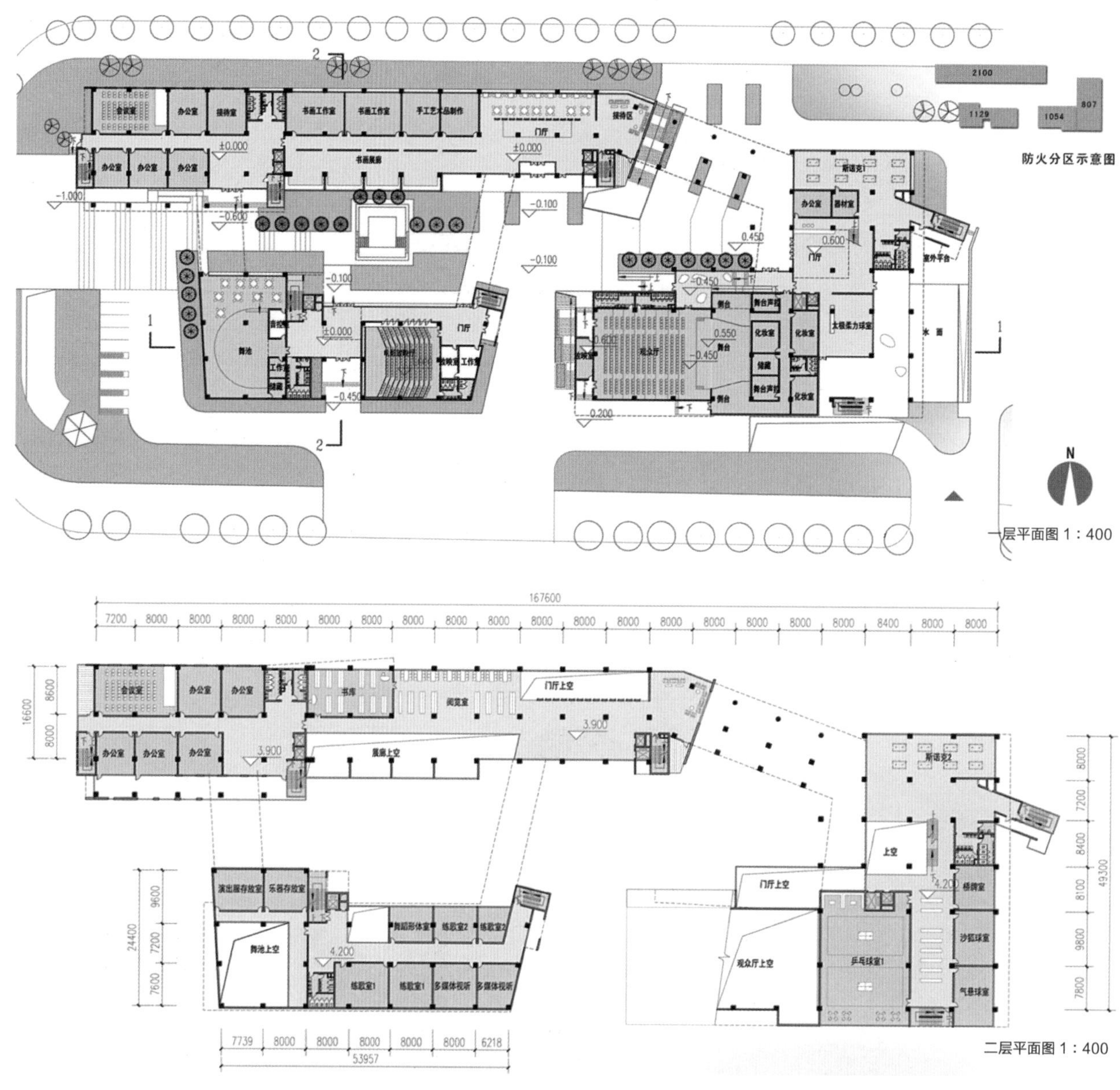


防火分区示意图

一层平面图 1：400

二层平面图 1：400

A B C

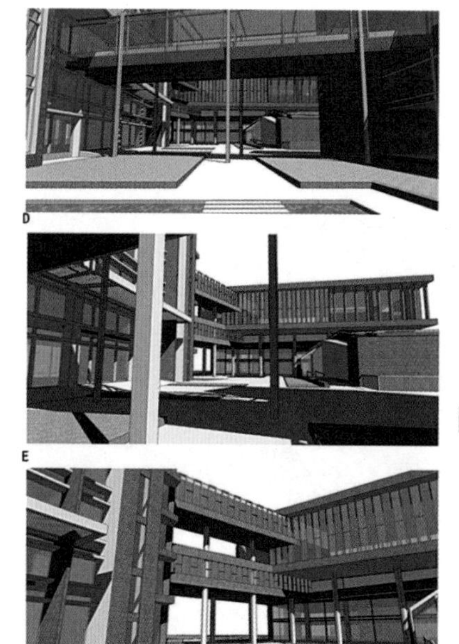

D E F

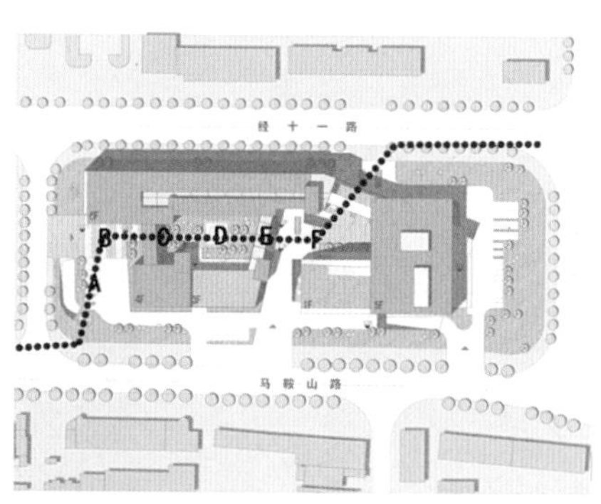


步行空间序列展示

设计为步行人流塑造生动而富有变化的空间序列，体现中国园林空间中的渗透与层次，较南部的人从英雄山文化娱乐区进入基地，空间由无序变为有序，而在空间尺度上到了 F 点后又有豁然开朗、欲扬先抑之势。

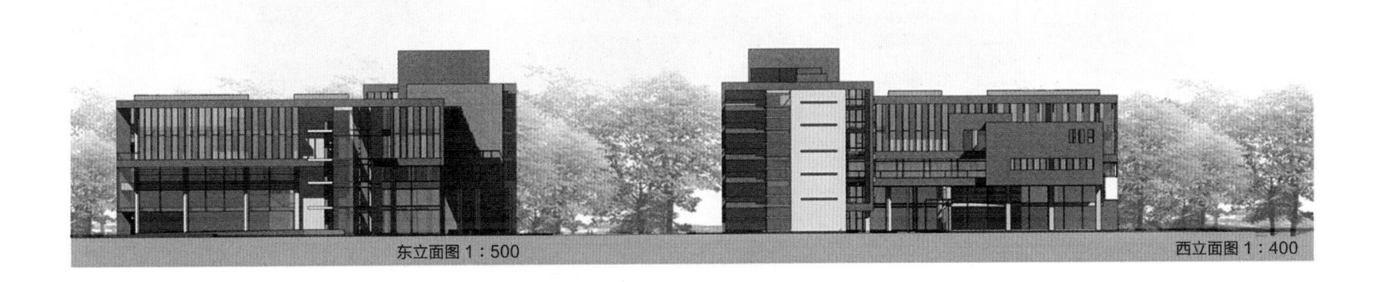
东立面图 1：500
西立面图 1：400



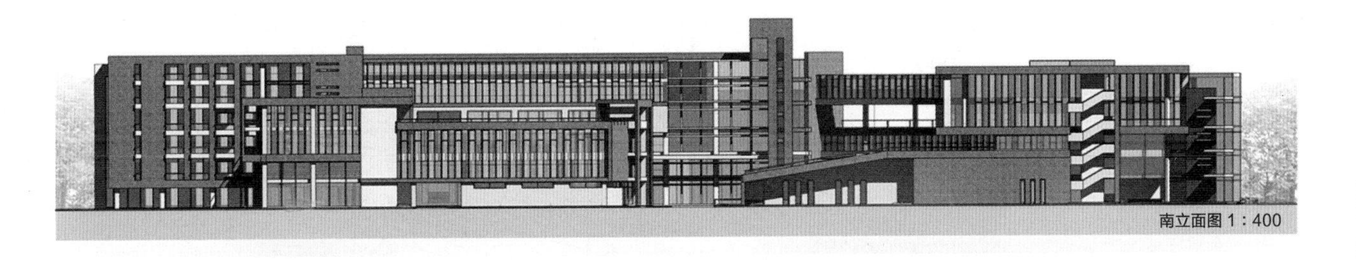
南立面图 1：400

步　行　优　先
For the pedestrians

ARCHITECTURE

# 大众报业集团传媒大厦建筑设计

Author
2006级
谢路昕

Advisor
仝　晖

Site
山东省济南市

大众报业集团传媒大厦项目基地位于山东省济南市主城区的中心地带。地块周围汇聚济南市核心商务、商业职能，北部紧邻济南古城片区，是城市传统历史文化的重要汇聚区，向南顺延的千佛山景区和向北眺望的大明湖景区则是济南市重要的人文风貌节点。

该地块的项目设定对于延续并提升泺源大街城市核心商务的职能、实现对该区域都市及核心商务中心的建构有重要价值；结合所处地块环境文化优势，该项目对于整合泉城历史文化风貌和独特自然景观、优化济南市城市空间形态具有重要的环境标识意义。

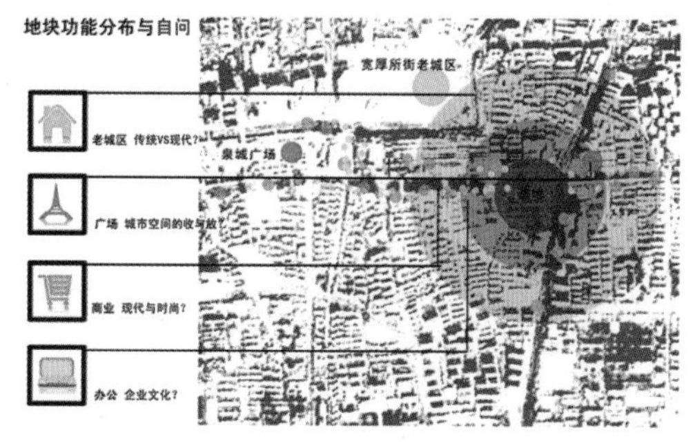


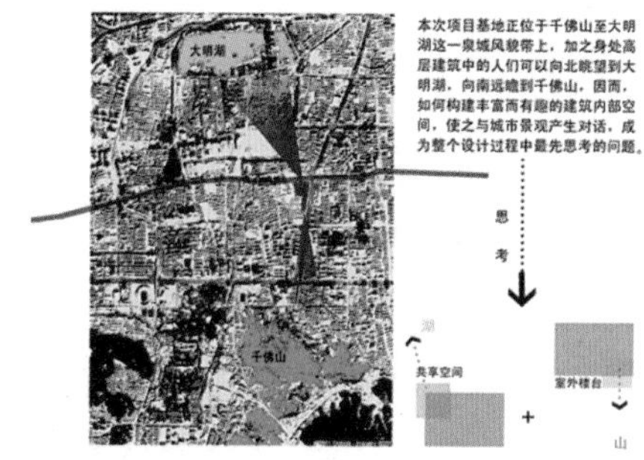

## 街道分析

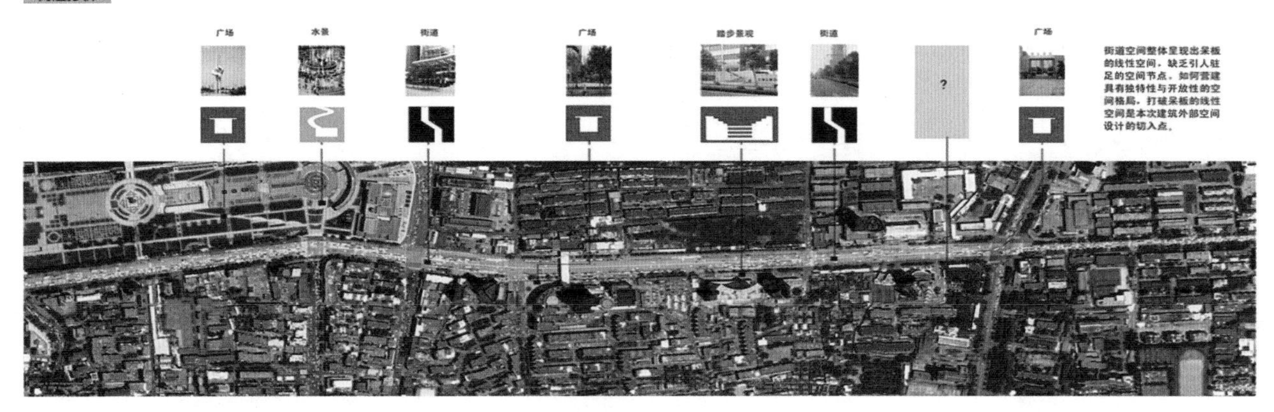


街道空间整体呈现出呆板的线性空间，缺乏引人驻足的空间节点。如何营建具有独特性与开放性的空间格局，打破呆板的线性空间是本次建筑外部空间设计的切入点。

## 交通现状

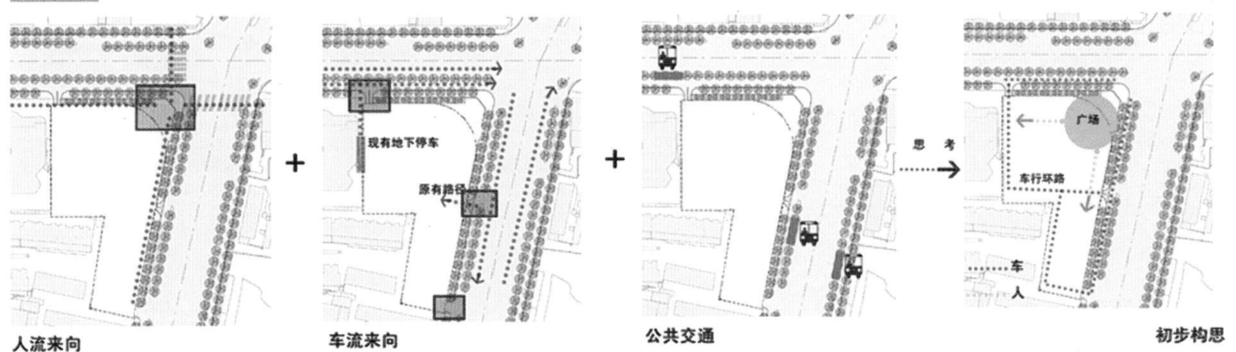


人流来向 + 车流来向 + 公共交通 → 初步构思

## 设计概念

### A 长卷

作为传媒业集团，报刊是其主要出版物，企业通过纸张传递信息，也通过这些纸张服务民众、壮大自己，谱写了一份文化长卷。因此，“长卷”便成为了建筑造型的主要概念。

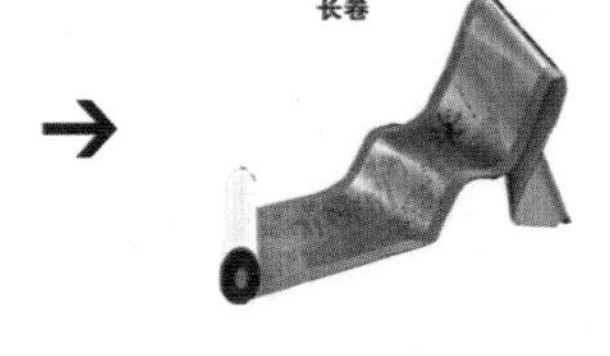


连续的表皮就像长卷，从地面开始折起，并逐渐向上弯折，勾勒出建筑的外轮廓，环绕一圈又回到起点——地面，而地面的行人和楼上的工作人员的行为便是这幅长卷上的文字，它们每天变化着，共同书写生活的长卷。

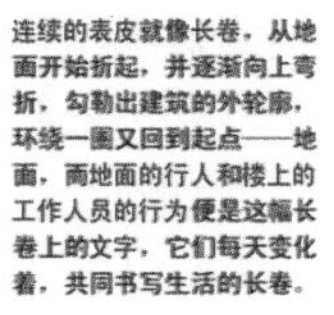

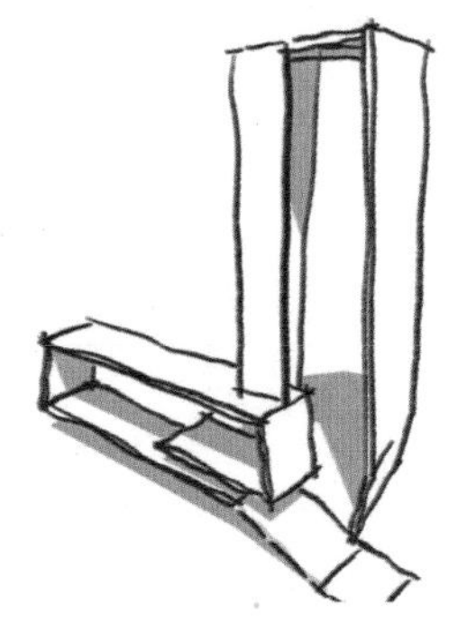

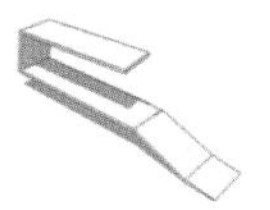

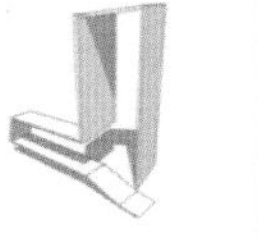

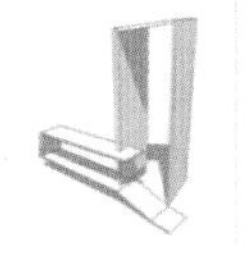

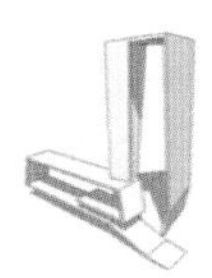

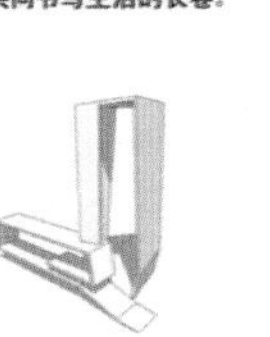

### B 高层建筑的低姿态——亲民

借助转角处的广场设计了一个大斜坡，引导广场上的人们带着好奇一步步走入建筑。斜坡较为平缓，可以供人坐着或躺着休息，观看广场上的活动，或者晒晒太阳。基面的变化提高了人与建筑的互动，同时打破了泺源大街线性的街道空间，在此形成了空间节点，改善了城市面貌。

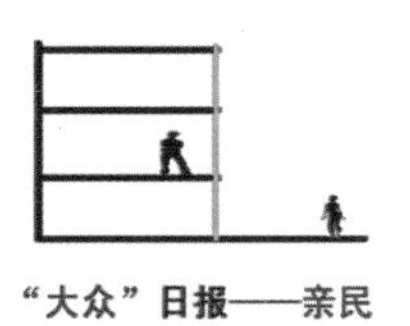

“大众”日报——亲民

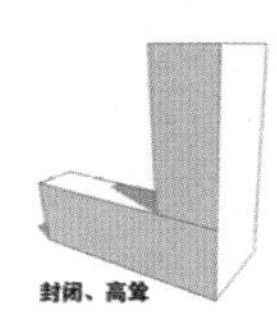

封闭、高耸

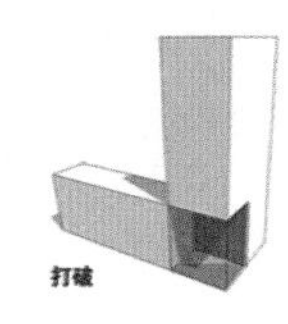

打破

重构、亲民

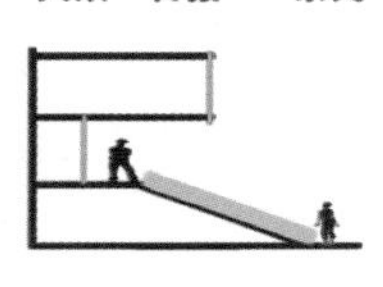

### C 空间对话

将城市丰富的景观环境纳入一个建筑之中，通过交错的共享空间与室外露台的设置，既满足了使用面积的要求，又完成了建筑内部空间与城市外部空间的对话。

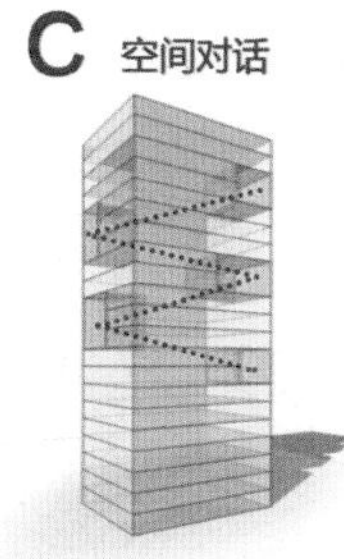

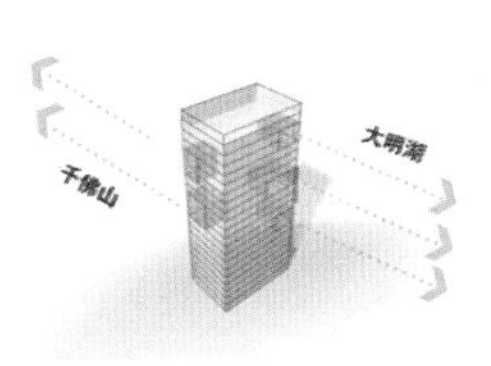

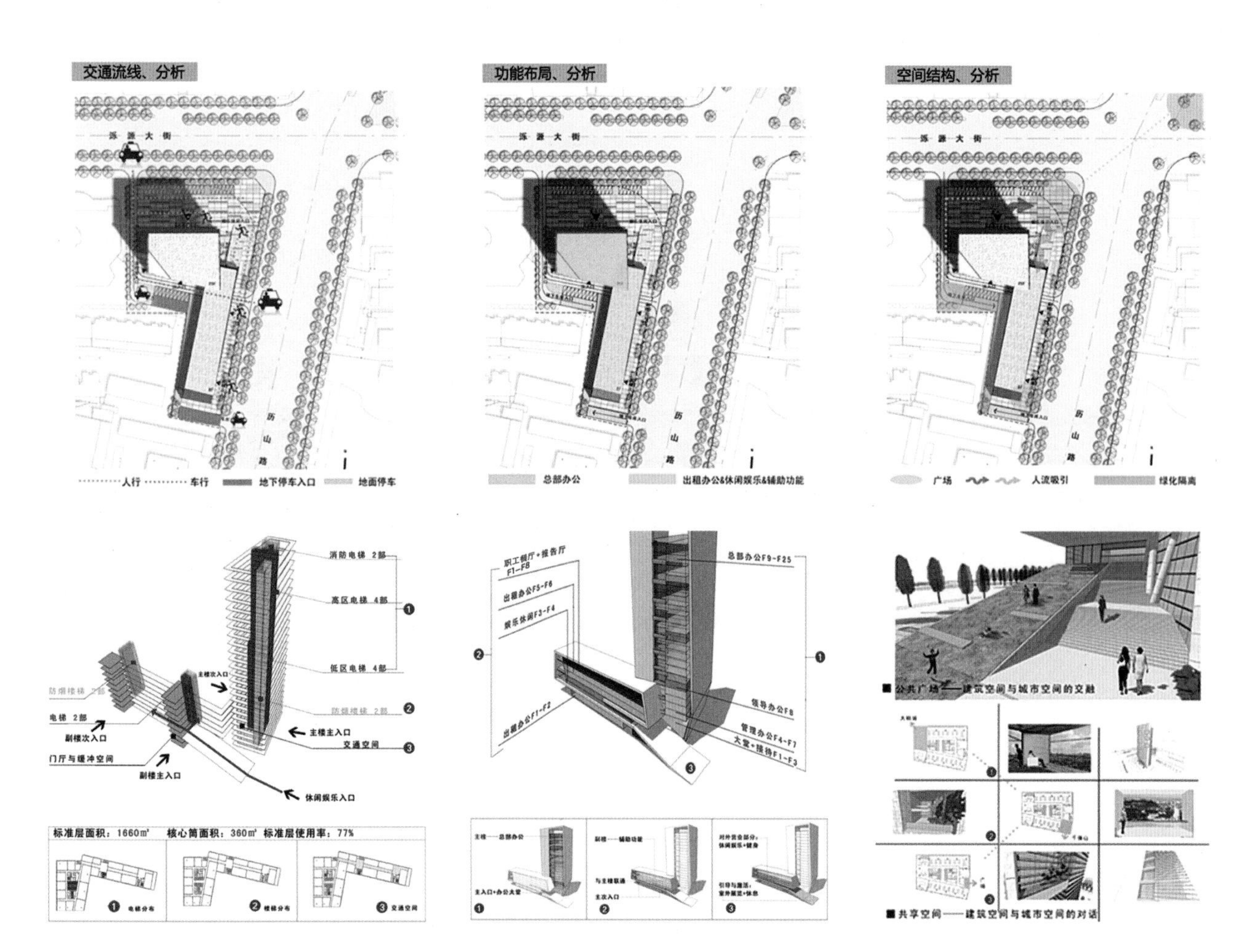


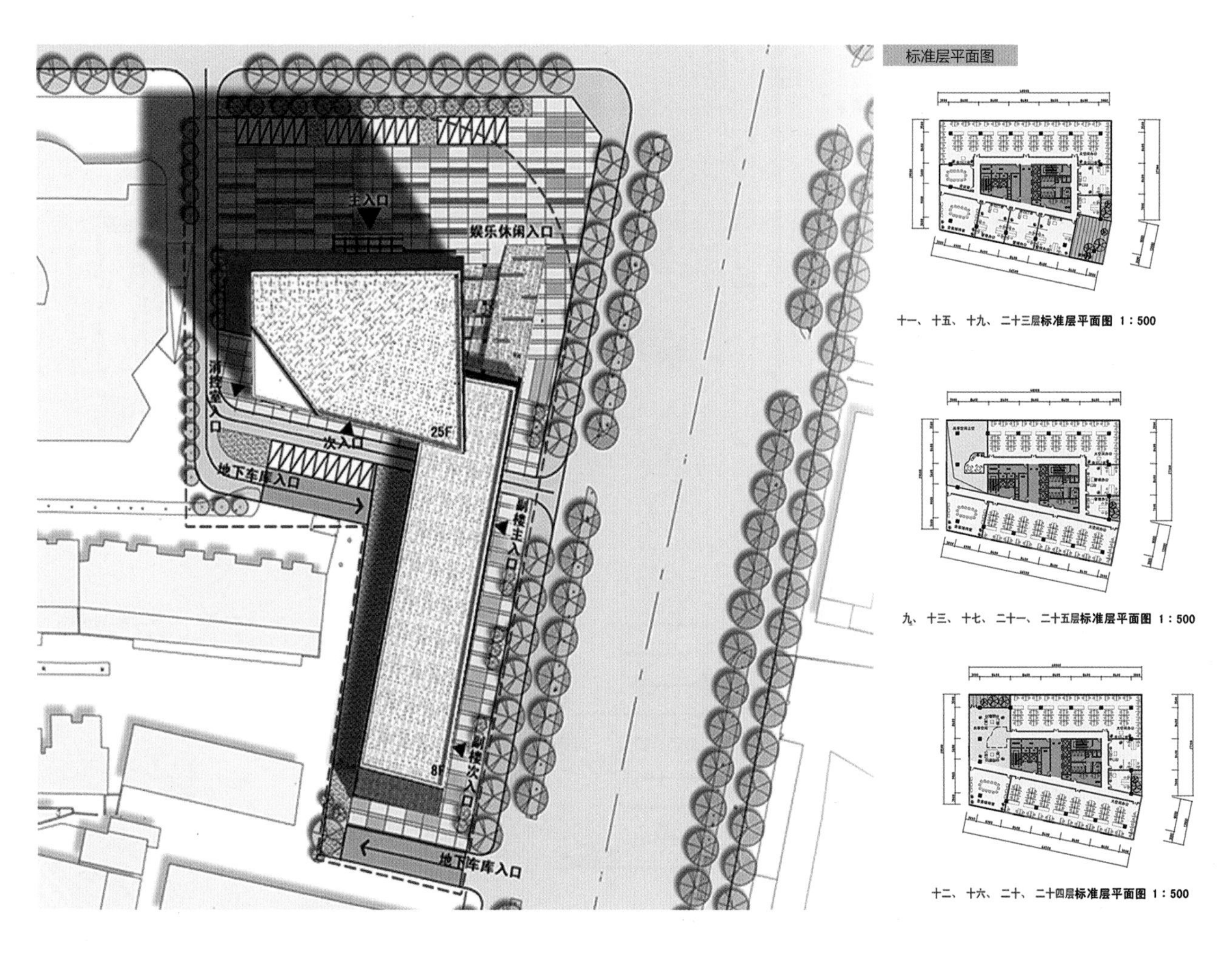


十一、十五、十九、二十三层标准层平面图 1：500

九、十三、十七、二十一、二十五层标准层平面图 1：500

十二、十六、二十、二十四层标准层平面图 1：500

平面图 1-4F

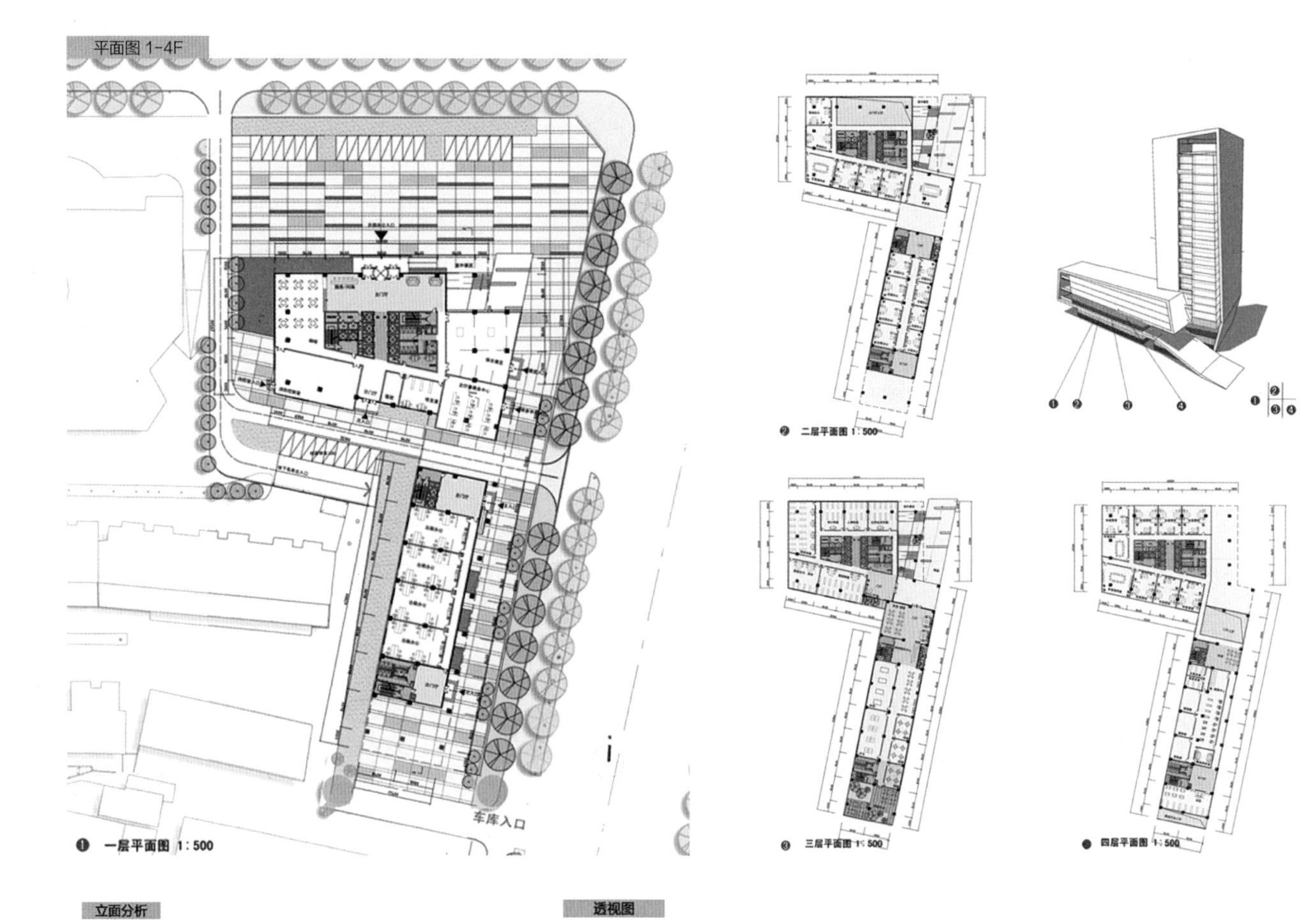


立面分析

水波——泉文化的隐喻

景物

抽象

反光玻璃

提取

磨砂玻璃

立面机理

透明玻璃

透视图

# 2

# 城乡规划

URBAN AND

RURAL PLANNING

# URBAN AND RURAL PLANNING

# 合肥老城南地块城市更新设计

Author
2014级
朱韵涵
杨砚茹

Advisor
赵　健
段文婷

Site
安徽省合肥市

本次毕业设计选题为“新生合脉融城慢生活”——合肥市老城南地块城市更新设计。选址位于长三角城市群的合肥都市圈，包括合肥、芜湖、马鞍山三市，可以发挥在推进长江经济带建设中承东启西的区位优势和创新资源富集优势，加快建设承接产业转移示范区，推动创新链和产业链融合发展，提升合肥辐射带动功能，打造区域增长新引擎。积极发展服务经济和创新经济，成为长三尾城市群吸聚最高端要素、汇集最优秀人才、实现最高产业发展质量的中枢发展带，辐射带动长江经济带和中西部地区发展。

本次设计基地位于逍遥津街道红旗社区，规划范围北至长江中路，南抵环城南路，西倚徽州大道，东靠环城东路，总规划用地面积约55公顷。用地主要包括原安徽省委办公区、省立医院、第九中学，以及多个省直单位生活区，地块南侧为合肥环城公园的包河景区，可利用的历史文化资源独特且丰富，加之合肥老城南梨花巷的自身优势，以及诸多影视作品对本地区名片的打造，本次设计着重突出“新生、合脉”的设计理念，旨在融合老城区周边的居民活动与城市功能，打造出一个各功能结构相互融合共生的现代化城市慢生活片区。

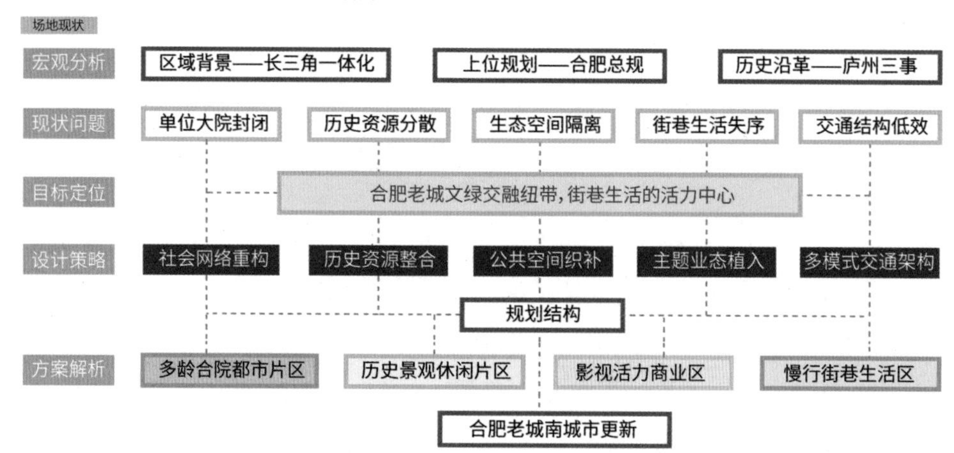

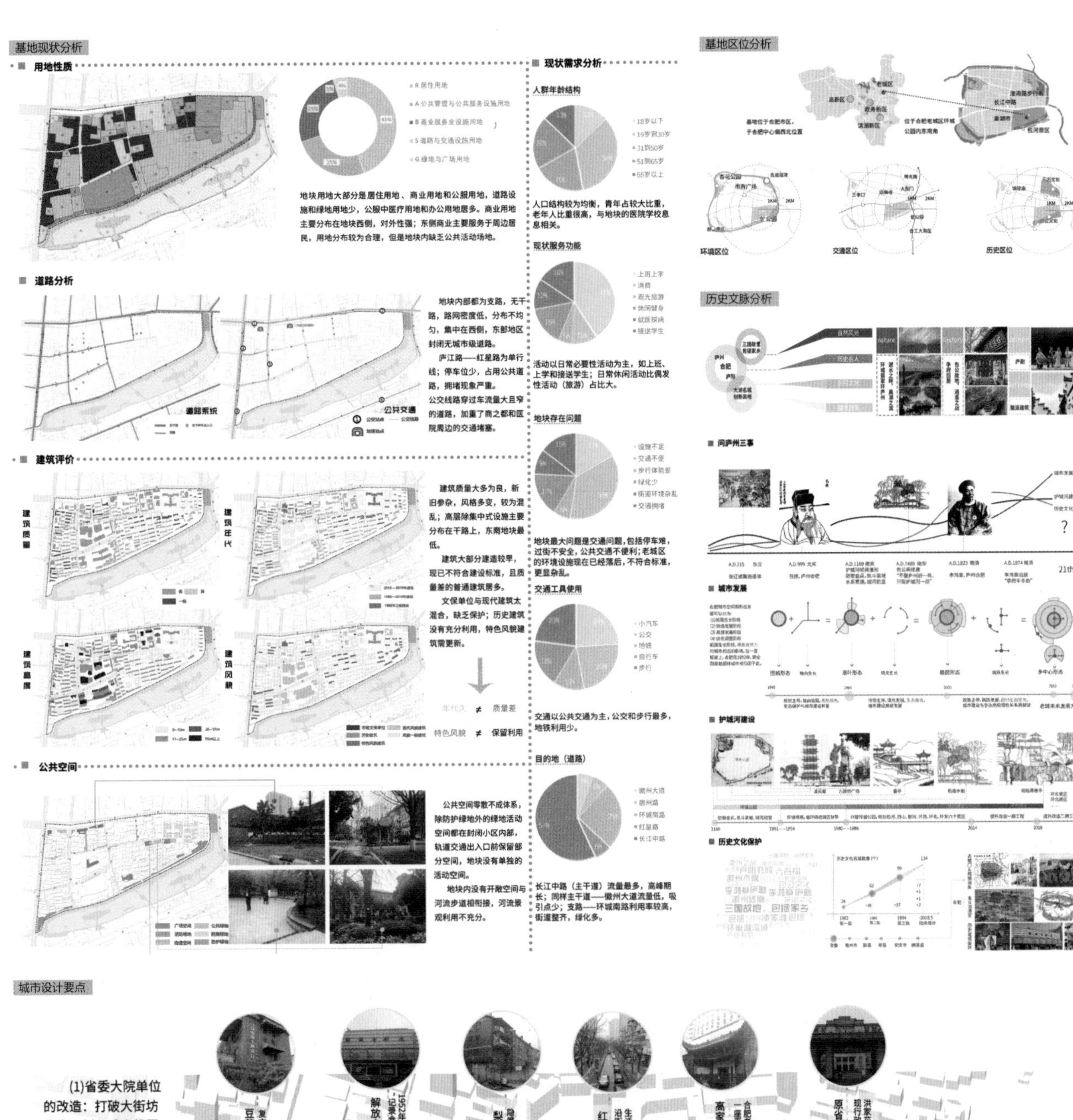

基地现状分析
用地性质
R 居住用地
A 公共管理与公共服务设施用地
B 商业服务业设施用地
S 道路与交通设施用地
G 绿地与广场用地
地块用地大部分是居住用地、商业用地和公服用地，道路设施和绿地用地少，公服中医疗用地和办公用地居多。商业用地主要分布在地块西侧，对外性强；东侧商业主要服务于周边居民，用地分布较为合理，但是地块内缺乏公共活动场地。
道路分析
道路系统
公共交通
地块内部都为支路，无干路，路网密度低，分布不均匀，集中在西侧，东部地区封闭无城市级道路。
庐江路——红星路为单行线；停车位少，占用公共道路，拥堵现象严重。
公交线路穿过车流量大且窄的道路，加重了商之都和医院周边的交通堵塞。
建筑评价
建筑质量
建筑年代
建筑层数
建筑风貌
建筑质量大多为良，新旧参杂，风格多变，较为混乱；高层除集中式设施主要分布在干路上，东南地块最低。
建筑大部分建造较早，现已不符合建设标准，且质量差的普通建筑居多。
文保单位与现代建筑太混合，缺乏保护；历史建筑没有充分利用，特色风貌建筑需更新。
年代久 ≠ 质量差
特色风貌 ≠ 保留利用
公共空间
公共空间零散不成体系，除防护绿地外的绿地活动空间都在封闭小区内部，轨道交通出入口前保留部分空间，地块没有单独的活动空间。
地块内没有开敞空间与河流步道相衔接，河流景观利用不充分。
现状需求分析
人群年龄结构
18岁以下
19岁到30岁
31岁到50岁
51岁到65岁
65岁以上
人口结构较为均衡，青年占较大比重，老年人比重很高，与地块的医院学校息息相关。
现状服务功能
上班上学
消费
观光旅游
休闲健身
就医探病
接送学生
活动以日常必要性活动为主，如上班、上学和接送学生；日常休闲活动比偶发性活动（旅游）占比大。
地块存在问题
设施不足
交通不便
步行体验差
绿化少
街道环境杂乱
交通拥堵
地块最大问题是交通问题，包括停车难，过街不安全，公共交通不便利；老城区的环境设施现在已经落后，不符合标准，更显杂乱。
交通工具使用
小汽车
公交
地铁
自行车
步行
交通以公共交通为主，公交和步行最多，地铁利用少。
目的地（道路）
徽州大道
宿州路
环城南路
红星路
长江中路
长江中路（主干道）流量最多，高峰期长；同样主干道——徽州大道流量低，吸引点少；支路——环城南路利用率较高，街道整齐，绿化多。
基地区位分析
基地位于合肥市区，于合肥中心偏西北位置
位于老城区环城公园内东南角
长江中路
环境区位
交通区位
历史区位
历史文脉分析
问庐州三事
城市发展
护城河建设
历史文化保护


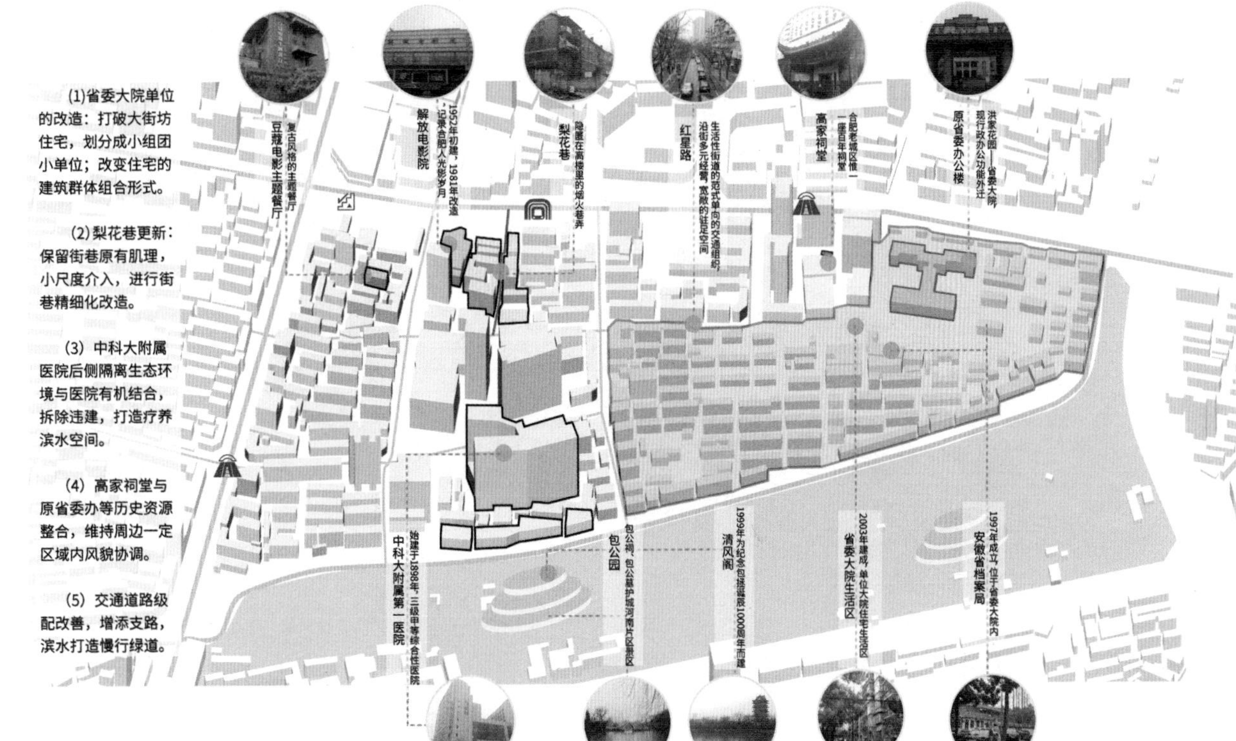

城市设计要点
(1)省委大院单位的改造：打破大街坊住宅，划分成小组团小单位；改变住宅的建筑群体组合形式。
(2)梨花巷更新：保留街巷原有肌理，小尺度介入，进行街巷精细化改造。
(3) 中科大附属医院后侧隔离生态环境与医院有机结合，拆除违建，打造疗养滨水空间。
(4) 高家祠堂与原省委办等历史资源整合，维持周边一定区域内风貌协调。
(5) 交通道路级配改善，增添支路，滨水打造慢行绿道。
复古风格的主题餐厅
豆蔻电影主题餐厅
1952年初建，1981年改造
"记录合肥人光影岁月"
解放电影院
隐匿在高楼里的烟火巷弄
梨花巷
红星路
合肥老城区唯一一座百年祠堂
高家祠堂
洪家花园—省委大院
现行政办公功能外迁
原省委办公楼
始建于1898年，三级甲等综合性医院
中科大附属第一医院
包公祠、包公墓护城河南片区景区
包公园
1999年为纪念包拯诞辰1000周年而建
清风阁
2003年建成 单位大院住宅生活区
省委大院生活区
1997年成立 位于省委大院内
安徽省档案局

SWOT 分析

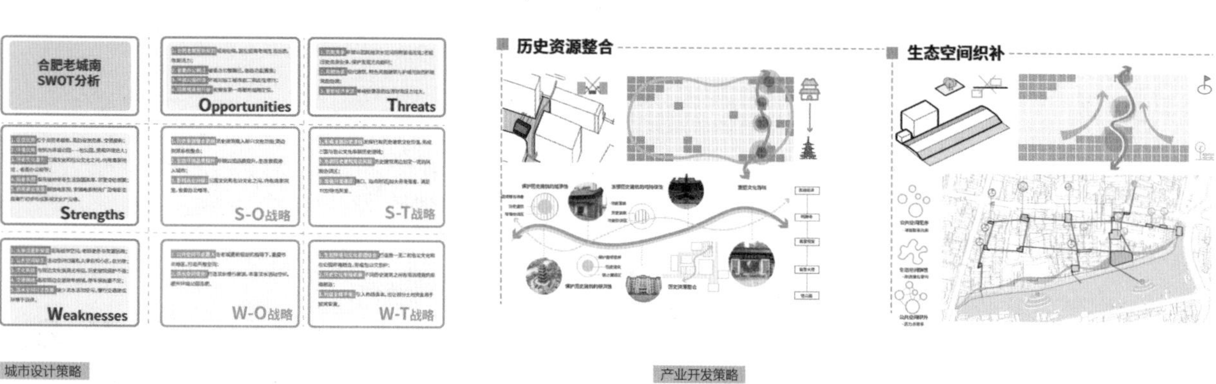
合肥老城南
SWOT分析
Opportunities
Threats
Strengths
S-O战略
S-T战略
Weaknesses
W-O战略
W-T战略
文脉开发策略
历史资源整合
生态空间织补

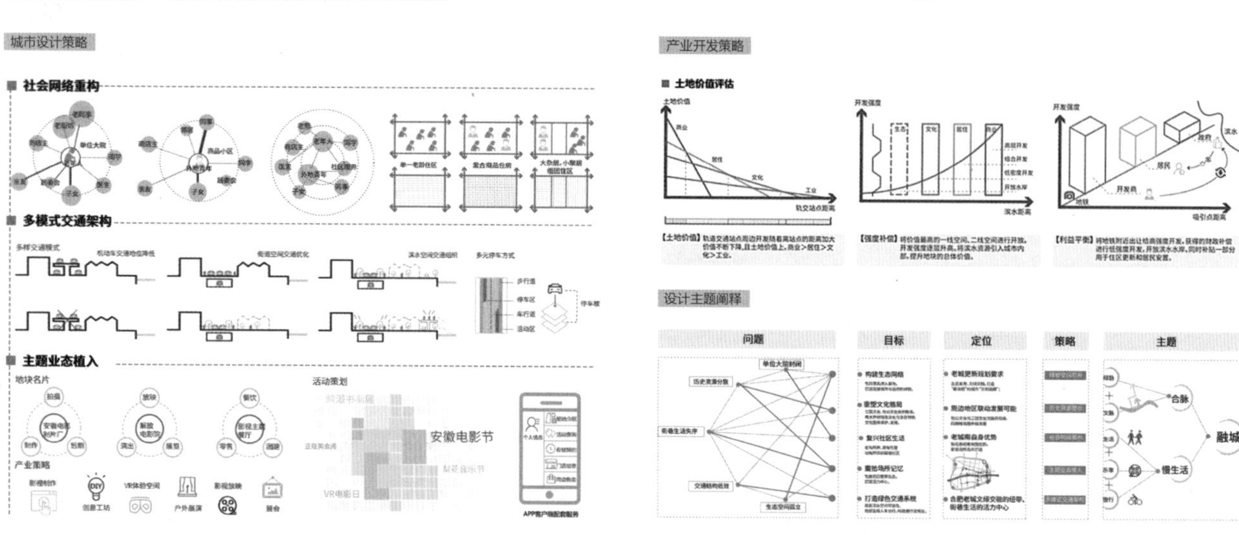
城市设计策略
社会网络重构
多模式交通架构
主题业态植入
安徽电影节
产业开发策略
土地价值评估
设计主题阐释
问题
目标
定位
策略
主题
合脉
融城
慢生活



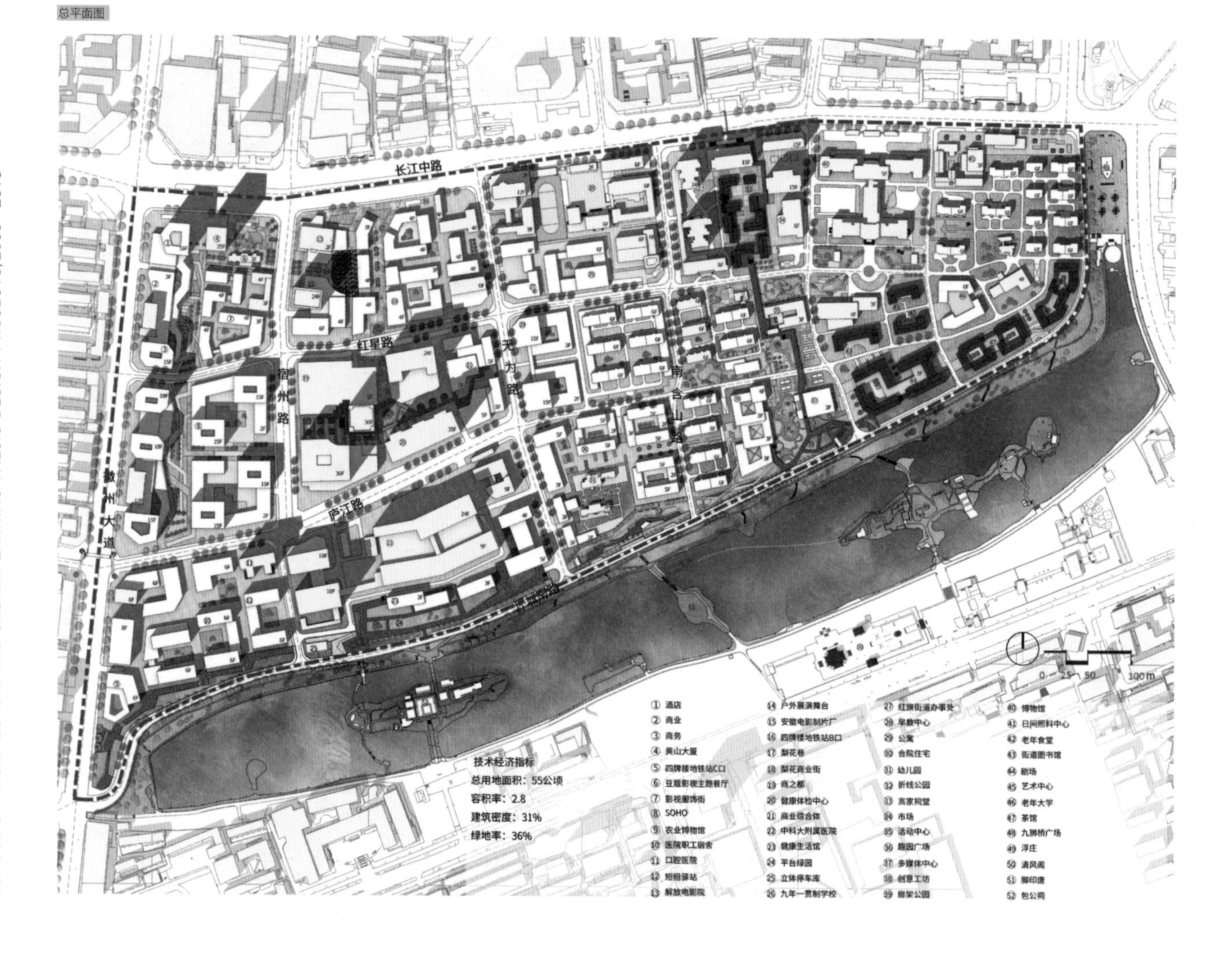
总平面图
长江中路
红星路
宿州路
徽州大道
庐江路
技术经济指标
总用地面积：55公顷
容积率：2.8
建筑密度：31%
绿地率：36%
0 25 50 100m
① 酒店
② 商业
③ 商务
④ 黄山大厦
⑤ 四牌楼地铁站C口
⑥ 豆瓣影视主题餐厅
⑦ 影视服饰街
⑧ SOHO
⑨ 农业博物馆
⑩ 医院职工宿舍
⑪ 口腔医院
⑫ 短租驿站
⑬ 解放电影院
⑭ 户外展演舞台
⑮ 安徽电影制片厂
⑯ 四牌楼地铁站B口
⑰ 梨花巷
⑱ 梨花商业街
⑲ 商之都
⑳ 健康体检中心
㉑ 商业综合体
㉒ 中科大附属医院
㉓ 健康生活馆
㉔ 平台绿园
㉕ 立体停车库
㉖ 九年一贯制学校
㉗ 红旗街道办事处
㉘ 早教中心
㉙ 公寓
㉚ 合院住宅
㉛ 幼儿园
㉜ 折线公园
㉝ 高家祠堂
㉞ 市场
㉟ 活动中心
㊱ 趣园广场
㊲ 多媒体中心
㊳ 创意工坊
㊴ 廊架公园
㊵ 博物馆
㊶ 日间照料中心
㊷ 老年食堂
㊸ 街道图书馆
㊹ 剧场
㊺ 艺术中心
㊻ 老年大学
㊼ 茶馆
㊽ 九狮桥广场
㊾ 浮庄
㊿ 清风阁
51 脚印唐
52 包公祠

## 街道更新策略

## 道路断面改造

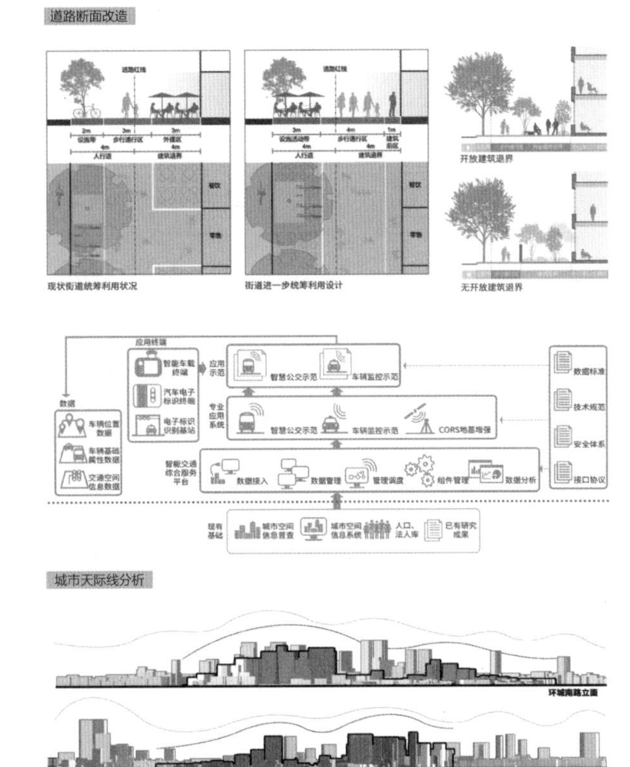


## 城市天际线分析

## 景观节点分析

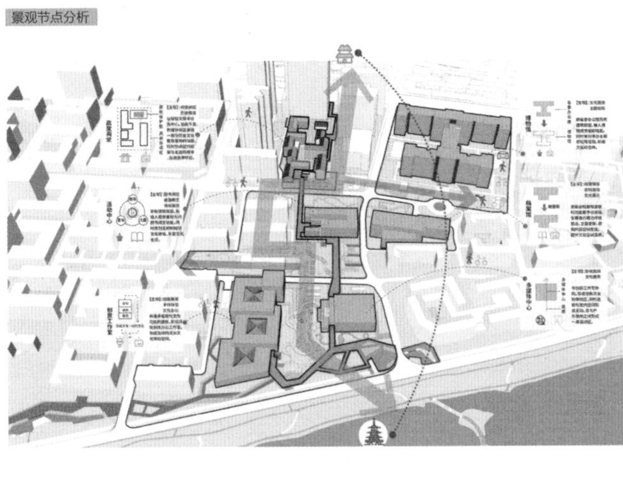

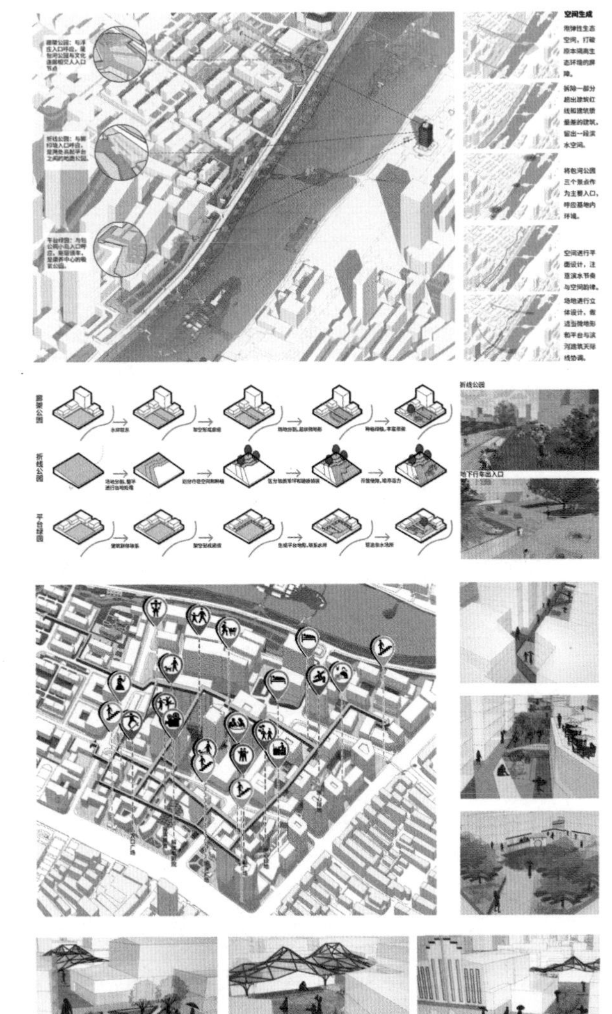


## 居住环境分析

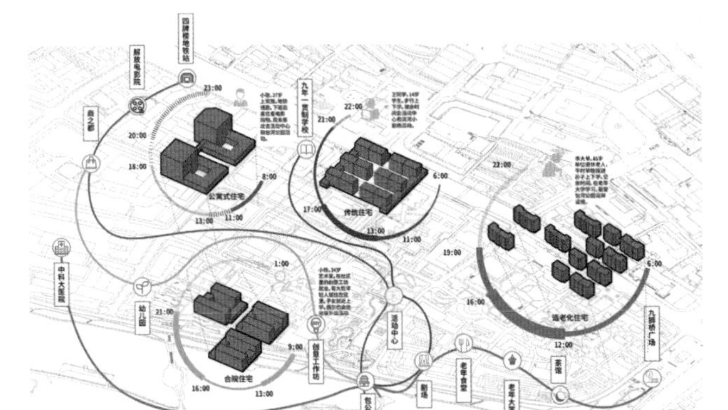

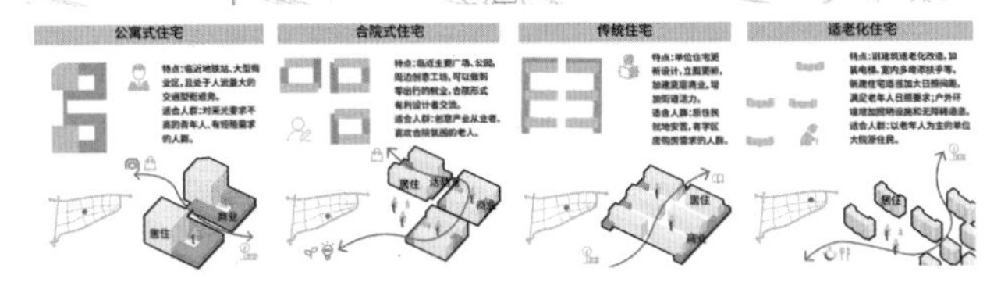

# 济宁运河新城智尚小镇城市设计

Author
2014级
成宜璋

Advisor
齐慧峰
尹宏玲

Site
山东省济宁市

规划基地位于济宁市运河新城中心、新老运河交汇的“运河之眼”核心地段，用地面积约380公顷。济宁作为运河中段的重要港口城市拥有众多古迹与运河文化印迹。因此，济宁也被誉为“运河之都”，而打造“运河新城”是成为未来几年济宁中心城区的重点建设任务。

基地内现状建设集中在北部区域，有多个单位宿舍与住宅小区。基地南部区域基本为空地，零星分布小型厂区。除两个住区项目和一处宗教建筑外，运河资源基本处于未利用状态，未来可以经由水上轮渡与市中心以及大运河沿线各景点相连。

方案设计以延续运河水上交通方式为核心，突出滨水空间特色。探索新时代居民与游客、生产与生活的互动模式。在完善济宁市运河旅游线路重要节点的同时，改善本地居民的生活环境，提升济宁市旅游资源整合度，提高济宁市人居环境质量和人才吸引力，使济宁能够吸引人、留住人，激活济宁运河之活力。

运河城市肌理

台儿庄

台儿庄古城肌理与水网相辅相成，沿运河侧城市肌理走势顺应运河走向；内部水网较为自由，相应道路组织相对自由，与水系走向基本平行布置。

沿河界面并非完全开放，而是与内部街巷组织相关，部分开放，部分为建筑界面，相对私密。

阿姆斯特丹

荷兰首都阿姆斯特丹是典型的水网延伸引导城市构架拓展的城市，规划建设的人工运河主导了城市形态。沿河口成扇状展开。

城市肌理与水网相辅相成，在城市中心区向外环状延伸，形成一系列同心圆式运河；并以城市中心区的河口位置为圆心，建设若干放射状运河与前述环状运河垂直相交，形成了放射—环状的水网体系。环状河网与放射状河网相互交织。

沿河网形成城市道路体系、水路并行，对城市空间活力具有重要意义，环状运河由于修建时间差异，促成运河两岸城市空间颇具时代特色，成为其城市意象的重要构成。基地内其他周围道路走向指向该地块，向心性强。

核心地块肌理意向

地块肌理吸取其他运河城市特点，突出城市肌理与运河之间的关系。

地块内部街巷布置与河道走向平行，将滨河空间开放，以提升城市活力。

老运河沿线肌理开始过渡，以保持老运河沿线的生态基底的完整性。

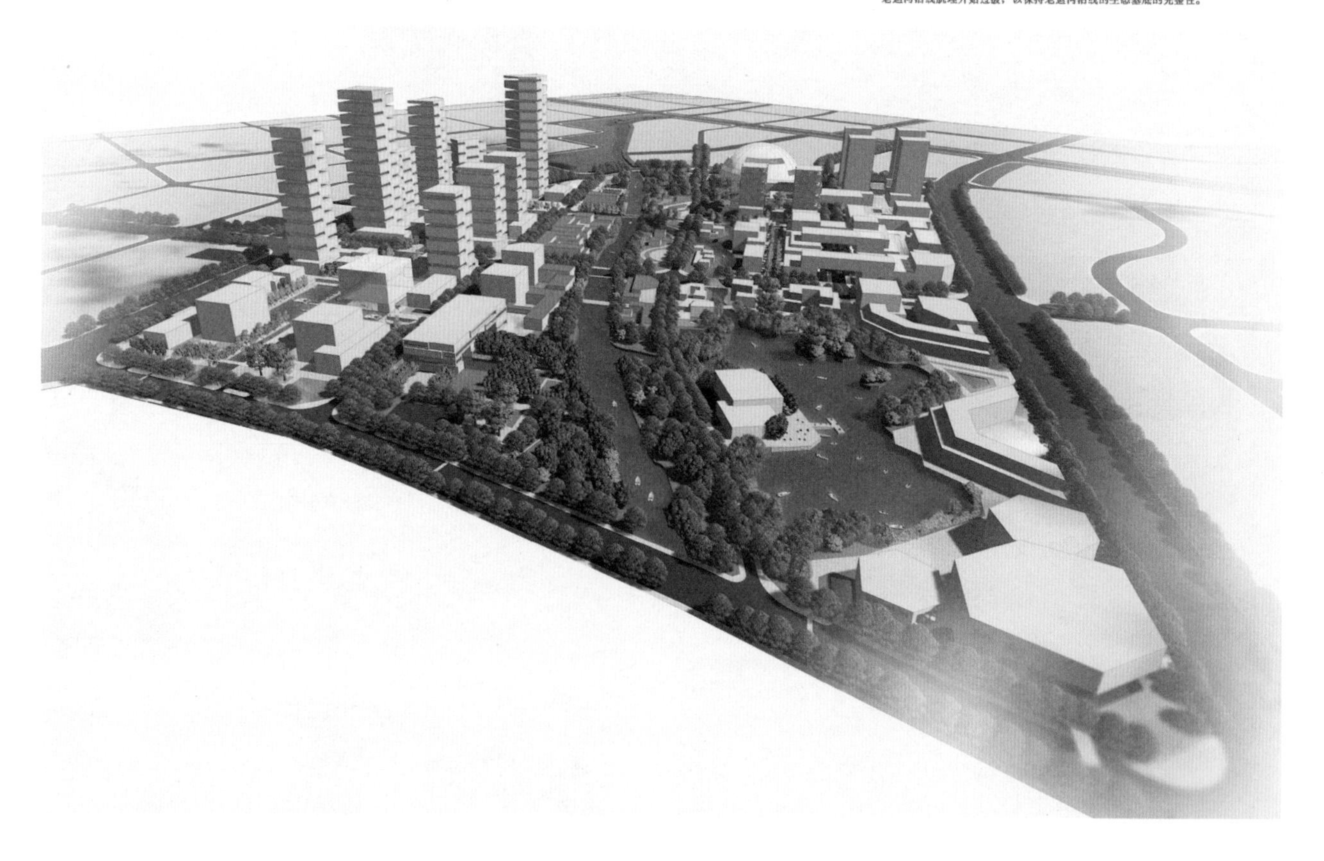

## 节点活动分析

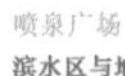

喷泉广场

滨水区与地平区之间以喷泉水池为边界，形成独特的“地面—水面—地面—水面”的多层次亲水互动节奏。

相关活动

观赏 划船 闲坐 度假

滨水步道

河边亲水步道宽度七米，按人步行宜人尺度将步道以座椅一分为二，分为滨水休息区与通行区。

相关活动

观赏 晒太阳 闲坐 度假

滨水草地

多街道交汇处设置软质草地，供人们停留休憩，观赏运河景色。

相关活动

观赏 晒太阳 闲坐 度假

水上舞台

时尚展示馆一层架空，做滨水舞台处理，另外外墙部分做LED外发光材质覆盖，作为夜晚展示屏。

相关活动

表演 划船 帆船 观赏 闲坐

时尚码头

内河转弯处扩大水面的部分围成水上码头，作为船舶停靠点和水上活动区域。

相关活动

水上娱乐 划船 帆船 钓鱼 闲坐

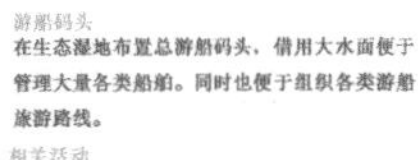

游船码头

在生态湿地布置总游船码头，借用大水面便于管理大量各类船舶。同时也便于组织各类游船旅游路线。

相关活动

钓鱼 划船 帆船 观赏 闲坐

运河码头

在老运河中段设置水上码头，作为船舶停靠点和水上活动区域。

相关活动

水上娱乐 划船 帆船 钓鱼 闲坐

月泉广场

在老运河与内河交汇处附近设置孤岛和月牙形广场，作为视线交点处标志物。

相关活动

观赏 晒太阳 钓鱼 度假

半泉广场

广场位于多条视线焦点处，与南部特色综合体建筑形成多级观赏层次。

相关活动

观赏 晒太阳 闲坐 度假

音乐广场

广场位于核心地块南部主入口，广场北为水陆交通换乘站点。站前人流量较大。为化解广场巨大的面积，以木质台阶围合将广场一分为二，北为集散广场，南为音乐广场，借助西侧建筑立面投放现场画面，可承办小型音乐演出，增加地块人气。

相关活动

演出 集散 交谈 观赏 闲坐

## 基地区位分析

## 用地总平面图

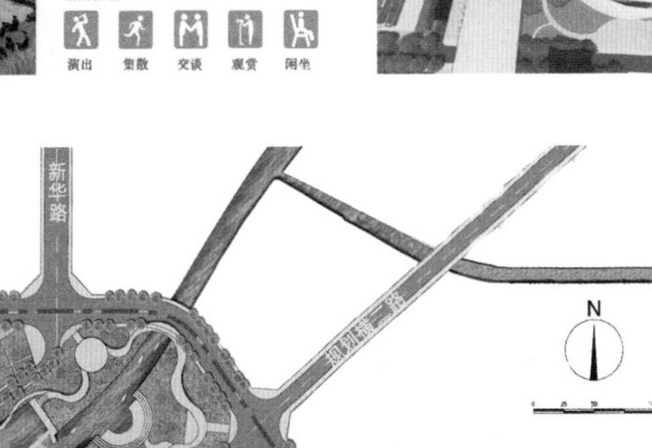

# URBAN AND RURAL PLANNING

# 苏州吴中区运河段片区更新城市设计

Author
2013级
王华琳
娄　宇

Advisor
陈　朋
程　亮

Site
江苏省苏州市

本次毕业设计的选题是“运河上的城市”——苏州吴中区运河段片区城市更新设计。基地位于苏州市吴中区郭巷街道的边缘，属于城市的次中心区域。基地内部存在居住分异、新建住区与城中村并存、大量城中村造成基础设施建设落后等一系列问题。该地块三面环绕高架，内部有高架穿过，割裂了东西部之间的联系；内部缺乏连通性支路，通达性差。与此同时，该片区西侧有京杭大运河通过，形成了独特的运河景观，内部有多条水系，为景观设计提供了基础。

本次设计根据基地固有的地域特征及文化特点，突出“荣河、溶阖、容和”的设计理念，旨在促进功能、人、城市的多方共荣、共同发展。“荣河”即复兴繁荣的运河，恢复运河日渐衰败的影响力；“溶阖”即打破各种功能之间的壁垒，形成多种功能共同发展；“融合”即人的交往空间的营造，削弱居住分异对基地的影响。

总体设计思路

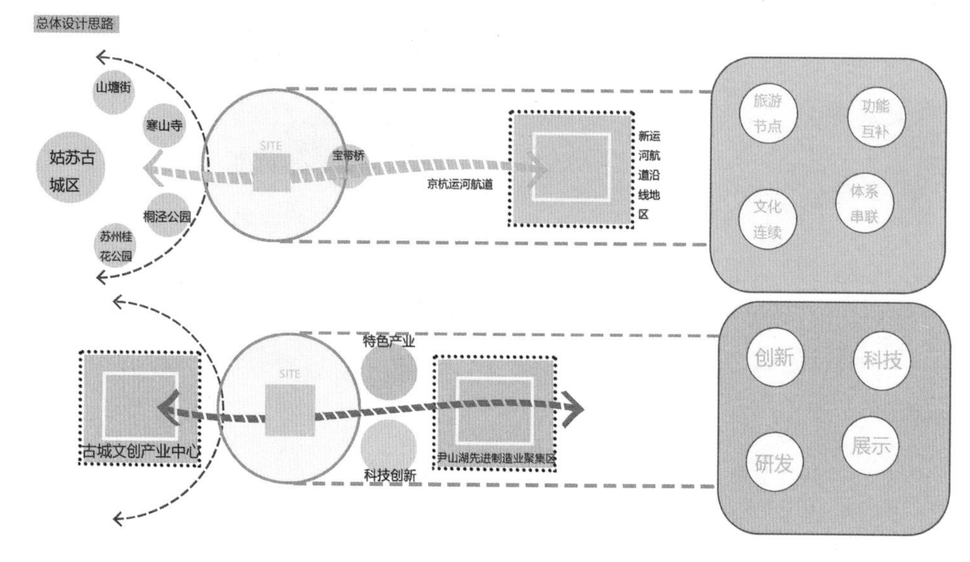

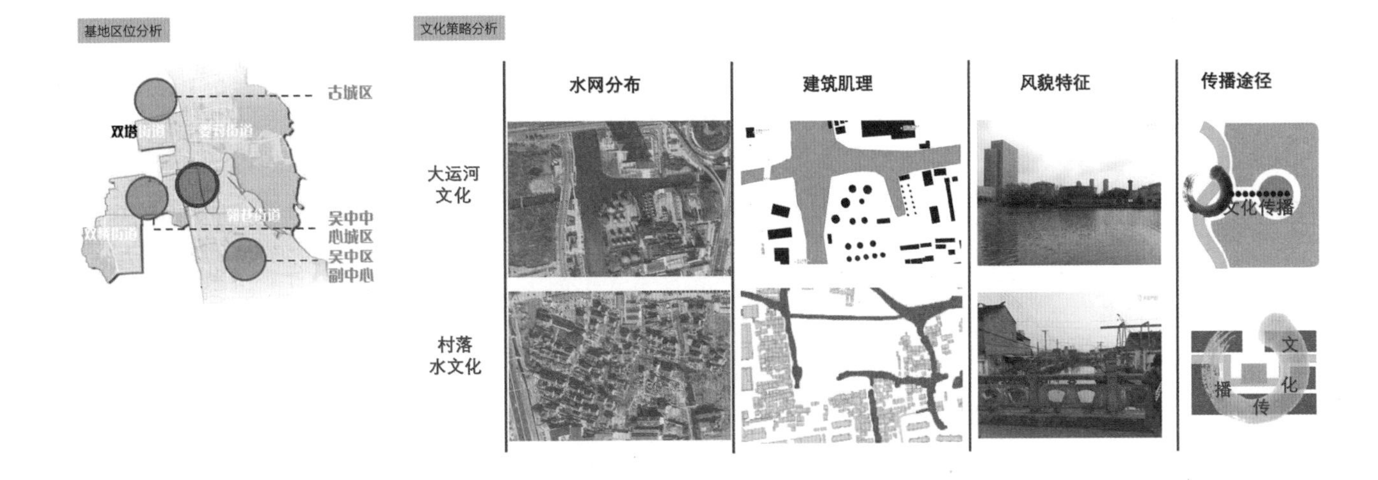
基地区位分析
古城区
双塔街道
娄葑街道
郭巷街道
吴中中心城区
吴中区副中心
文化策略分析
水网分布
建筑肌理
风貌特征
传播途径
大运河文化
村落水文化
文化传播
文
化
传
播

可达性分析
平江路
苏州大学
网师园
苏州南门汽车客运站
独墅湖
城西中学
澹台湖
尹山湖
基地二
公交车站
地铁站
公共交通五分钟可到达范围
机动车五分钟可到达范围

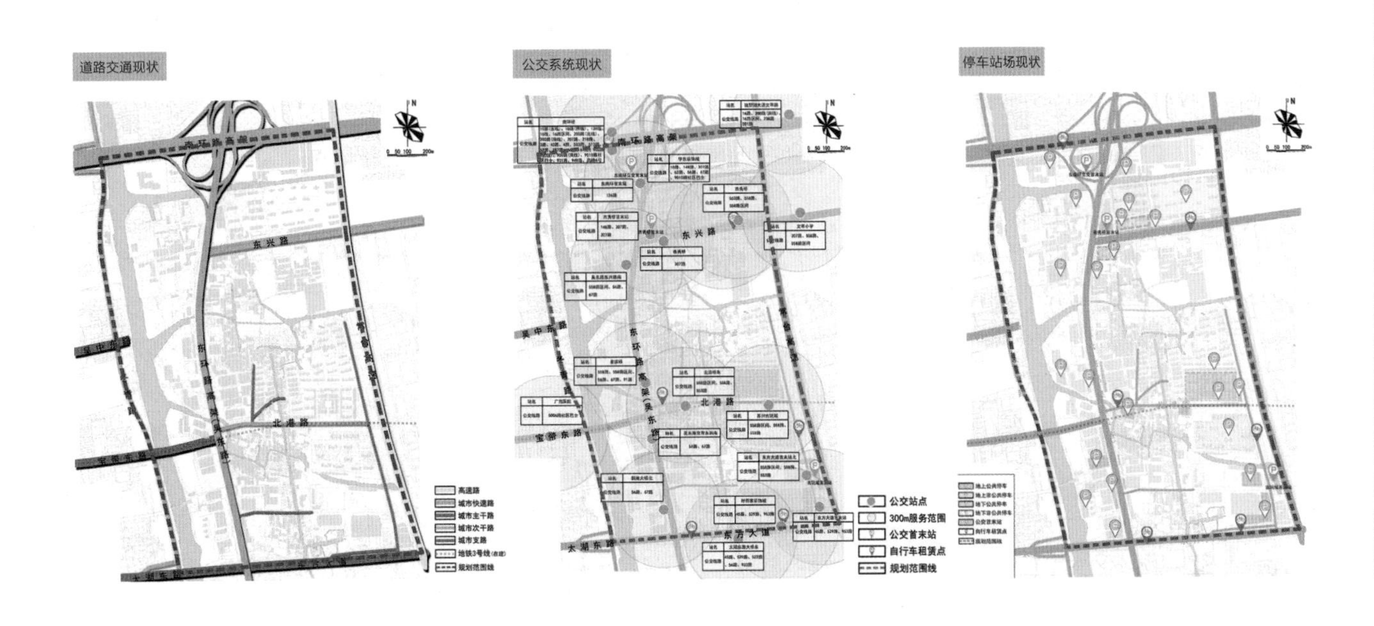
道路交通现状
公交系统现状
停车站场现状
东兴路
北港路
宝带东路
南环路高架
东环路高架
东方大道
太湖东路
公交站点
300m服务范围
公交首末站
自行车租赁点
规划范围线

产业发展策略

规划结构分析

驳岸设计策略

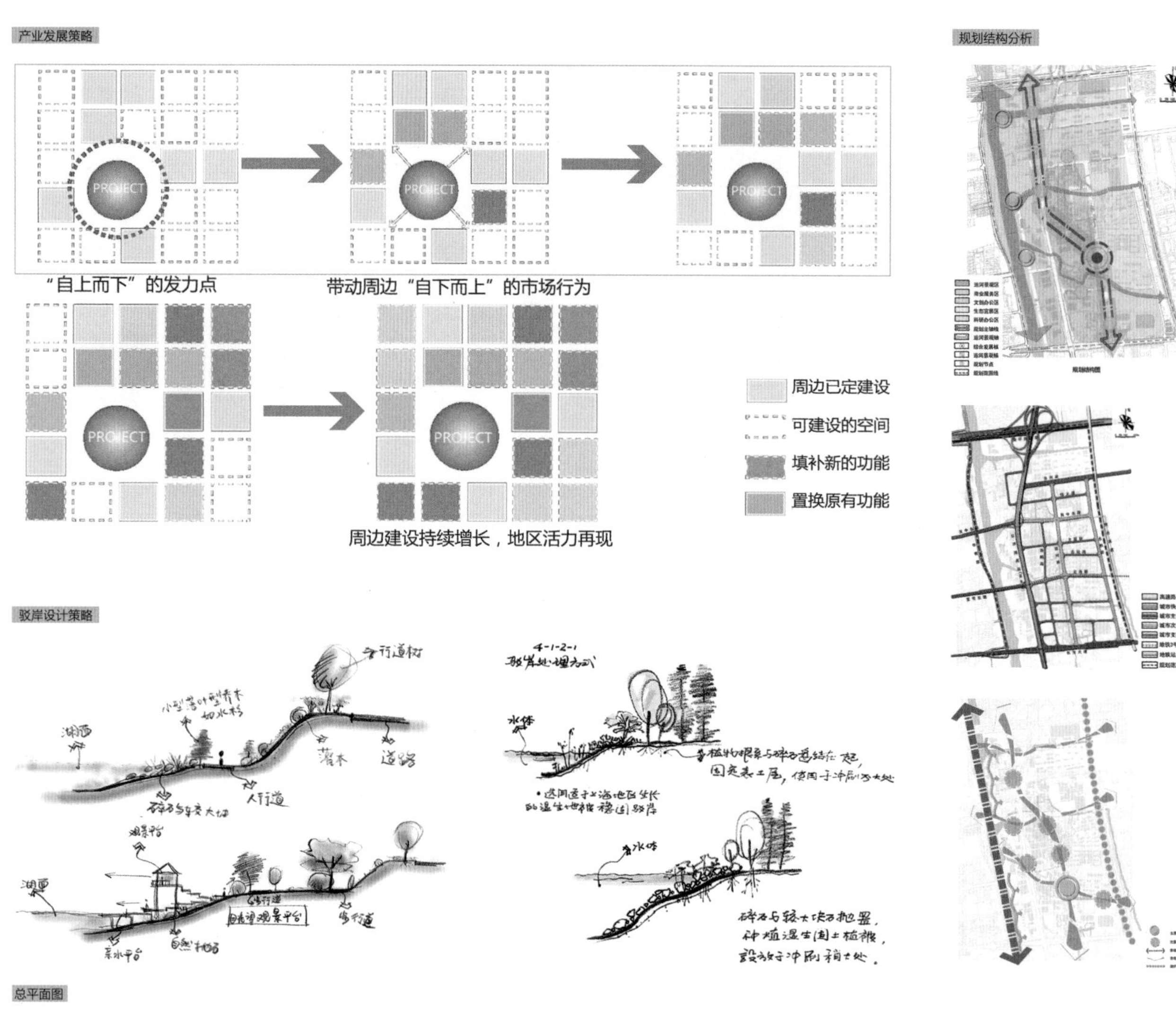


总平面图

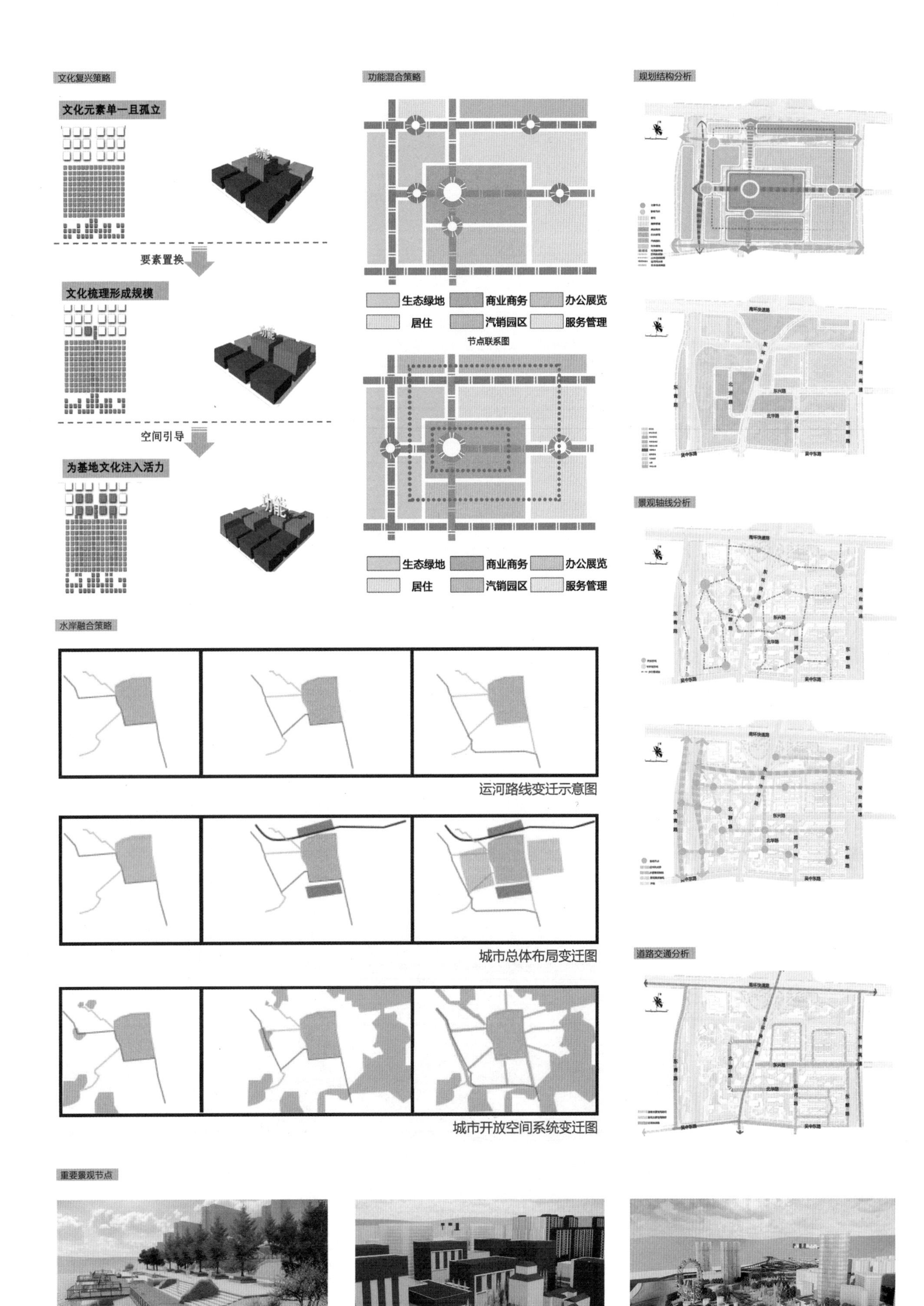
文化复兴策略
文化元素单一且孤立
要素置换
文化梳理形成规模
空间引导
为基地文化注入活力
功能混合策略
生态绿地
商业商务
办公展览
居住
汽销园区
服务管理
节点联系图
规划结构分析
景观轴线分析
道路交通分析
水岸融合策略
运河路线变迁示意图
城市总体布局变迁图
城市开放空间系统变迁图
重要景观节点

# 青岛火车站周边地区城市设计

Author
2012级
陶俊搏

Advisor
李　鹏

Site
山东省青岛市

青岛火车站位于青岛老城区，作为胶济铁路东端，滨海景观资源优越、历史文化气息浓厚。目前火车站周边地区用地功能混杂、交通组织无序、历史特色式微、公共服务设施欠缺、景观系统破碎等问题日益突出。设计秉承“城市双修”的有机更新理念，深入开展调研分析、科学研判发展定位、合理组织复合交通、深入挖掘地域文化，着力强化“城”“海”视线通廊，以期将火车站周边地区打造成青岛老城复苏的活力触媒和城市名片，重现百年老站辉煌。

近年来青岛不断拉阔城市框架，提升城市能级，城市发展日新月异。在城市新区蓬勃发展之时，老城更新则步履蹒跚。青岛火车站地处老城区核心地段，南面青岛湾，东邻中山路历史文化街区，优越的景观资源和历史文化资源尚未发挥出其应有的价值。同时，上文提及的诸多城市问题，目前亟待解决。青岛火车站周边地区未来应当如何进行发展定位？如何完善片区功能、提升片区活力和品质？本次设计工作是寻求这些问题答案的一次大胆的探索，希望能对这里重新焕发活力有所帮助。

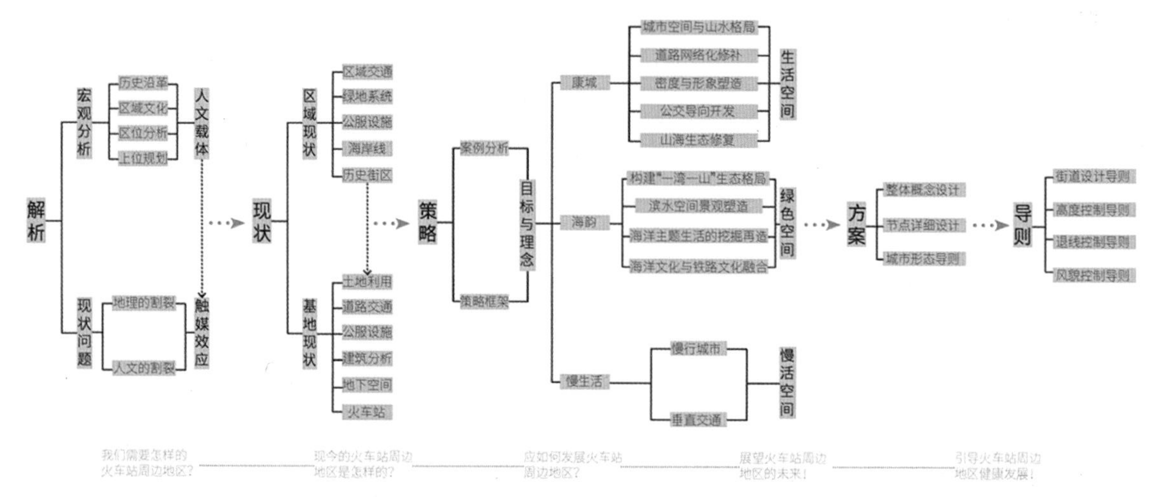


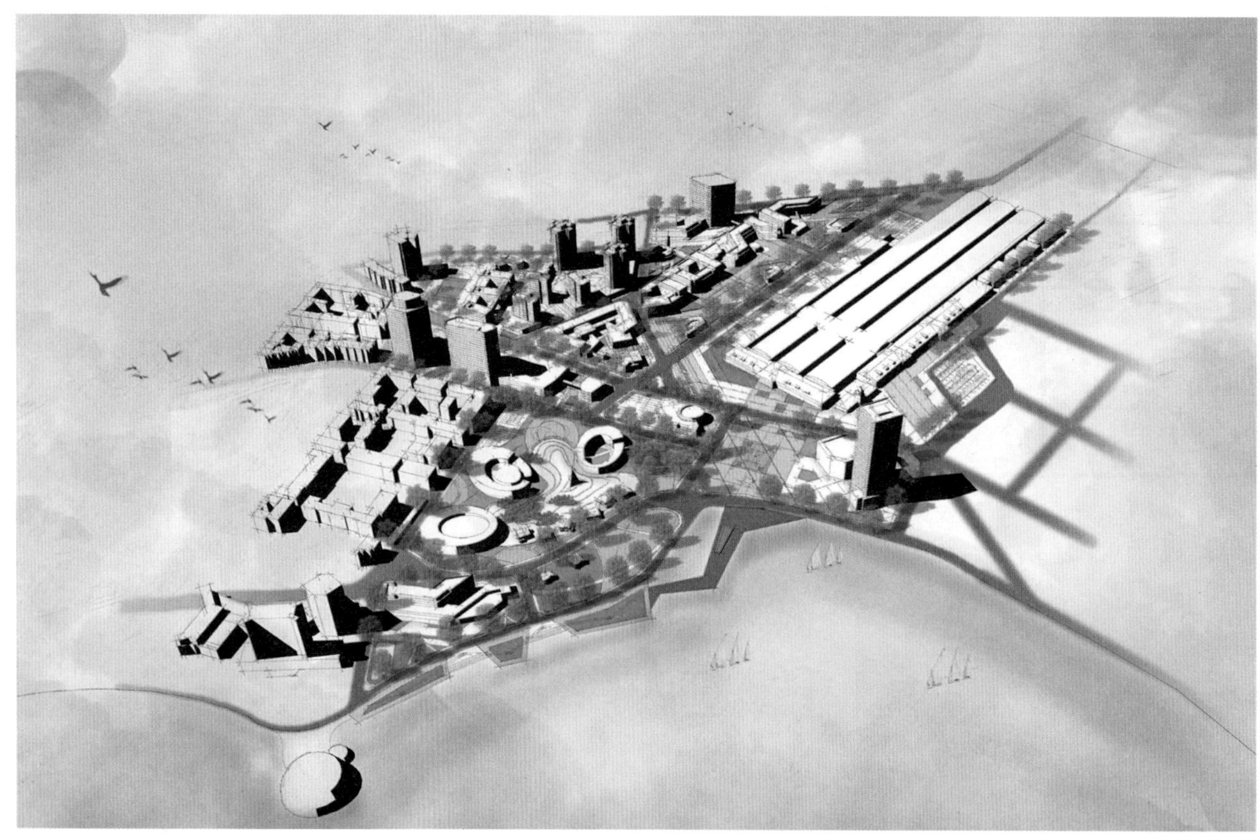

## 城市历史沿革

新石器时代，青岛是东夷人繁衍生息的主要地区之一，遗留了丰富多彩的大汶口文化、龙山文化和岳石文化。
商周时期，青岛是中国海盐的发祥地，位列中国"四大古盐区"和"五大古港"。
春秋战国时期，青岛出现了山东地区第二大市镇——即墨，"即墨故城"（平度市境内）是中国现存最早的古代城池遗址。
秦始皇统一中国后，五巡天下，三登琅琊（青岛黄岛区境内）。据记载，中国最早的一次涉洋远航——徐福东渡朝鲜、日本，就是从琅琊起航的。
汉武帝少年时代在不其（城阳区境内）做过胶东王，是中国有记载的到青岛地域巡游次数最多的皇帝。
唐宋时期，青岛作为衔接南北航运的"中转站"，成为中国北方沿海最重要的交通枢纽和贸易口岸。宋时专门在板桥镇（胶州市境内）设"市舶司"管理对外贸易。
元朝，为方便海运漕粮，开凿了中国唯一的海运河——纵贯山东半岛的胶莱运河。
明清时期，青岛是中国北方重要的海防要塞，属山东莱州府境内。

德国占领青岛时期火车站

1922年12月10日，中国北洋政府收回青岛，辟为商埠。
1929年7月，国民党政府设青岛特别市，1930年改称青岛市。

民国时期青岛火车站

1949年6月2日，青岛成为华北地区最后一座解放的城市，改属山东省辖市。
1981年，青岛被列为中国15个经济中心城市之一。
1984年，青岛被列为中国14个沿海开放城市之一。
1986年，青岛被列为5个计划单列市之一。
1994年，青岛被列为全国15个副省级城市之一。
2011年，青岛被定位为山东半岛蓝色经济区核心区的龙头城市。
2014年6月9日，国务院批复同意山东省政府有关设立青岛西海岸新区的请示，要求把青岛西海岸新区发展成为海洋科技自主创新领航区、深远海开发战略保障基地、军民融合创新示范区、海洋经济国际合作先导区、陆海统筹发展试验区，为探索全国海洋经济科学发展新路径发挥示范作用。

（1897年以前） 1897年 1914年 1922年 1929年 1938年 1945年 1949年 （1949年至今）

1897年11月14日，德国以"巨野教案"为借口侵占青岛，青岛沦为殖民地。
1914年，第一次世界大战爆发，日本取代德国占领青岛。
1919年，以收回青岛主权为导火索，爆发了"五四运动"，这是中国近、现代历史的分水岭。

日本第一次占领青岛时期的火车

1938年1月，日本再次侵占青岛。
1945年9月，国民政府接管青岛，仍为特别市。

1951年青岛火车站

1970年代青岛火车站

1983年青岛火车站

如今的青岛火车站

## 环湾发展分析

大沽河生态湿地
红岛休养渔村
青岛方特梦幻王国
红岛高铁站
青岛流亭机场
青岛北站
胶州少海新城
胶州湾
四方滨海新城
邮轮母港
青岛站(SITE)
马头山
万达维多利亚湾
薛家岛轮渡
青岛港油港
黄岛站

## 用地现状分析

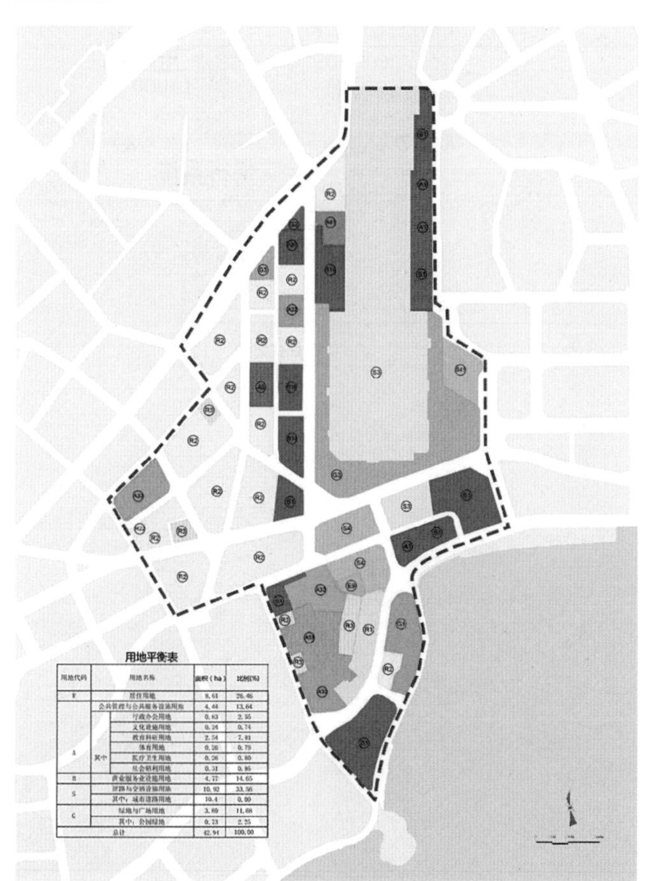

用地平衡表

| 用地代码 | 用地名称 | | 面积（ha） | 比例(%) |
|---|---|---|---|---|
| R | 居住用地 | | 8.61 | 26.46 |
| A | 公共管理与公共服务设施用地 | | 4.44 | 13.64 |
| | 其中 | 行政办公用地 | 0.83 | 2.55 |
| | | 文化设施用地 | 0.24 | 0.74 |
| | | 教育科研用地 | 2.54 | 7.81 |
| | | 体育用地 | 0.26 | 0.79 |
| | | 医疗卫生用地 | 0.26 | 0.80 |
| | | 社会福利用地 | 0.31 | 0.96 |
| B | 商业服务业设施用地 | | 4.77 | 14.65 |
| S | 道路与交通设施用地 | | 10.92 | 33.56 |
| | 其中：城市道路用地 | | 10.4 | 0.00 |
| G | 绿地与广场用地 | | 3.80 | 11.68 |
| | 其中：公园绿地 | | 0.73 | 2.25 |
| 总计 | | | 42.94 | 100.00 |

## 交通与空间现状分析

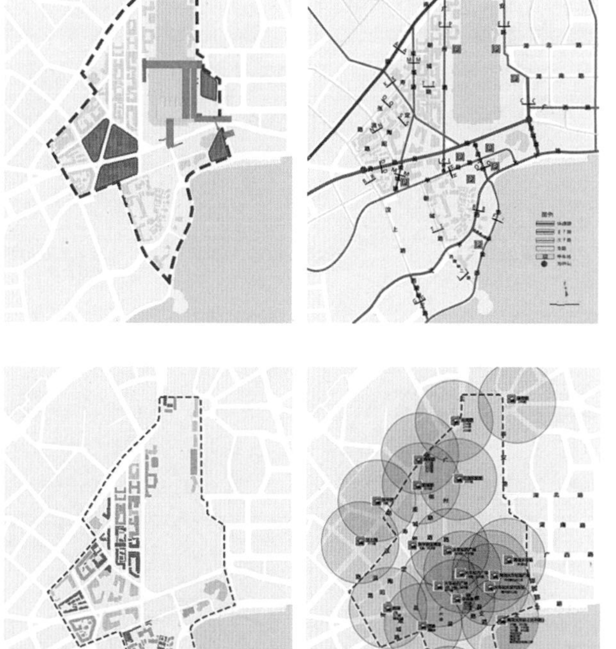

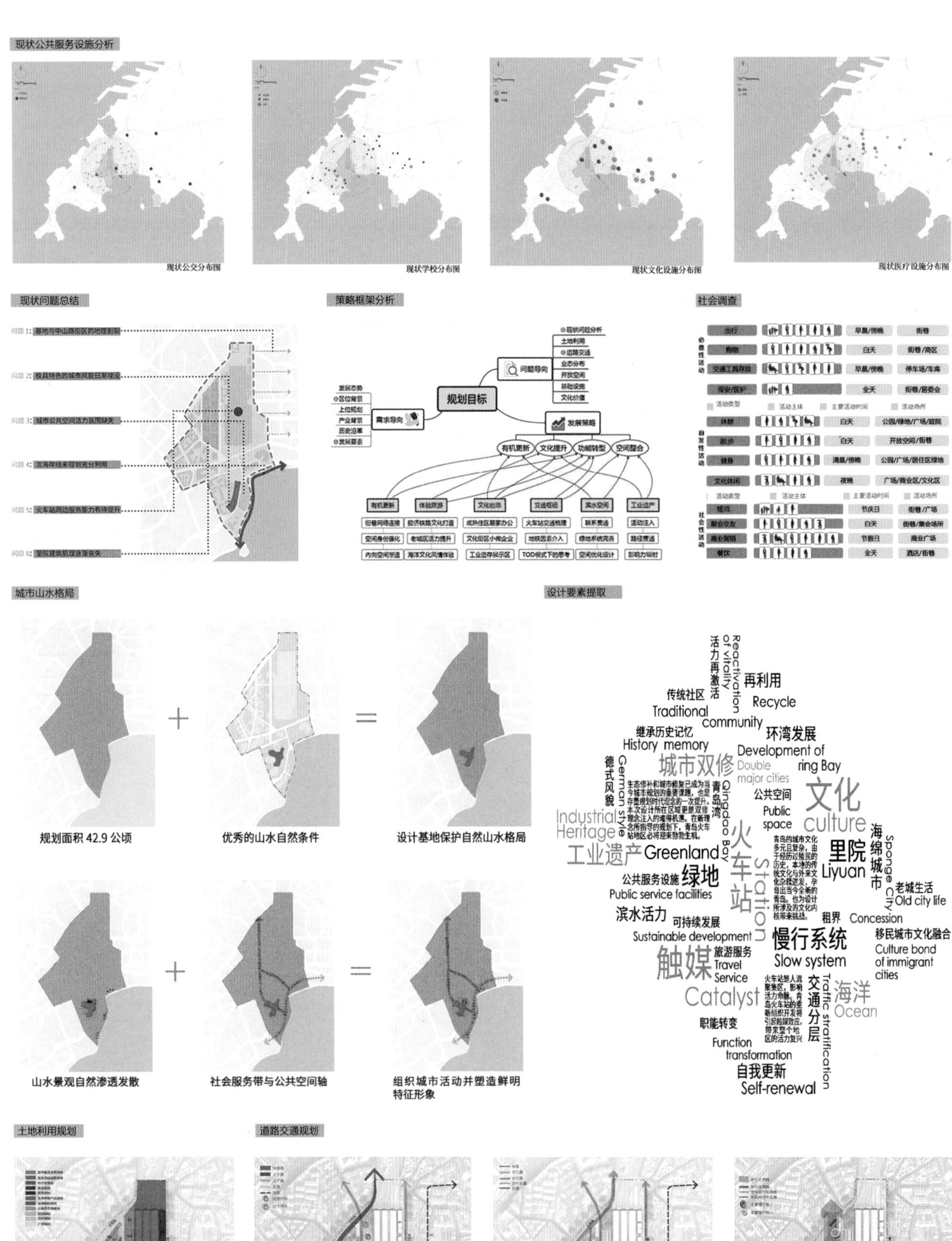


土地利用规划

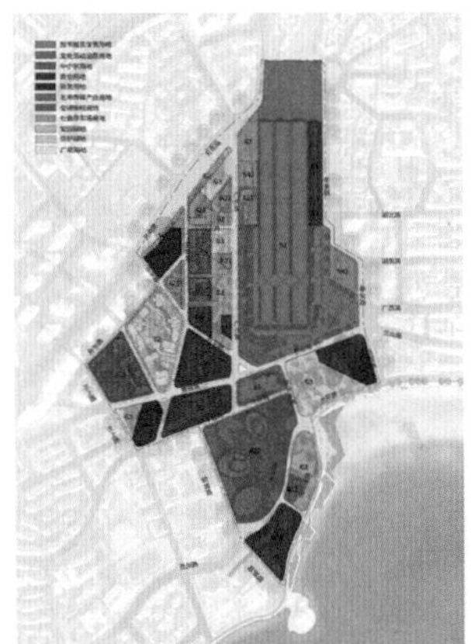

道路交通规划

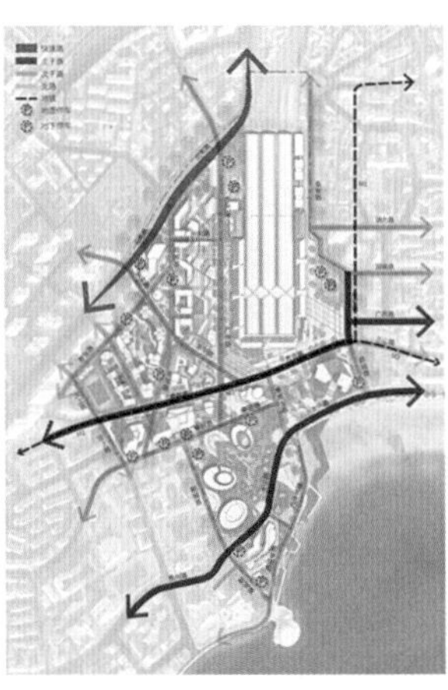

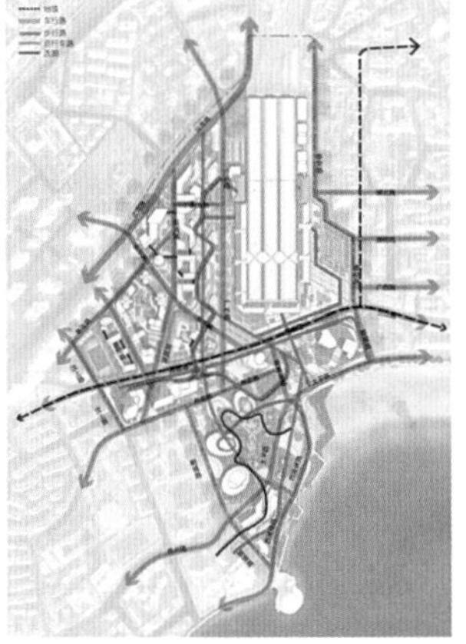

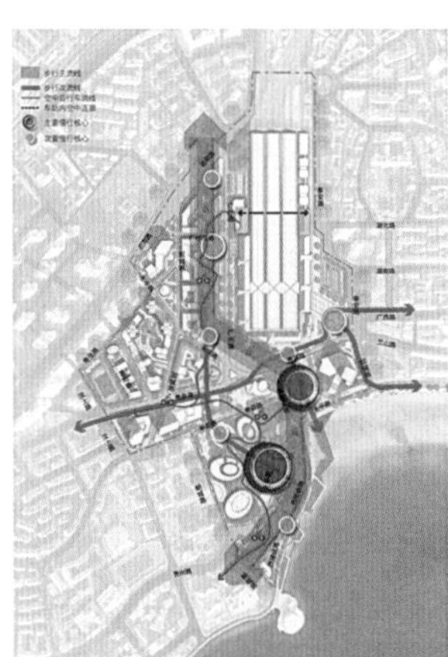

核心区总平面图

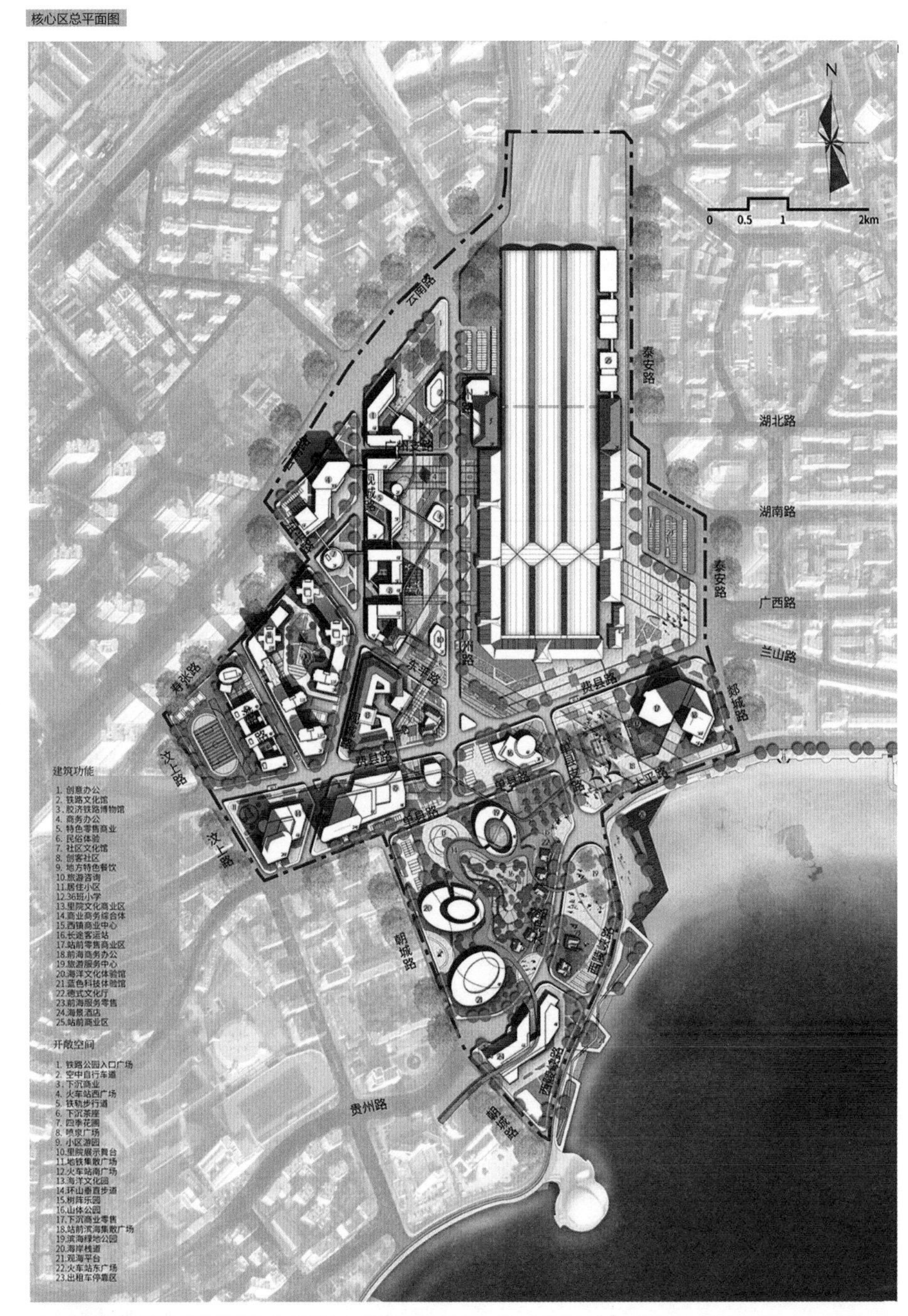


城市形态

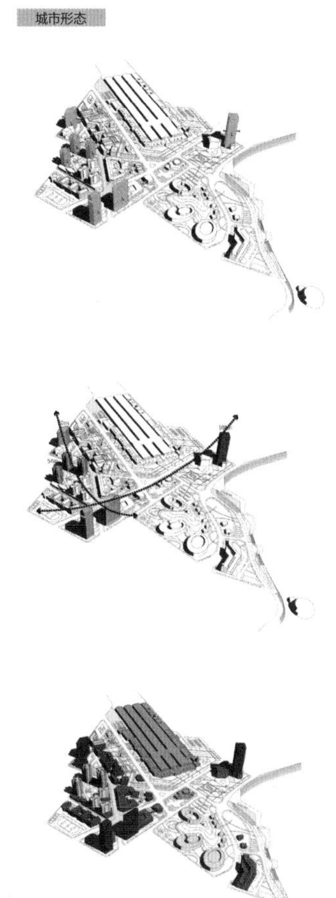

建筑功能

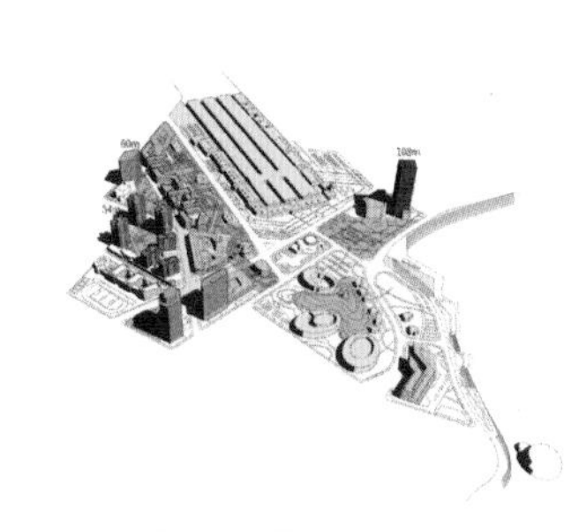

重点景观节点分析

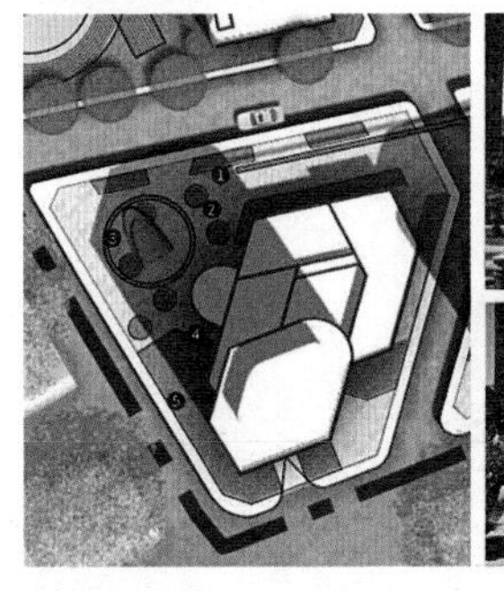

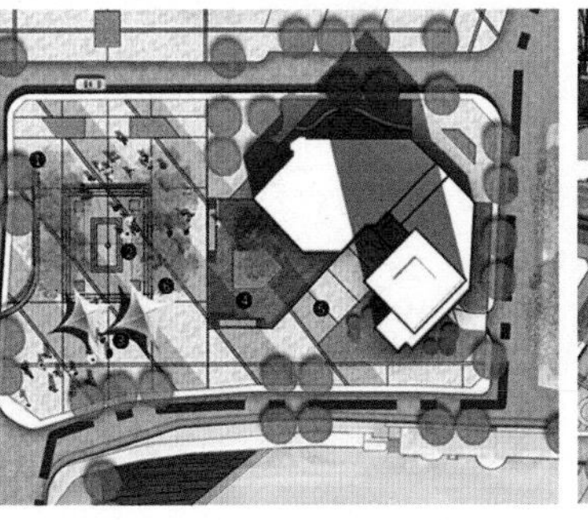

城市天际线分析

# 南京浦镇车辆厂历史风貌区城市设计

Author
2012级
王　强
刘　一

Advisor
陈　朋

Site
江苏省南京市

在存量规划的背景下，为了响应城市修补、生态修复的规划理念号召，工业遗产保护规划的重要性逐渐提上日程，南京作为国家重要的历史文化名城，也率先出台了历史文化名城保护规划。工业遗产承载了我国近代重要的发展文明，记录了劳动人民的历史记忆，代表了中国进步的发展史。位于南京江北新区的南京浦镇车辆厂，在《南京市工业遗产保护规划》划定的40处工业遗产保护名录中，属于Ⅰ类工业遗产。

南京是中国近代工业洋务运动的始发地之一，也是中国城市工业化与现代化转型发展的典型代表。在此推动工业遗产保护与利用工作：有利于培育城市文化传承和特色；有利于为城市产业转型、创新发展提供空间载体；有利于完善南京历史文化名城保护工作。

总体设计思路

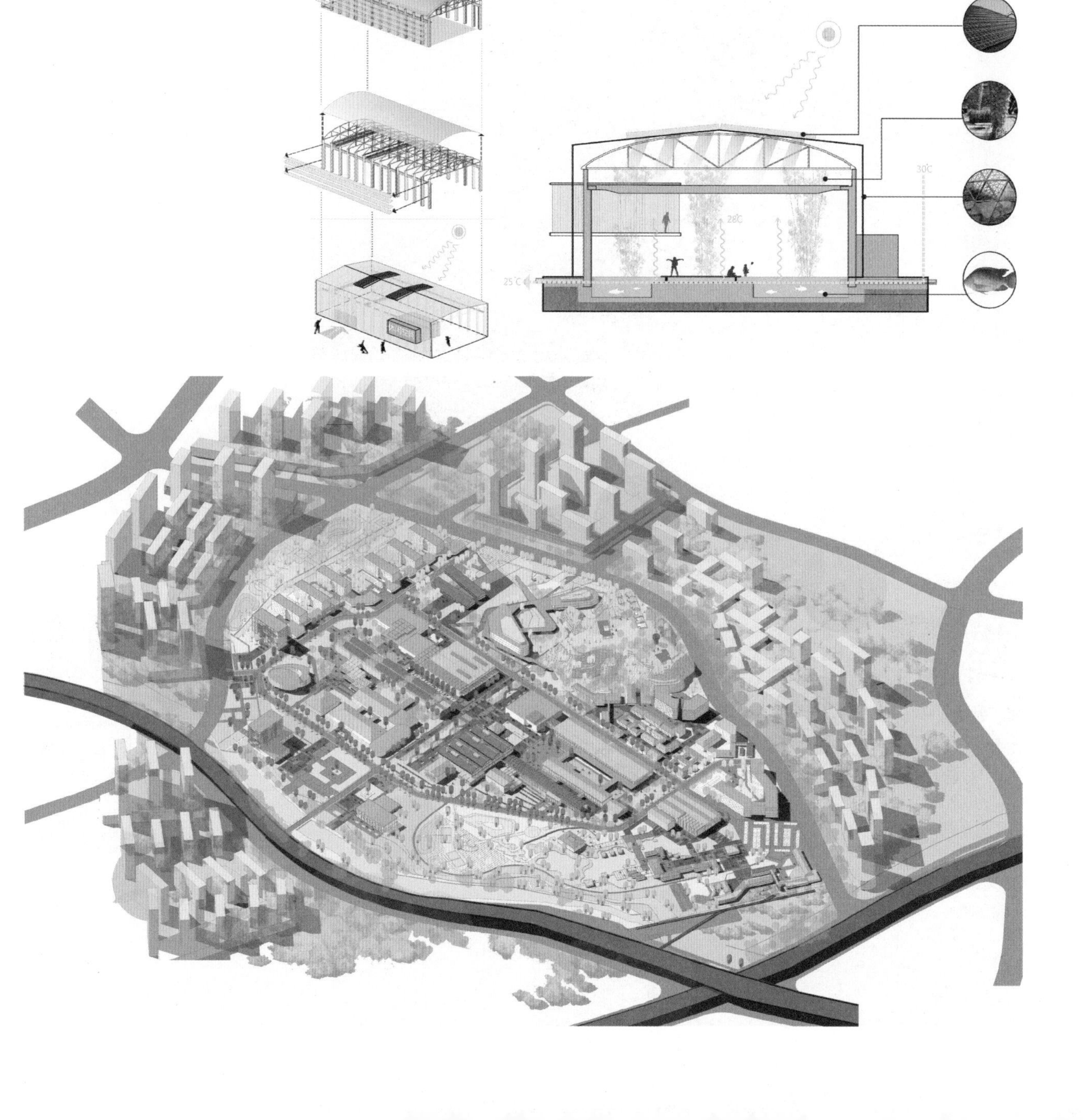

功能区位分析

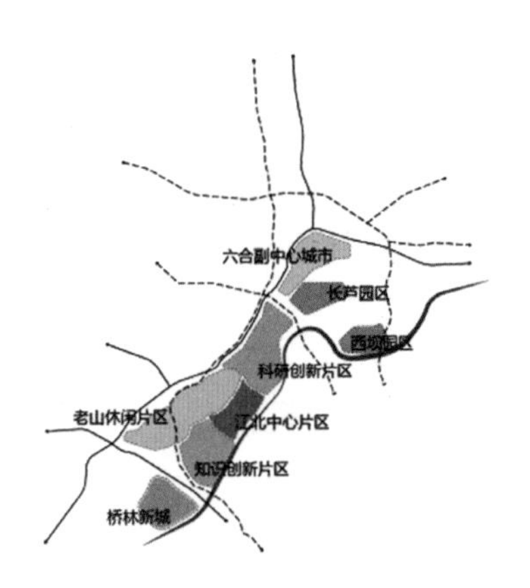


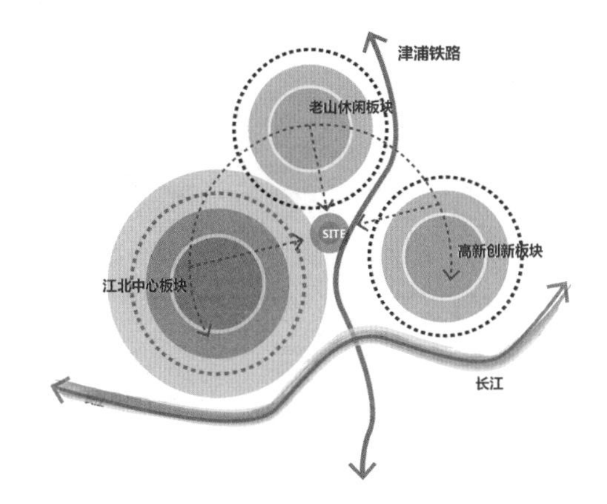


板块定位分析

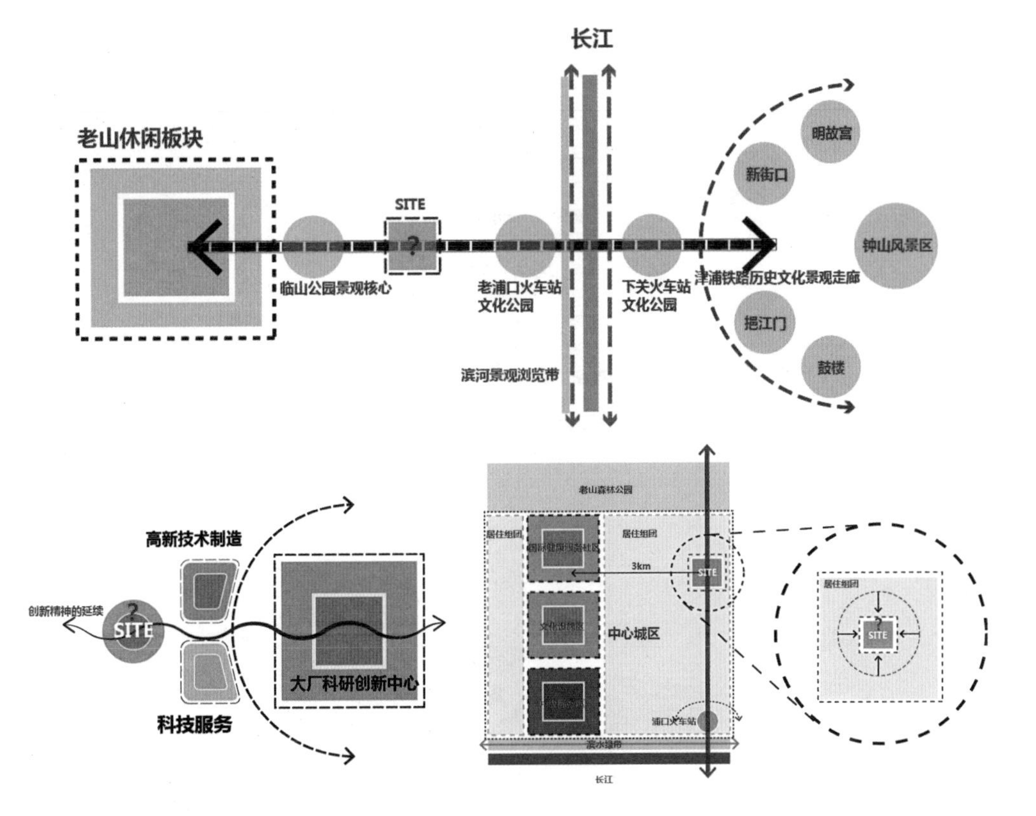


区域交通分析

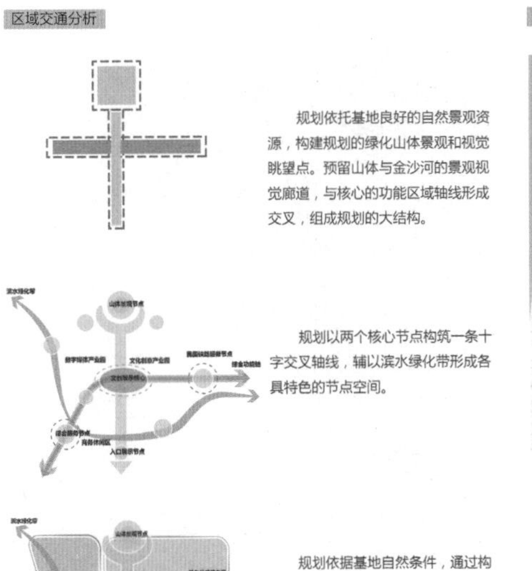

规划依托基地良好的自然景观资源，构建规划的绿化山体景观和视觉眺望点。预留山体与金沙河的景观视觉廊道，与核心的功能区域轴线形成交叉，组成规划的大结构。

规划以两个核心节点构筑一条十字交叉轴线，辅以滨水绿化带形成各具特色的节点空间。

规划依据基地自然条件，通过构筑视觉廊道、滨水空间，结合基地原有机理，构建了五个功能组团。

绿地网络分析

历史文脉资源

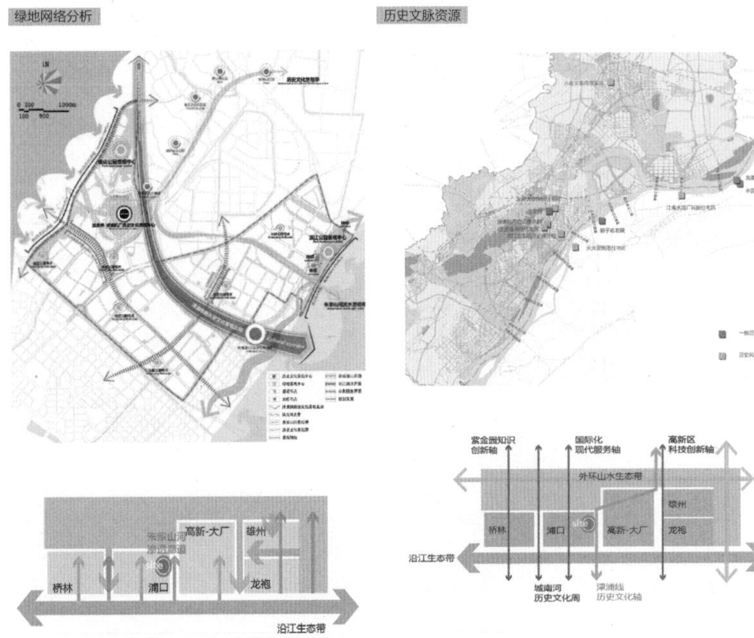

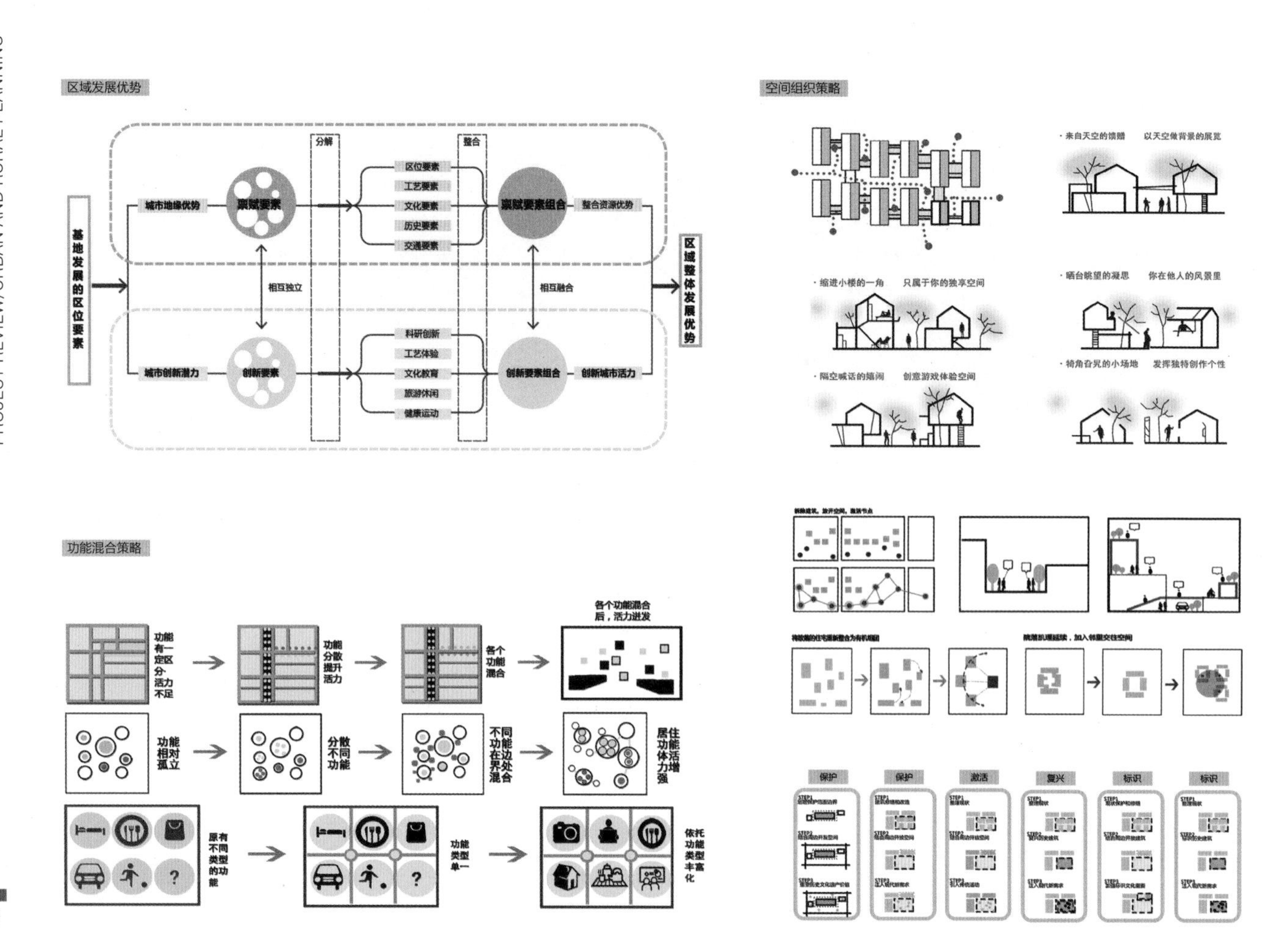
区域发展优势
基地发展的区位要素
城市地缘优势
禀赋要素
分解
区位要素
工艺要素
文化要素
历史要素
交通要素
整合
禀赋要素组合
整合资源优势
相互独立
相互融合
区域整体发展优势
城市创新潜力
创新要素
科研创新
工艺体验
文化教育
旅游休闲
健康运动
创新要素组合
创新城市活力
空间组织策略
·来自天空的馈赠
以天空做背景的展览
·缩进小楼的一角
只属于你的独享空间
·晒台眺望的凝思
你在他人的风景里
·隔空喊话的嬉闹
创意游戏体验空间
·犄角旮旯的小场地
发挥独特创作个性
功能混合策略
功能有一定区分，活力不足
功能分散提升活力
各个功能混合
各个功能混合后，活力迸发
功能相对孤立
分散不同功能
不同功能在边界处混合
居住功能活力增强
原有不同类型的功能
功能类型单一
依托功能类型丰富
保护
保护
激活
复兴
标识
标识

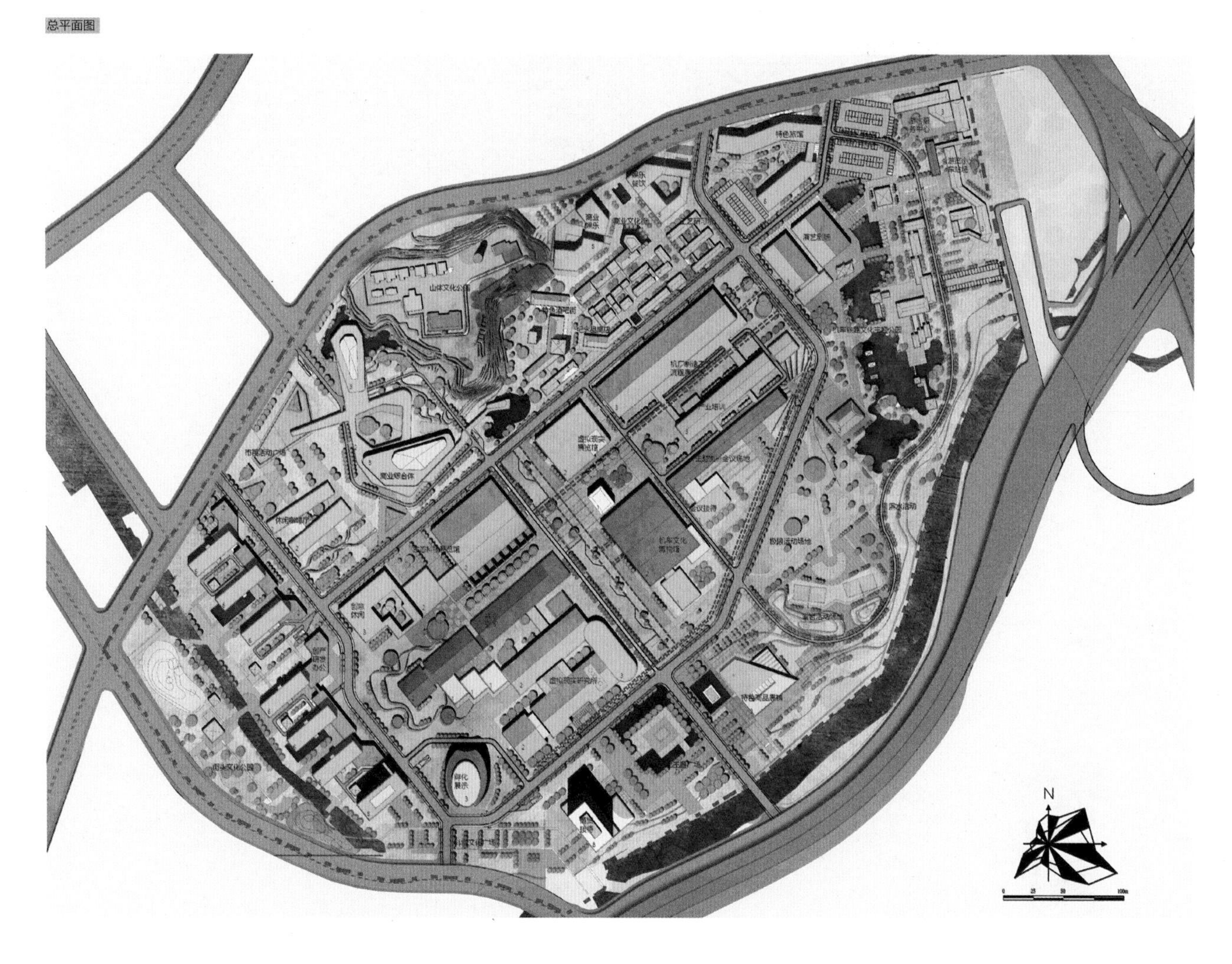
总平面图
山体文化公园
特色宿馆
车间体验
休闲商业
机车文化博物馆
机车文化3
创意工作坊
N

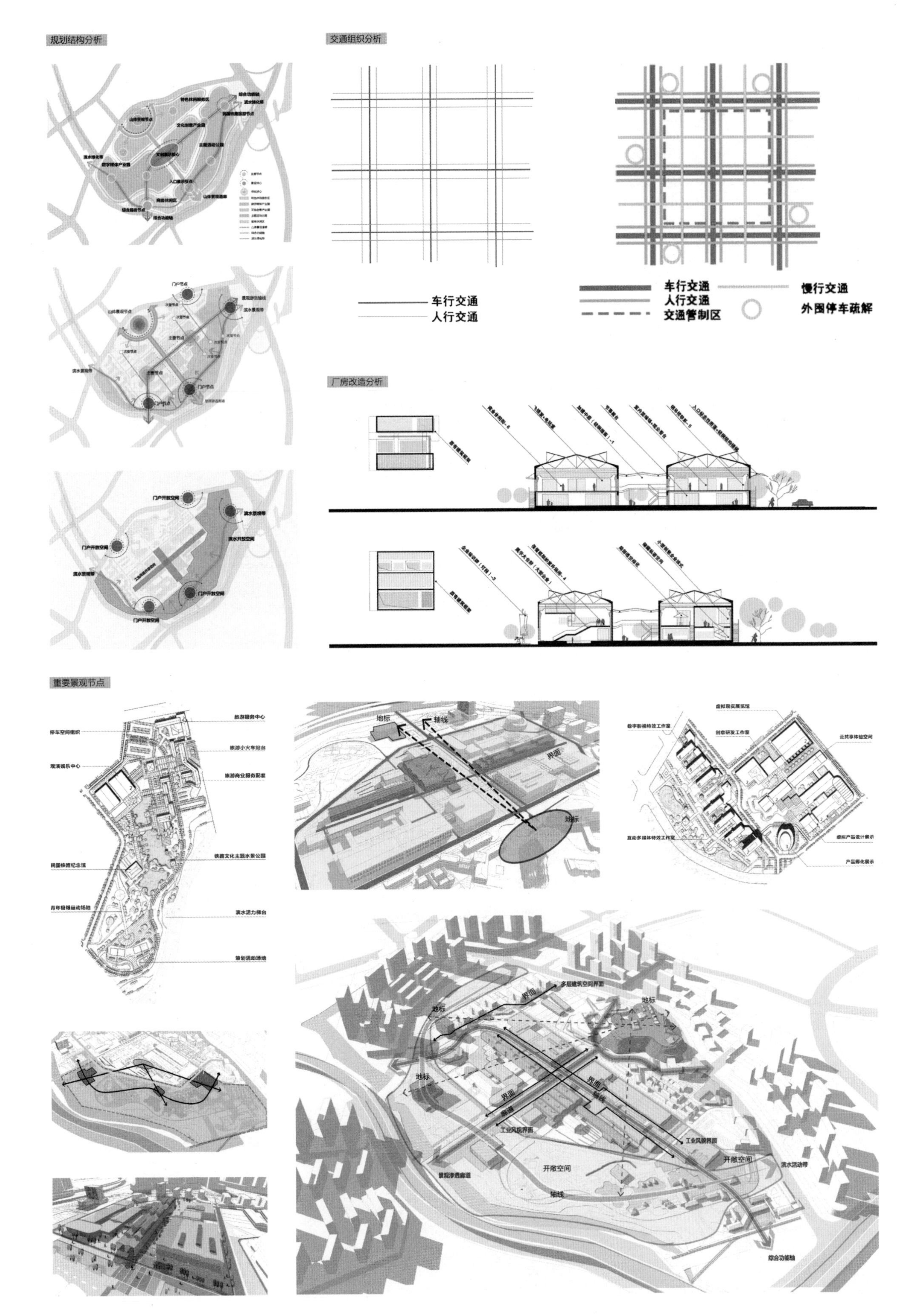
规划结构分析
交通组织分析
车行交通
人行交通
车行交通
人行交通
交通管制区
慢行交通
外围停车疏解
厂房改造分析
重要景观节点
地标
轴线
界面
开敞空间
综合功能轴
滨水活动带
景观渗透廊道
工业风貌界面
多层建筑空间界面

# 杭州市梦想小镇核心区城市设计

Author
2011级
李　硕
吕昕霖

Advisor
赵　健

Site
浙江省杭州市

本次毕业设计选取的题目是：杭州市梦想小镇核心区城市设计。梦想小镇位于杭州市余杭区一未来科技城的核心地带，集互联网和基金产业于一身，打造功能完备、绿色生态、环境宜人的创业天堂，以成为现代青年人追求梦想、放飞希望、实现自我的圆梦之地。

梦想小镇的设计以传统文化中“人与人、人与自然”的和谐发展为设计理念，尊重自然美、侧重现代美、注重个性美、构建整体美，结合现有场地中的河流水系，打造具有江南风格的生态创业园；将城市的节奏感与山水间绵延幽静之感艺术地融合在一起，让朝气蓬勃的年轻创业者用灿烂的笑脸与旺盛的生命力浇灌出最美丽的事业之梦。

因此，梦想小镇是个幸福快乐的小镇：创业者从喧闹的城市突围，生活在鸟语花香中，身体与土地紧密联系，自由自在地读书、喝茶、采花摘菜；食在当地，食在当季，在尽情的、悠然的平和生活的状态下演绎着情爱之梦、事业之梦；梦想小镇同时也是个拥有浓浓乡愁的小镇，维护原有古街布局，保留文化多样性，对中国千年农耕文化的解读，充分挖掘中华传统的精髓；清新温润，独树一帜，孕育出浓墨重彩的水乡梦；梦想小镇是个放飞梦想的小镇，千万个梦想与奋斗汇聚到一起，不同的思想在这里碰撞出创新和创意的火花，推动着中国的崛起与腾飞，讴歌着新时代的中国精神。

SWOT 分析

优势 Strength

1. 临近杭州西站
2. 人文底蕴浓郁:有章太炎文化、运河文化等的文化资源支持
3. 人才储备丰富:周边大学众多，包括浙江大学、杭师大等
4. 绿地水系等丰富的生态资源
5. 基地平坦、适于建设

劣势 Weakness

1. 发展基础薄弱：由于先前为农村，因此内部的基础设施相当薄弱
2. 与主城区的空间距离大
3. 基础设施滞后
4. 周边工业企业影响：地块西侧为水泥厂等工业厂房，泥沙等对于地块影响较大

机遇 Opportunity

1. 杭州未来科技城：位于杭州未来科技城，发展潜力巨大
2. 创业氛围浓郁：周边即为杭师大，又有已建成的梦想小镇，创业氛围浓郁
3. 高铁站周边发展联动
4. 城西综合交通枢纽，轨道交通、BRT开发

威胁 Threat

1. 现状水系的合理利用：现内部水网破坏严重，如何保护水土是个挑战
2. 铁路的切割影响
3. 高铁西站的交通组织

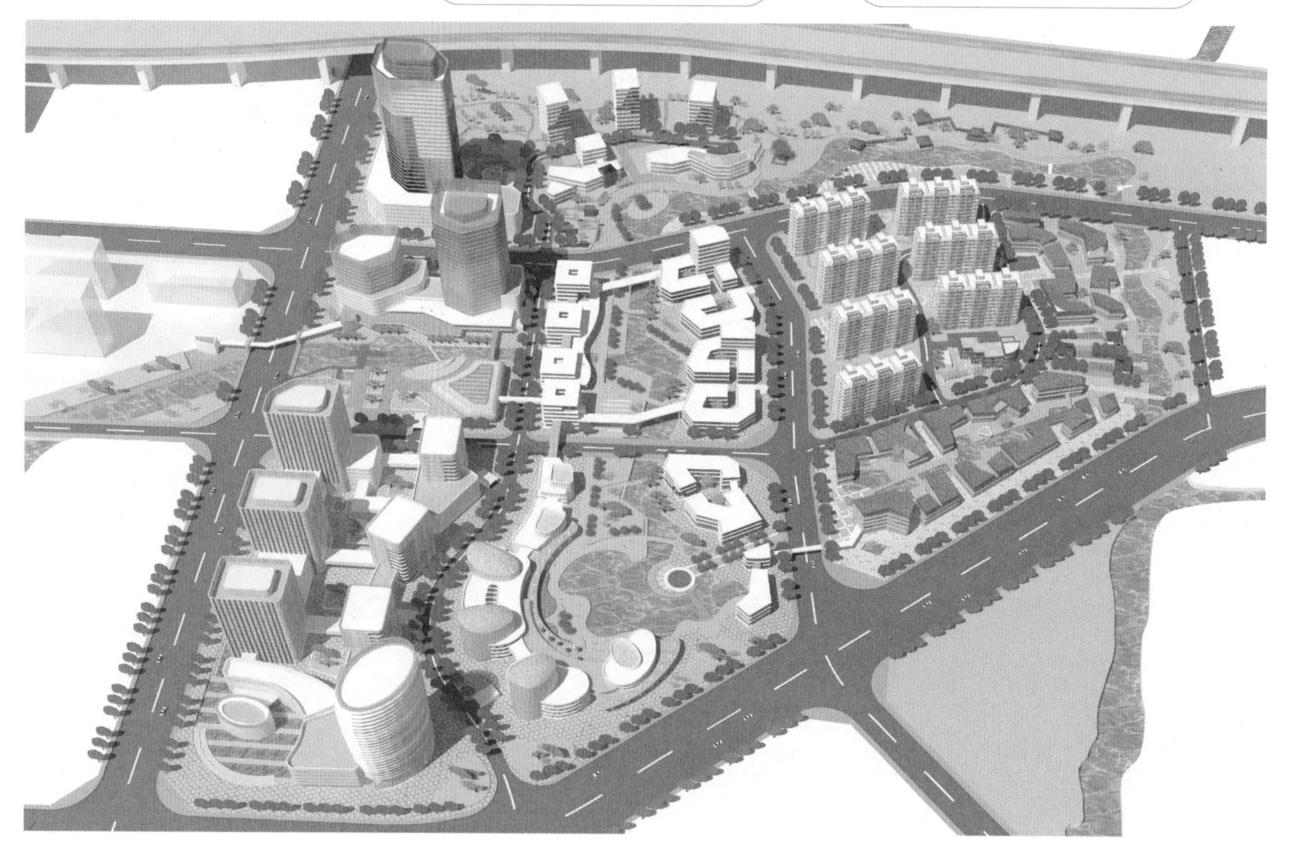

## 基地区位分析

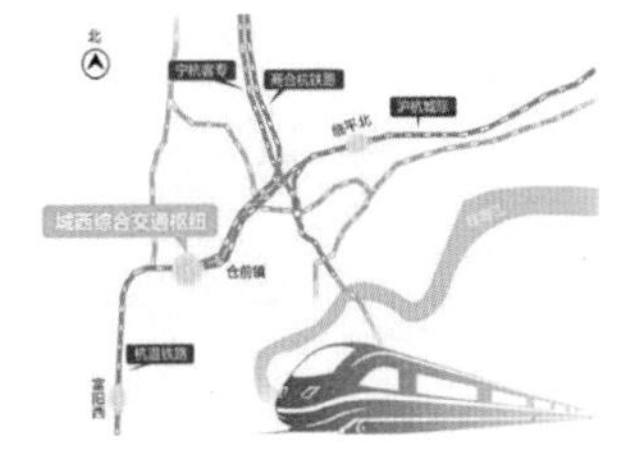

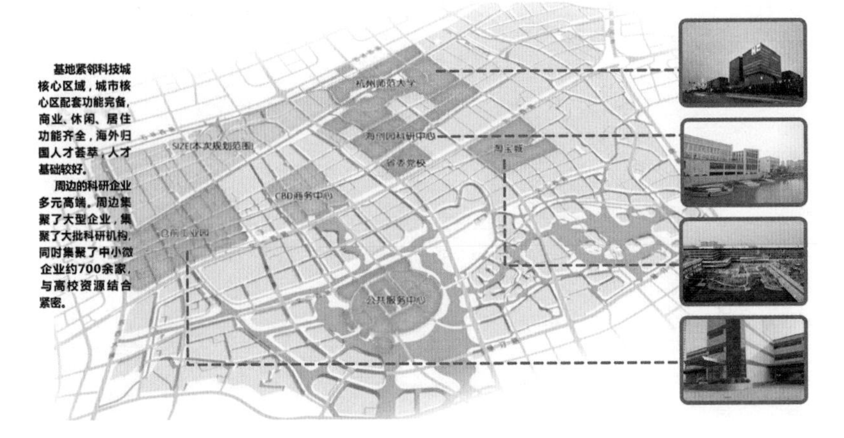


**基地紧邻科技城核心区域，城市核心区配套功能完备，商业、休闲、居住功能齐全，海外归国人才荟萃，人才基础较好。**

**周边的科研企业多元高端。周边集聚了大型企业，集聚了大批科研机构，同时集聚了中小微企业约700余家，与高校资源结合紧密。**

## 轨道交通与河流水系现状

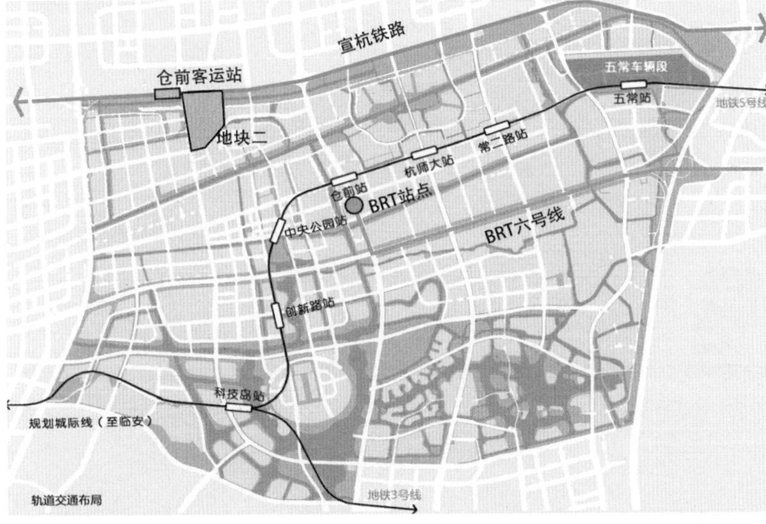

## 现状场地分析

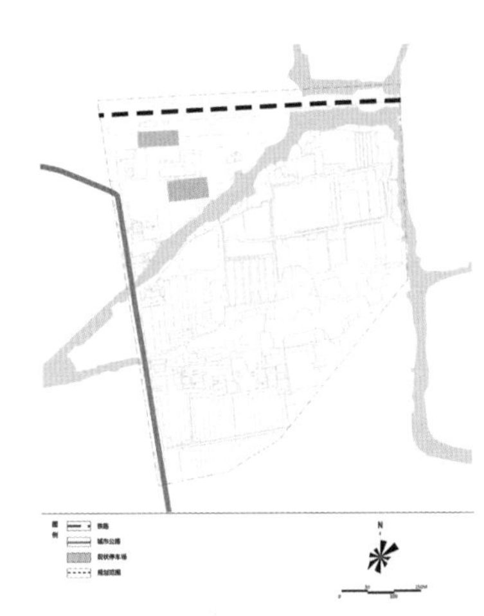

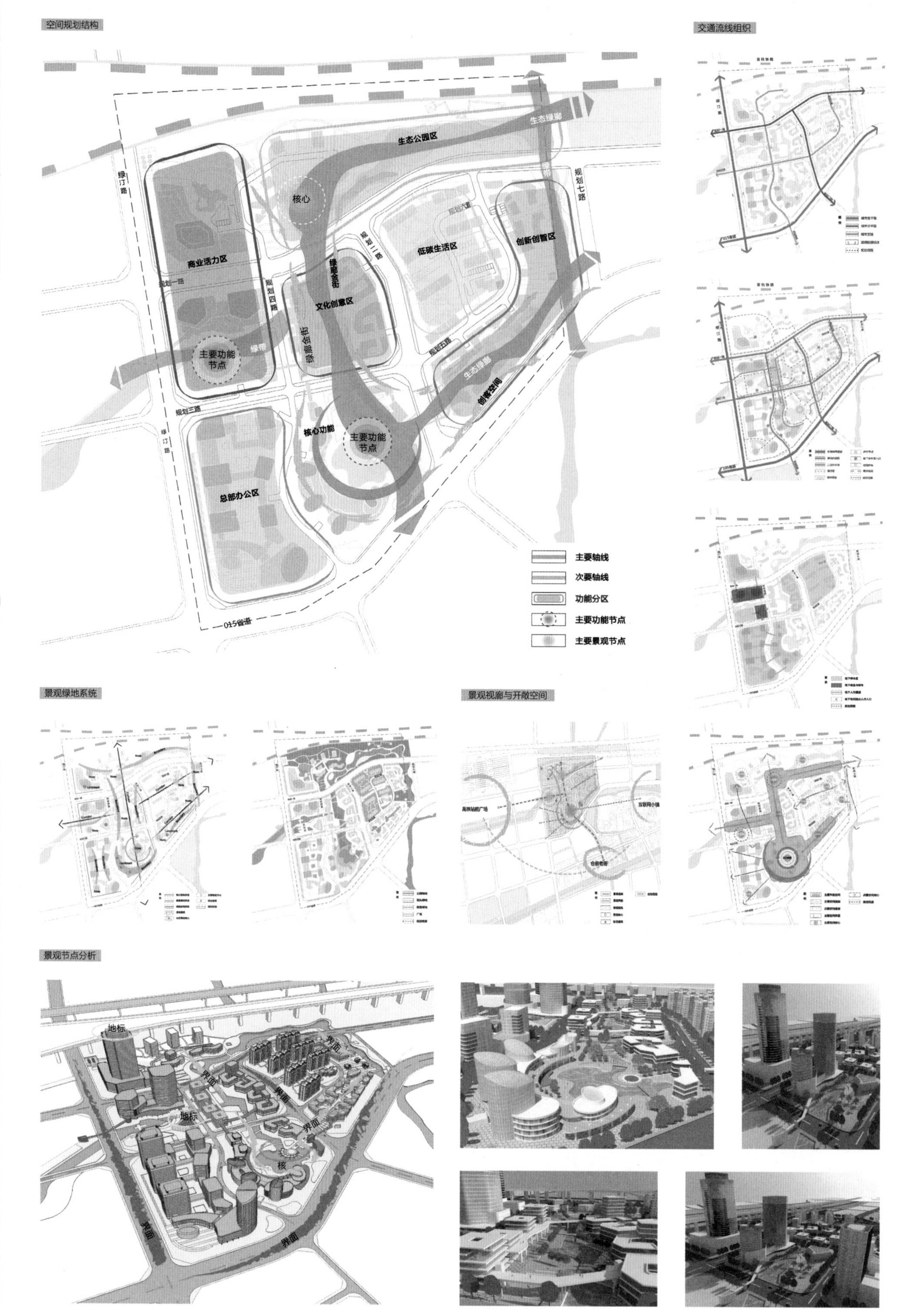

空间规划结构
交通流线组织
生态公园区
生态绿廊
核心
绿汀路
规划七路
商业活力区
低碳生活区
创新创智区
文化创意区
绿廊金街
规划一路
规划四路
规划三路
主要功能节点
绿带
核心功能
总部办公区
创智空间
015省道
主要轴线
次要轴线
功能分区
主要功能节点
主要景观节点
景观绿地系统
景观视廊与开敞空间
高铁站前广场
景观节点分析
地标
界面
核

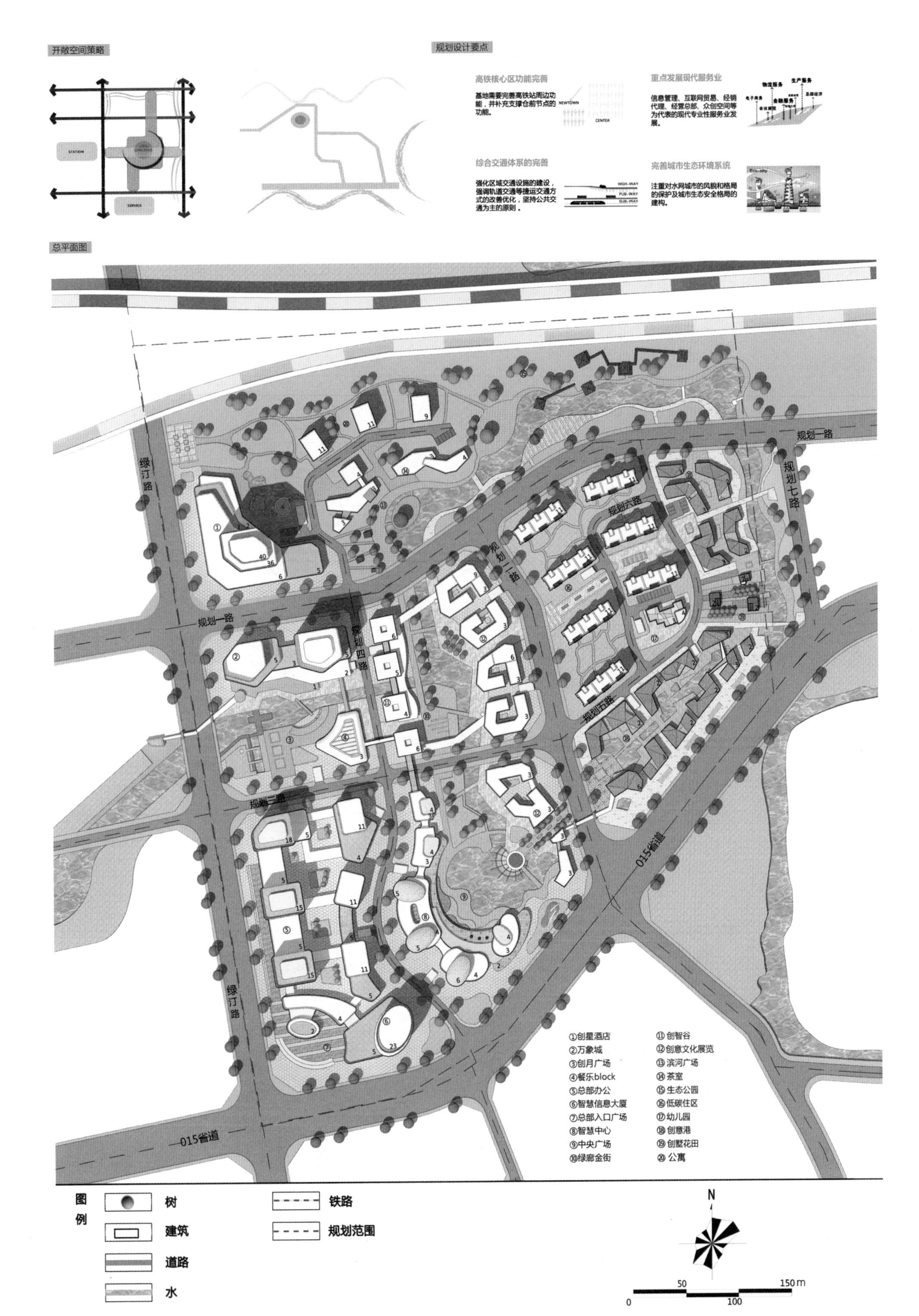
开敞空间策略
规划设计要点
高铁核心区功能完善
基地需要完善高铁站周边功能，并补充支撑台前节点的功能。
重点发展现代服务业
信息管理、互联网贸易、经销代理、经营总部、众创空间等为代表的现代专业性服务业发展。
综合交通体系的完善
强化区域交通设施的建设，强调轨道交通等捷运交通方式的改善优化，坚持公共交通为主的原则。
完善城市生态环境系统
注重对水网城市的风貌和格局的保护及城市生态安全格局的建构。
总平面图
规划一路
规划七路
绿汀路
规划六路
规划二路
规划四路
规划五路
规划三路
015省道
①创星酒店
②万象城
③创月广场
④餐乐block
⑤总部办公
⑥智慧信息大厦
⑦总部入口广场
⑧智慧中心
⑨中央广场
⑩绿廊金街
⑪创智谷
⑫创意文化展览
⑬滨河广场
⑭茶室
⑮生态公园
⑯低碳住区
⑰幼儿园
⑱创意港
⑲创墅花田
⑳公寓
图例
树
建筑
道路
水
铁路
规划范围
N
0
50
100
150 m

# 济南市商埠区中山公园街区城市更新

Author
2011级
李旗胜

Advisor
齐慧峰

Site
山东省济南市

本次毕业设计选题为济南市商埠区中山公园街区城市更新。选址位于济南市商埠地区，中华人民共和国成立之前，济南市城区主要集中在古城区和商埠区。基地与基地周边的区域，属于济南商埠区核心片区，经过历史变迁，片区城市规划逐渐落后，环境恶劣，交通混乱，配套设施不足等，与此同时，该片区毗邻济南火车站，周边公交系统发达，交通可达性好，是济南对外门户入口，在空间位置上的优势十分明显。

本次设计根据基地固有的地域特征及文化特点，突出“走街串巷”的设计理念，即注重保护商埠地区街巷空间及街巷空间所营造的生活氛围，同时，街巷空间对于外来人员能有引入和带动地区活力的效果，作为济南对外门户地区，设计中提升改造片区商业总量及质量，拆除大部分居住建筑；进行重新规划，为居民提供更良好的居住环境。

现状存在问题

建筑方面：
基地内质量普遍较差，现有大量废弃的低矮平房及陈旧的居住建筑，无法满足使用及防火要求。同时，基地内存在大量新建建筑，与商埠区原有建筑风格、环境及高度等方面形成极大冲突。

交通方面：
公交线路集中，人车流线混杂，道路交通压力大，停车资源基本依靠道路两侧停车空间，基地内没有公共停车场，停车资源非常缺乏。

商业方面：
基地内现状商业低端且零散，业态发展情况不健康；部分街道商业氛围，但沿街摆摊既影响车辆、人流通行，也影响环境卫生。

绿地景观方面：
城市景观受到老城商埠景观及现代城市景观混合影响，整体景观破碎，缺乏有效整理，住区内部的绿地空间受到停车空间的冲击挤压，基本消失。基地内缺乏城市绿地资源，中山公园是基地内部唯一的公共绿地，且景观空间封闭，辨识性差。

历史文化方面：
基地内现存大量省市级历史文化保护建筑，以及具有历史底蕴的历史街区，但现状各类文化资源未得到有效整理及开发。

公共服务设施方面：
基地内现配有的各类公共服务设施，虽然齐全，但建筑质量普遍较差，使用率较低，且基地内住民及周边居民使用情况不佳，资源未得到有效开发。

建筑方面：
对低矮平房及居住建筑进行渐进式的拆除重建，统一规划成满足日照要求、防火、限高等规划规范要求的现代集合式多层住宅。

交通方面：
通过梳理道路与街巷关系，渠化人车流线，从根本角度上做到“车行车道，人走街巷”的交通优化理念。

商业方面：
优化现有的商业业态形式，将现有零售、娱乐、保健等商业资源集合，同时，发挥商埠历史文化资源，结合街巷空间环境，形成以街巷为脉络的商业体系。

绿地景观方面：
在各个规划节点的位置设计以公共开敞空间与现代城市景观相结合的空间形式，补充基地内严重缺乏的景观资源；住区通过重新规划设计，保证住区内有充足的户外活动空间，满足住区居民生活所需；中山公园通过扩建、改造等方式，营造完全开敞式的景观空间

历史文化方面：
通过仿建商埠区传统建筑，结合现有历史保护建筑，通过建筑风格及样式营造商埠区历史文化物质空间；同时，将商业系统开发及文化资源开发相结合，打造济南门户地区的文化创意商业。

公共服务设施方面：
希望通过上位规划的改善，从更高层面中、更宏观角度来调整公共服务设施布局，使其形成行之有效的规划结构布局。

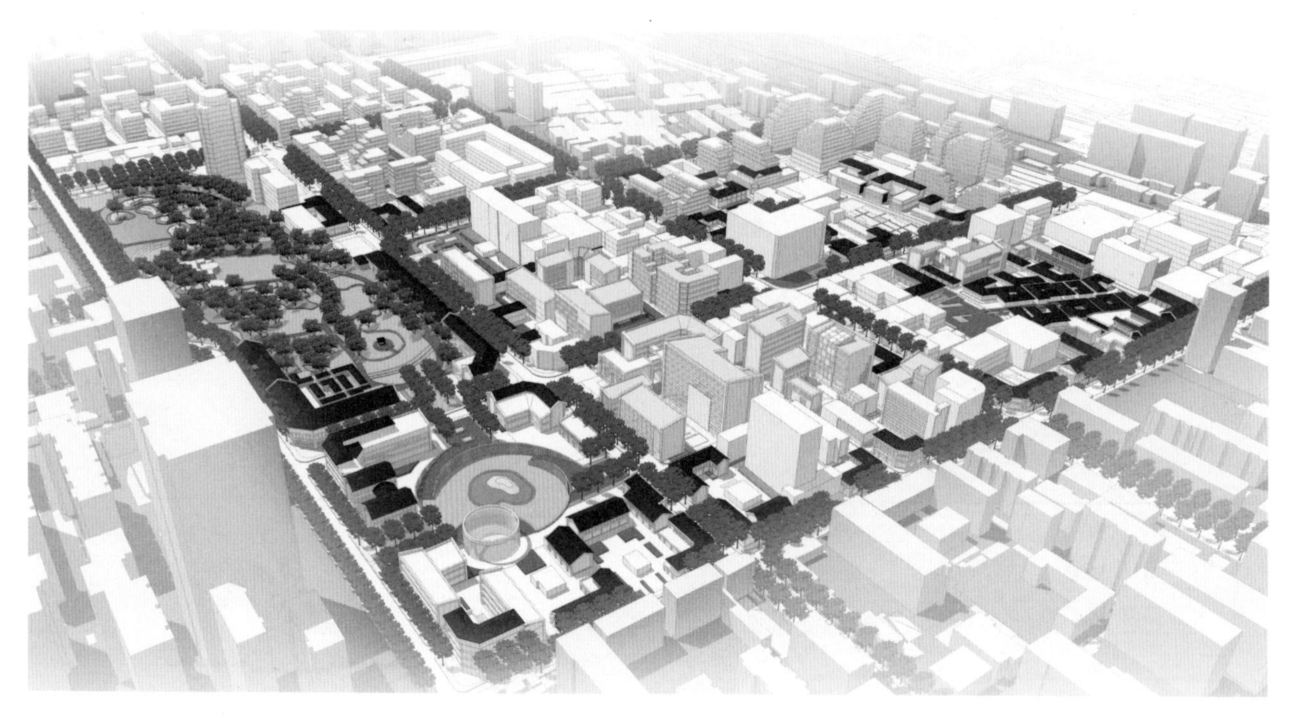

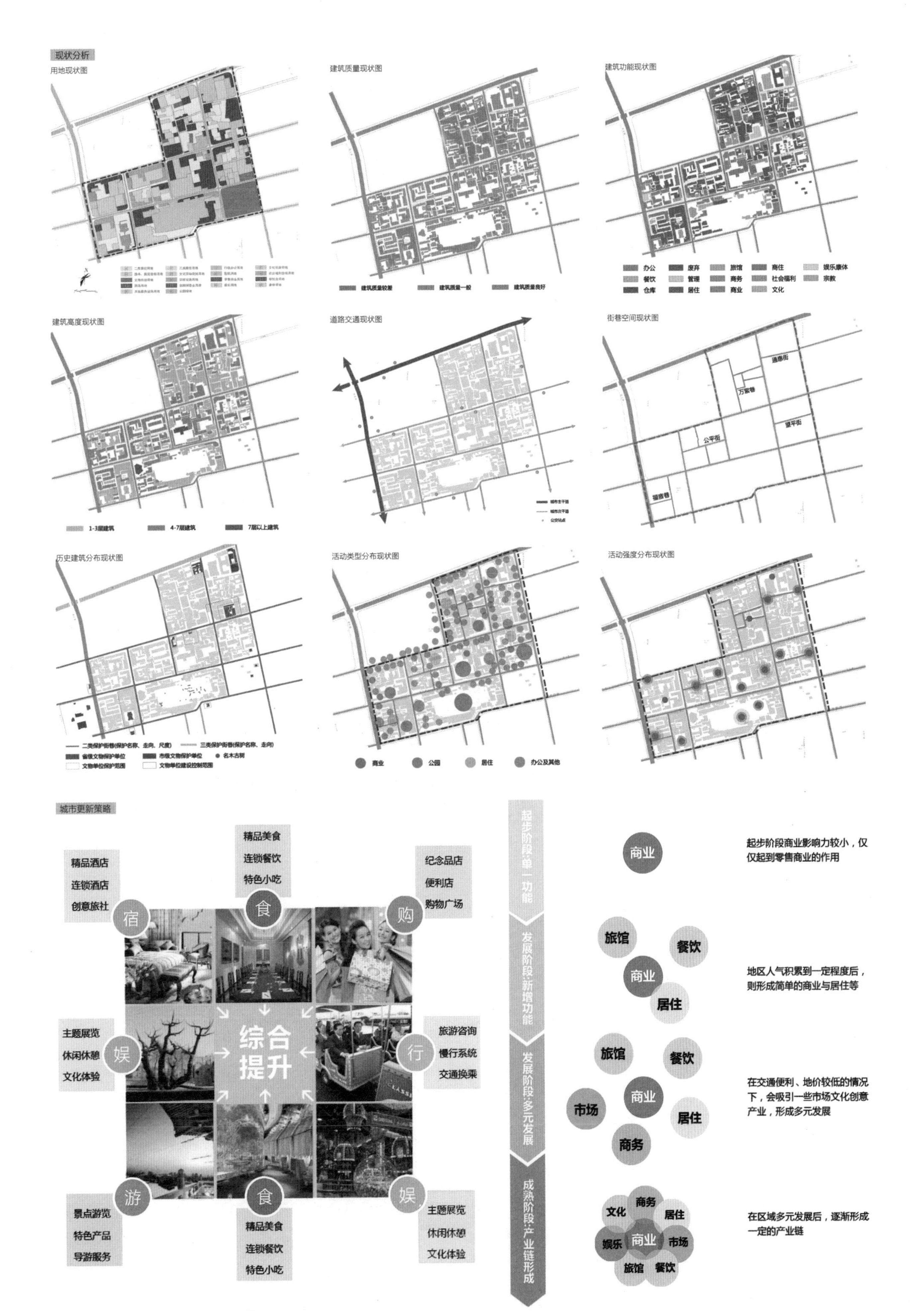

现状分析
用地现状图
建筑质量现状图
建筑质量较差
建筑质量一般
建筑质量良好
建筑功能现状图
办公
废弃
旅馆
商住
娱乐康体
餐饮
管理
商务
社会福利
宗教
仓库
居住
商业
文化
建筑高度现状图
1-3层建筑
4-7层建筑
7层以上建筑
道路交通现状图
街巷空间现状图
通惠街
万家巷
望平街
公平街
福寿巷
历史建筑分布现状图
活动类型分布现状图
商业
公园
居住
办公及其他
活动强度分布现状图
城市更新策略
精品酒店
连锁酒店
创意旅社
宿
精品美食
连锁餐饮
特色小吃
食
纪念品店
便利店
购物广场
购
主题展览
休闲休憩
文化体验
娱
综合提升
旅游咨询
慢行系统
交通换乘
行
游
景点游览
特色产品
导游服务
食
精品美食
连锁餐饮
特色小吃
娱
主题展览
休闲休憩
文化体验
起步阶段·单一功能
发展阶段·新增功能
发展阶段·多元发展
成熟阶段·产业链形成
商业
起步阶段商业影响力较小，仅仅起到零售商业的作用
旅馆
餐饮
商业
居住
地区人气积累到一定程度后，则形成简单的商业与居住等
旅馆
餐饮
市场
商业
居住
商务
在交通便利、地价较低的情况下，会吸引一些市场文化创意产业，形成多元发展
商务
文化
居住
娱乐
商业
市场
旅馆
餐饮
在区域多元发展后，逐渐形成一定的产业链

## 多元产业链

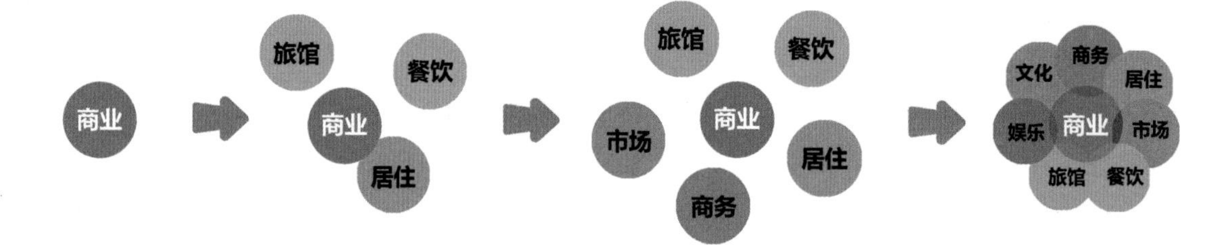

## 更新引导

规划结构分析图

## 现状活动分析

（1）6:00　活动强度普遍较低，主要为早起上班、上学的人群及买菜、买早餐的上班族及晨练的老年人，中山公园附近活动较为集中，强度也相对较高。

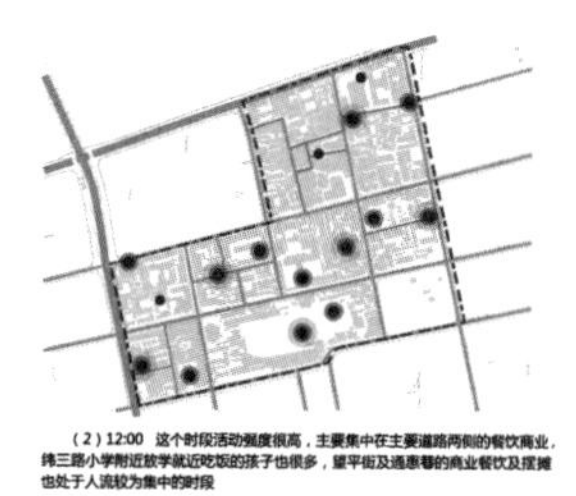

（2）12:00　这个时段活动强度很高，主要集中在主要道路两侧的餐饮商业，纬三路小学附近放学就近吃饭的孩子也很多，望平街及通惠巷的商业餐饮及摆摊也处于人流较为集中的时段

（3）18:00　同中午相比较，活动强度仍处于较高水平，当地居民下班回家，就餐，买菜、餐后散步等活动逐步展开。

规划功能分区图

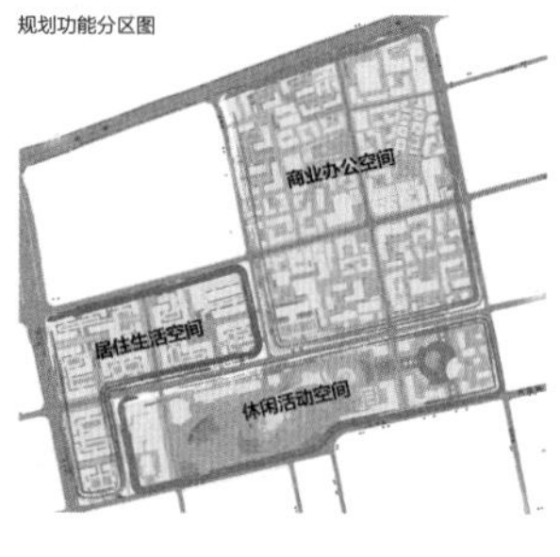


## 活动流线分析

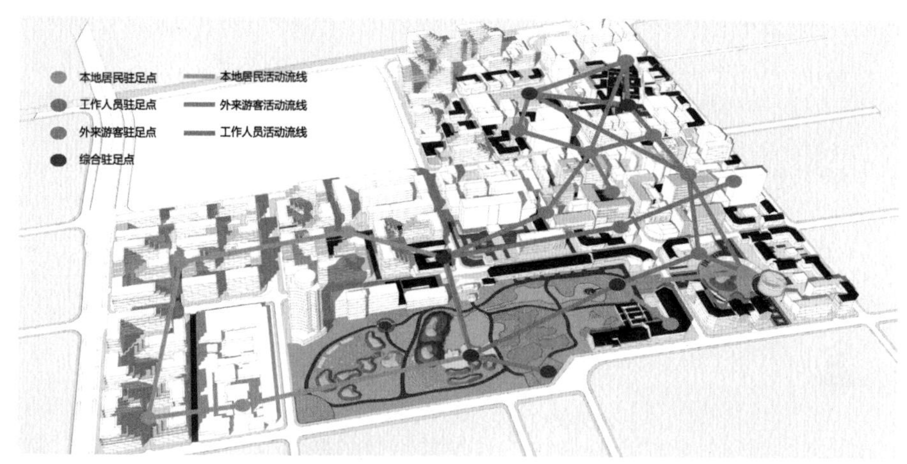


街巷规划分析图

## 人群活动分析

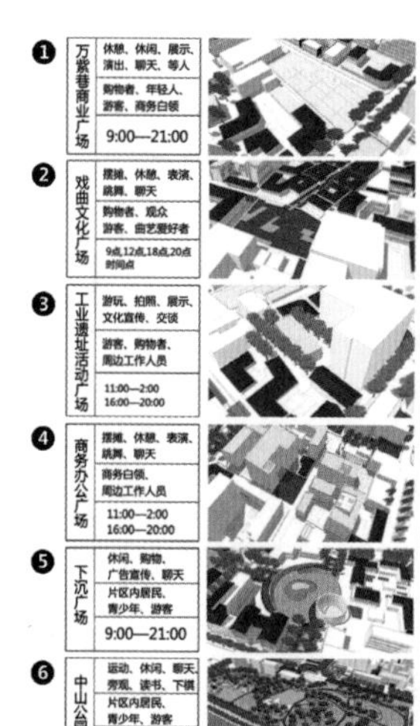

| | | | |
|---|---|---|---|
| 1 | 万紫巷商业广场 | 休憩、休闲、展示、演出、聊天、等人 | |
| | | 购物者、年轻人、游客、商务白领 | |
| | | 9:00—21:00 | |
| 2 | 戏曲文化广场 | 摆摊、休憩、表演、跳舞、聊天 | |
| | | 购物者、观众、游客、曲艺爱好者 | |
| | | 9点,12点,18点,20点时间点 | |
| 3 | 工业遗址活动广场 | 游玩、拍照、展示、文化宣传、交谈 | |
| | | 游客、购物者、周边工作人员 | |
| | | 11:00—2:00<br>16:00—20:00 | |
| 4 | 商务办公广场 | 摆摊、休憩、表演、跳舞、聊天 | |
| | | 商务白领、周边工作人员 | |
| | | 11:00—2:00<br>16:00—20:00 | |
| 5 | 下沉广场 | 休闲、购物、广告宣传、聊天 | |
| | | 片区内居民、青少年、游客 | |
| | | 9:00—21:00 | |
| 6 | 中山公园 | 运动、休闲、聊天、旁观、读书、下棋 | |
| | | 片区内居民、青少年、游客 | |
| | | 9:00—21:00 | |
| 7 | 生活广场 | 休闲、休憩、聊天 | |
| | | 片区内居民 | |
| | | 全天候开放 | |

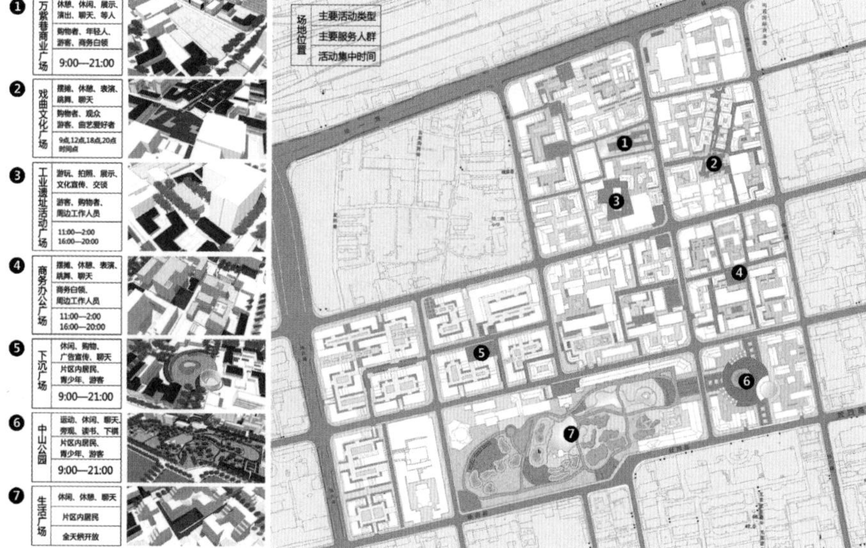


建筑拆建示意图

绿地系统规划图

更新设计引导

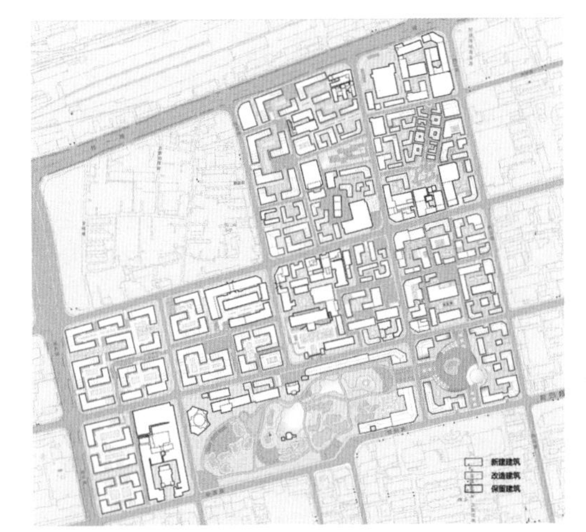

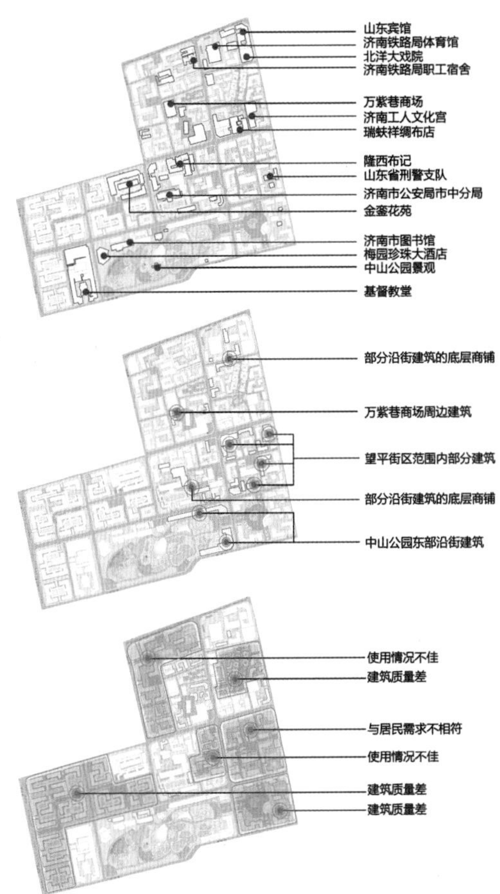
山东宾馆
济南铁路局体育馆
北洋大戏院
济南铁路局职工宿舍
万紫巷商场
济南工人文化宫
瑞蚨祥绸布店
隆西布记
山东省刑警支队
济南市公安局市中分局
金銮花苑
济南市图书馆
梅园珍珠大酒店
中山公园景观
基督教堂
部分沿街建筑的底层商铺
万紫巷商场周边建筑
望平街区范围内部分建筑
部分沿街建筑的底层商铺
中山公园东部沿街建筑
使用情况不佳
建筑质量差
与居民需求不相符
使用情况不佳
建筑质量差
建筑质量差

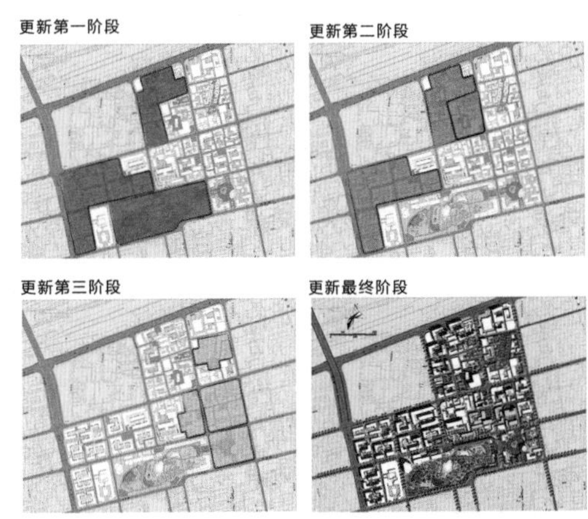
更新第一阶段
更新第二阶段
更新第三阶段
更新最终阶段

总平面图

N
0
50
100
200 m
01 山东宾馆
02 铁路局职工宿舍
03 铁路局体育馆
04 北洋大剧院
05 电视机厂
06 特色民居北入口
07 观戏平台
08 特色民居街
09 万紫巷商业广场
10 万紫巷商场
11 生活街区入口
12 工业遗产
13 眼科医院
14 戏曲广场
15 工人文化宫
16 瑞蚨祥绸布店
17 金銮花园
18 新建住区
19 生活广场
20 生活市场
21 市中分局
22 隆西布记
23 快捷连锁酒店
24 商务广场
25 新建办公楼
26 商业办公广场
27 山东刑警支队
28 泛博物馆
29 下沉广场
30 观景旋转楼梯
31 茶楼书店
32 书市
33 中山公园
34 济南市图书馆
35 梅园珍珠大酒店
36 基督教堂

URBAN AND RURAL PLANNING

# 西安北院门回坊文化区规划设计

Author
2010级
潘婷婷
罗蓝翔

Advisor
陈　朋
段文婷

Site
陕西省西安市

回坊文化区位于西安老城区内，有“七寺十三坊”之称，拥有大量的历史民居遗存。作为代表性的历史街区，其大量的非物质文化遗产、空间蕴含的独特文化内涵是城市多样文化的重要部分，也是城市打造历史文化名城的重要环节。回坊文化区周边为北院门、西羊市、化觉巷，片区形成的环形旅游线路，全长1100米，即为人们俗称的“回民街”。

回坊文化区内聚居着约3.2万回族人民，它以浓郁的牙影沂林文化和民族氛围，为古城构筑了一道特异的风景线。街区内南有鼓楼，北有牌坊，西有清真大寺、各规模清真寺、古宅大院、保护民居及店铺，是西安独具古城风貌的历史文化旅游区，也是西安市的传统商业中心区之一，经营内容以餐饮、旅游、手工、零售业为主，消费层次偏向中低端。

作为西安的传统回族聚居区，片区在城市飞速的更新改造进程中也遭遇了文化困扰、商业活力下降、物质空间恶化等一系列问题。在新的历史进程中，片区急需进行集城中村改造、社区更新和历史街区保护为一体的综合规划治理。如何在兼顾老城保护、城市发展与民族和谐的需求下，改造该居住片区；如何在面对高额的开发代价时，保证居民的群体利益。

场地现状

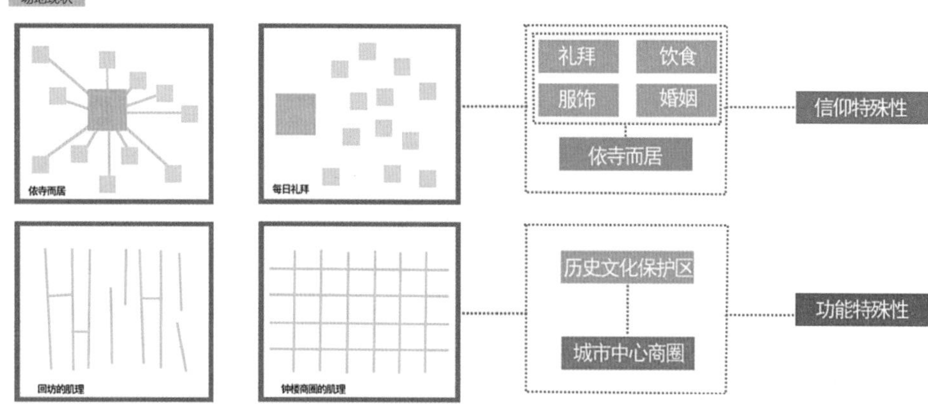

城市魅力

宗教文化

西安回坊片区拥有上千年历史，现保留的清真大寺、大皮院清真寺、高家大院等传播着浓厚的伊斯兰教思想，保留着老回坊的文化记忆。

饮食文化

具有浓厚民族特色的清真饮食，种类繁多，有强大的异质性吸引力，对现代家引饮食开发有指导性。

特色建筑

以特色建、高家大院为代表的明清中国建筑风格，以及以清真寺为代表的伊斯兰建筑风格，两者结合。

民间艺术

西安的民俗活动众多，融合当地回族民族特色，这是需收并蓄外来文化的一贯传统。

结论：历史底蕴深厚，文化古迹众多，民族气氛鲜明。

现状分析

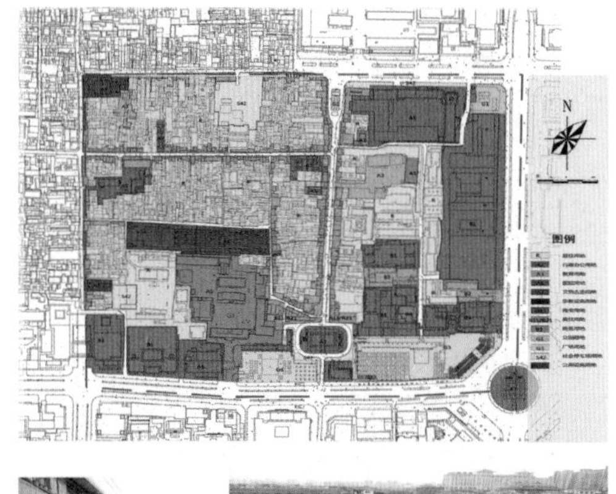

图2.3 回民街公共服务设施分布图

1 2 3 4 5 6 7

基础设施

建筑质量现状

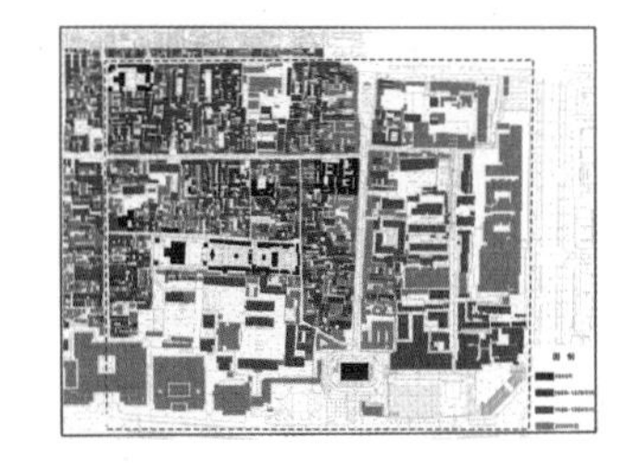

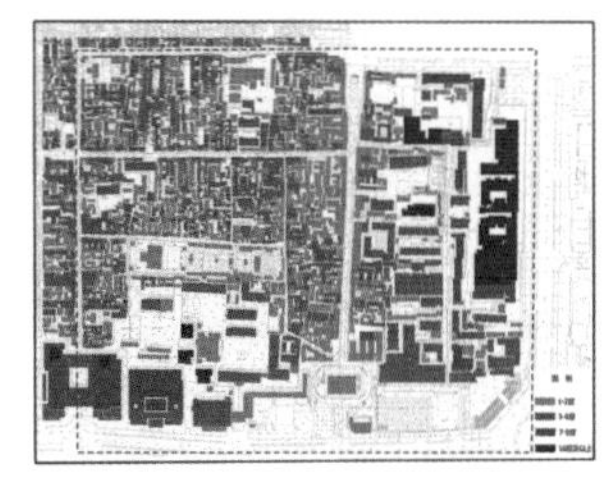

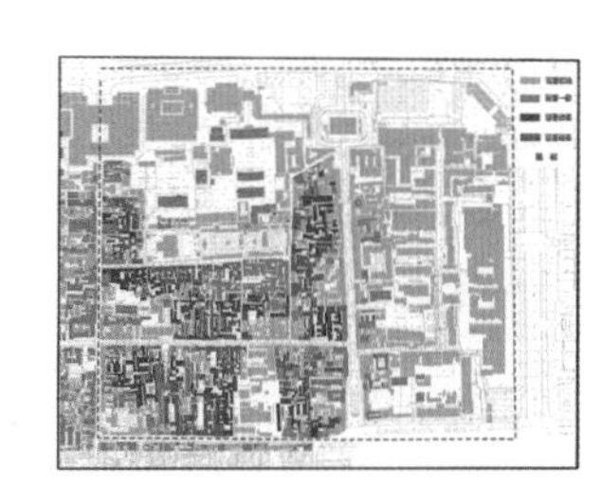

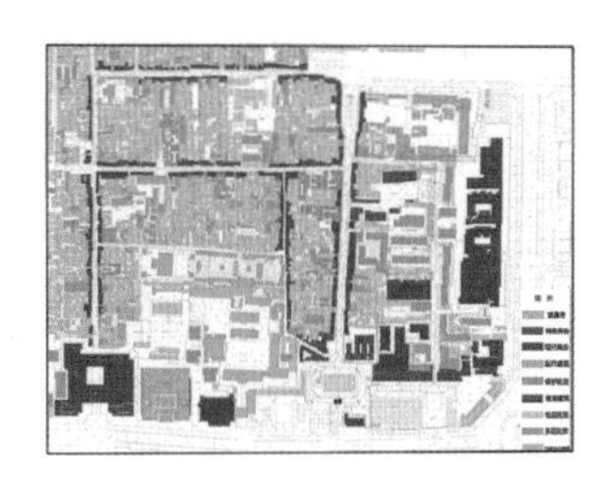

商业业态布局

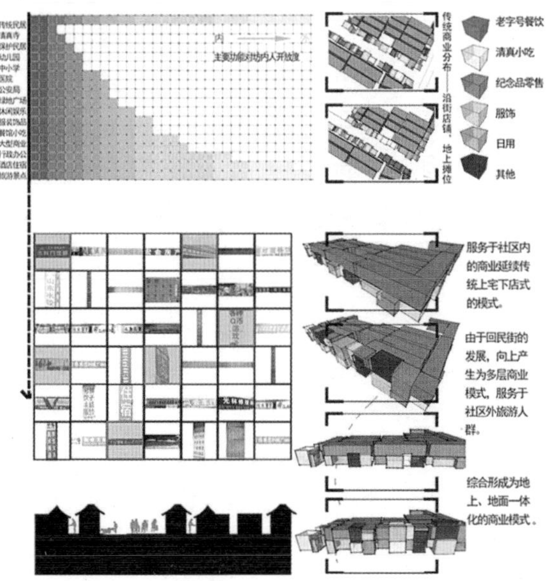

传统商业分布——沿街店铺、地上摊位

老字号餐饮

清真小吃

纪念品零售

服饰

日用

其他

服务于社区内的商业延续传统上宅下店式的模式。

由于回民街的发展，向上产生为多层商业模式，服务于社区外旅游人群。

综合形成为地上、地面一体化的商业模式。

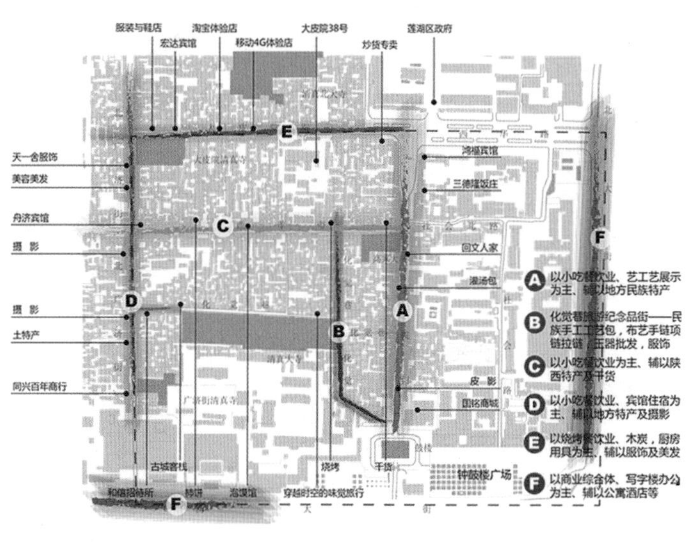



A 以小吃餐饮业、艺工艺展示为主，辅以地方民族特产

B 化觉巷旅游纪念品街——民族手工工艺包，布艺手链项链拉链，玉器批发，服饰

C 以小吃餐饮业为主，辅以陕西特产及干货

D 以小吃餐饮业、宾馆住宿为主，辅以地方特产及摄影

E 以烧烤餐饮业、木炭，厨房用具为主，辅以服饰及美发

F 以商业综合体、写字楼办公为主，辅以公寓酒店等

商住混合建筑现状

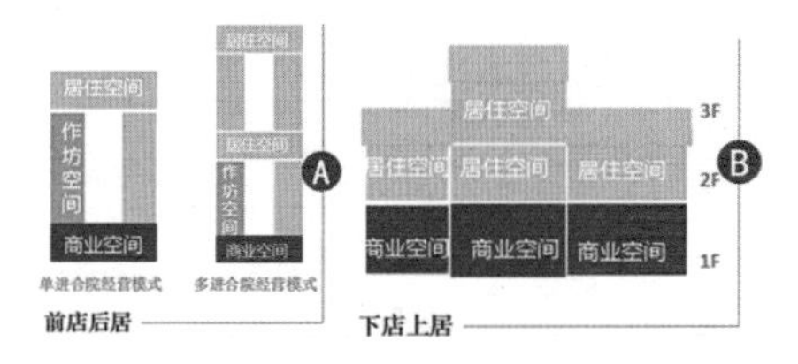



住宅院落现状

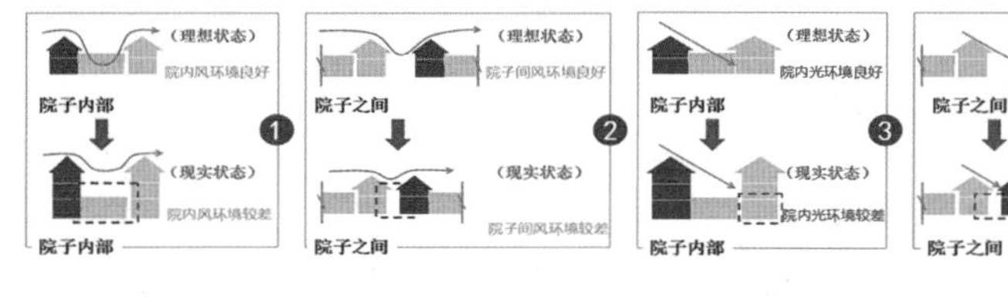

## 建设特色民族（亚文化）社区

对于回坊片区来说，不能单纯地将这个片区归纳为某种类型，应将该片区综合历史街区保护、城中村改造、亚文化群体社区更新三种方式进行回坊片区回民社区再生，目前回坊片区主要存在以下三大方面的发展问题：

1. 片区传统文化衰落；
2. 片区经济发展失衡；
3. 片区物质空间恶化。

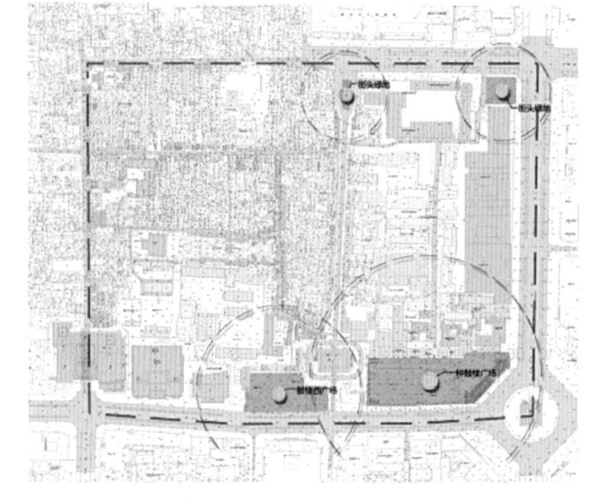

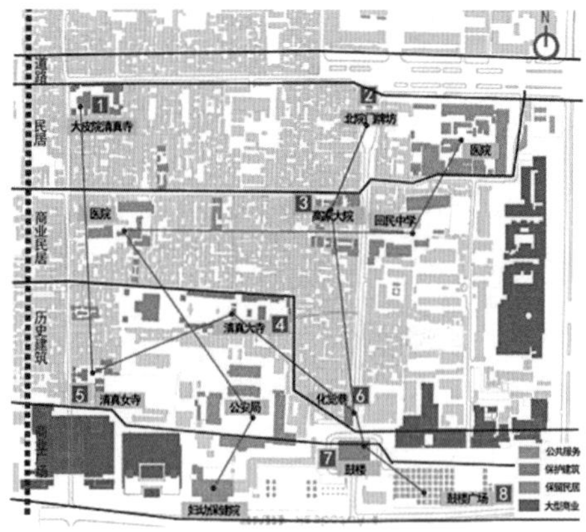


## 理念引入

亚文化回民社区处于主流社会的边缘地带，随着回汉交往程度日益加深，回坊居民经济条件改善后，最终可能是搬出回坊聚居区，融入以汉族为主的居住区。建设亚文化社区，是为了更好更健康地引导回民社区的发展。

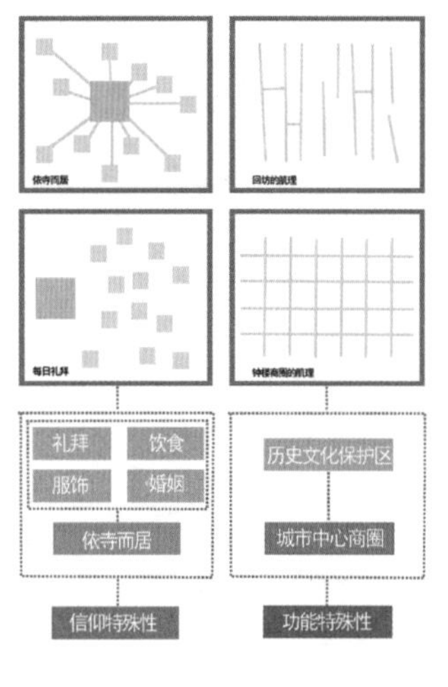


## 多核分层医院

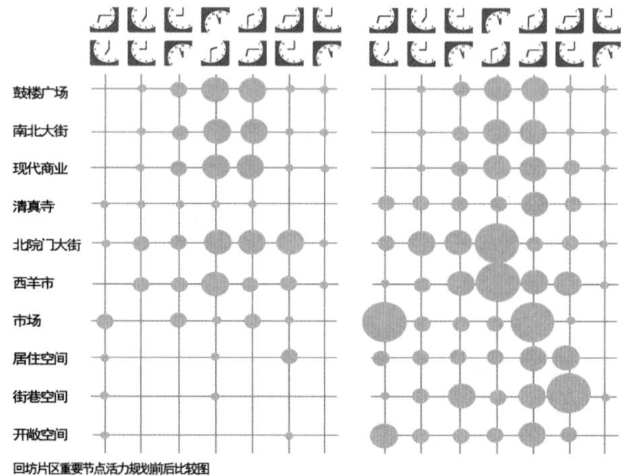


回坊片区重要节点活力规划前后比较图

## 片区规划理念

类型学思想：限定建筑形式的法则不可能脱离历史上所存在的建筑形式，这些法则将存在于原先的建筑类型之中。在建筑这个领域内，历史所呈现的过程不是那种一个阶段彻底将前一阶段推翻的过程，而是每个阶段都有所保留。

有机更新：即采用适当规模、合适尺度，依据改造内容和要求，妥善处理目前与将来的关系，不断提高规划设计质量，使每一片的发展达到相对完整性，达到有机更新的目的。

原型　分解　转换　可能性组合

类型学思想图

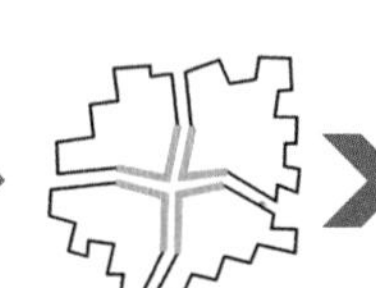

有机更新图

## 片区更新理念

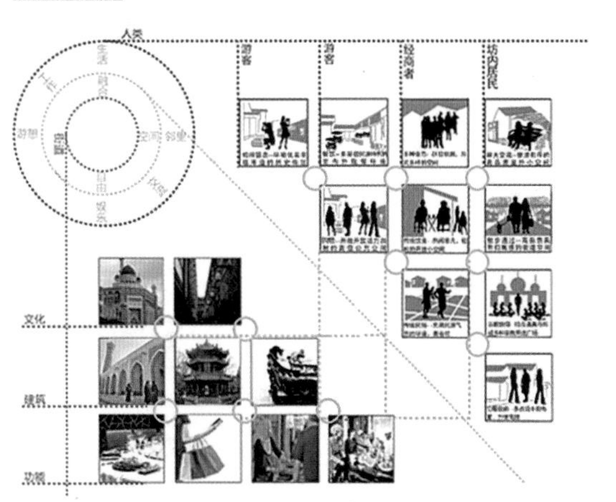


## 城市剖面

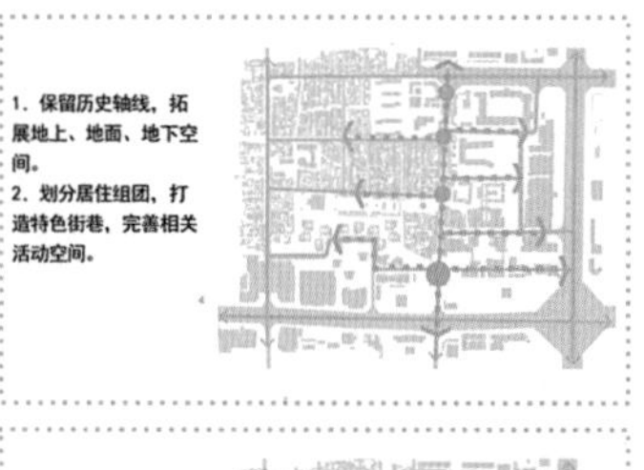

1. 保留历史轴线，拓展地上、地面、地下空间。
2. 划分居住组团，打造特色街巷，完善相关活动空间。

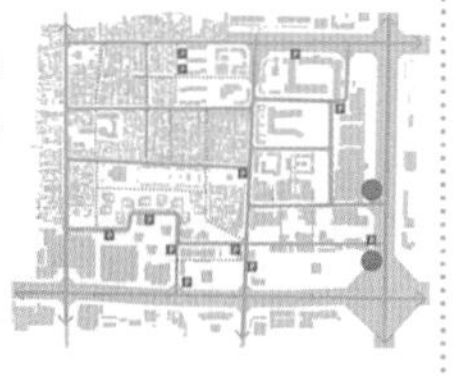

1. 完善道路结构，构建慢行交通体系。
2. 满足停车需求，利用地下空间。

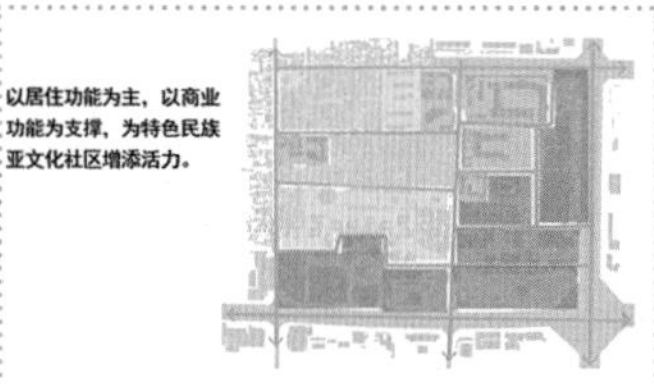

以居住功能为主，以商业功能为支撑，为特色民族亚文化社区增添活力。

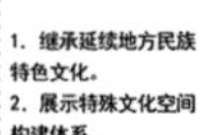

1. 继承延续地方民族特色文化。
2. 展示特殊文化空间构建体系。

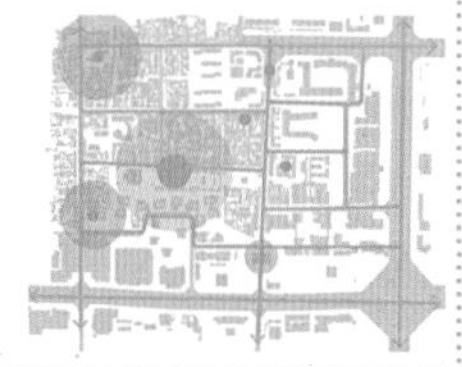

节点效果图

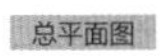


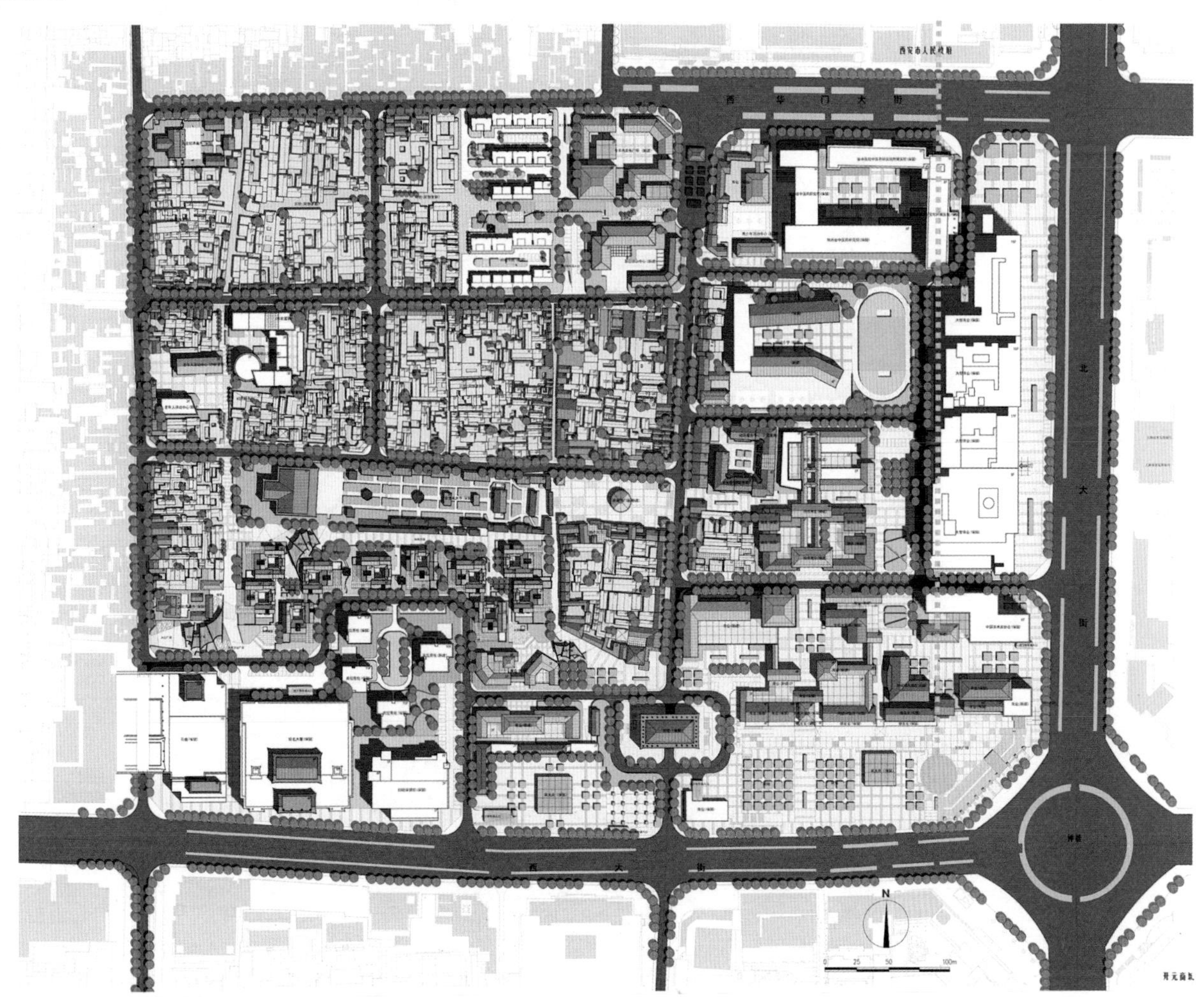

URBAN AND RURAL PLANNING

# 九州云商修建性详细规划

Author
2010级
王凌瑾

Advisor
梁启龙

Site
山东省聊城市

近几年，随着互联网的迅猛发展和中国消费经济的不断转变，传统零售业遇到了前所未有的挑战。逐渐出现了“店商 + 电商 + 零售服务商”的云商模式，借助全国布局的第三方平台，实现加盟企业和分站系统完美结合，并且借助第三方平台的巨大流量，能迅速推广带来客户。因此，云上线下交易平台已经成为正在快速普及的新型商业模式，九州云商修建性详细规划正是对基于该种商业模式的线下平台的规划设计。

随着信息时代的发展，O2O 电子商务模式逐渐成为消费新趋势。九州云商修建性详细规划旨在打造集线下交易、企业办公、云商互联研发、综合服务、综合体验、仓储物流、公寓居住为一体的新型电子商务模式导向下的多元创新性 O2O 示范园区。本设计说明书主要从项目现状概况入手，从区位、产业模式等方向分析其发展条件，制定规划目标，确定规划定位与方案理念、设计策略，进而对空间结构、功能分区进行构思，最终形成方案的用地布局。本说明书同时对方案的空间组织与景观特色、道路系统、绿地系统、各类市政工程管线、竖向、建筑形态等进行规划与分析，并对具体经济指标与用地平衡定量评析。

景观节点透视图

规划结构分析图

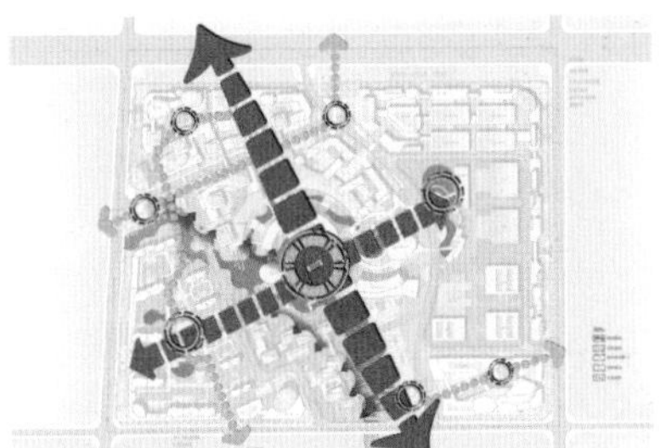

规划功能分区图

道路交通系统分析图

重点节点设计图

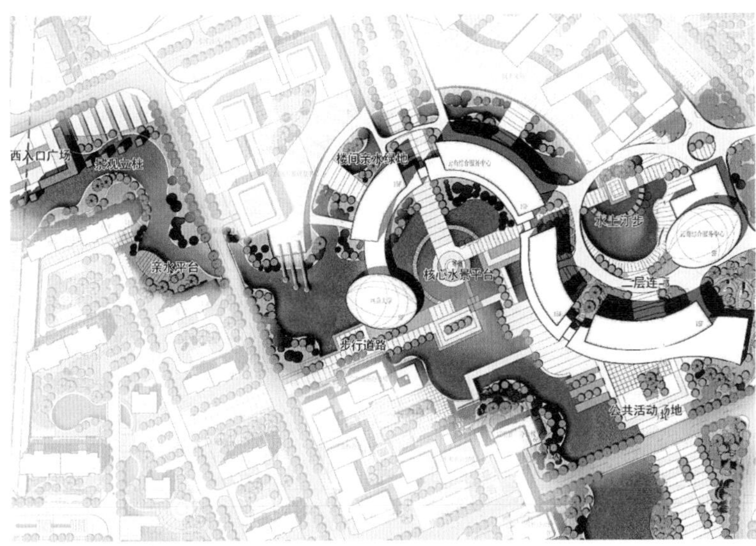


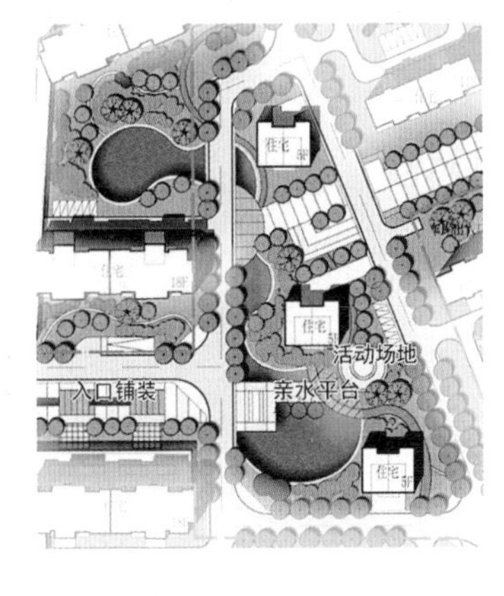


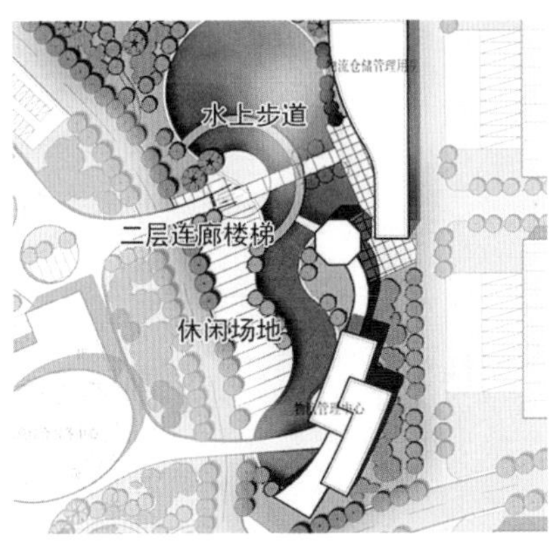


总平面图

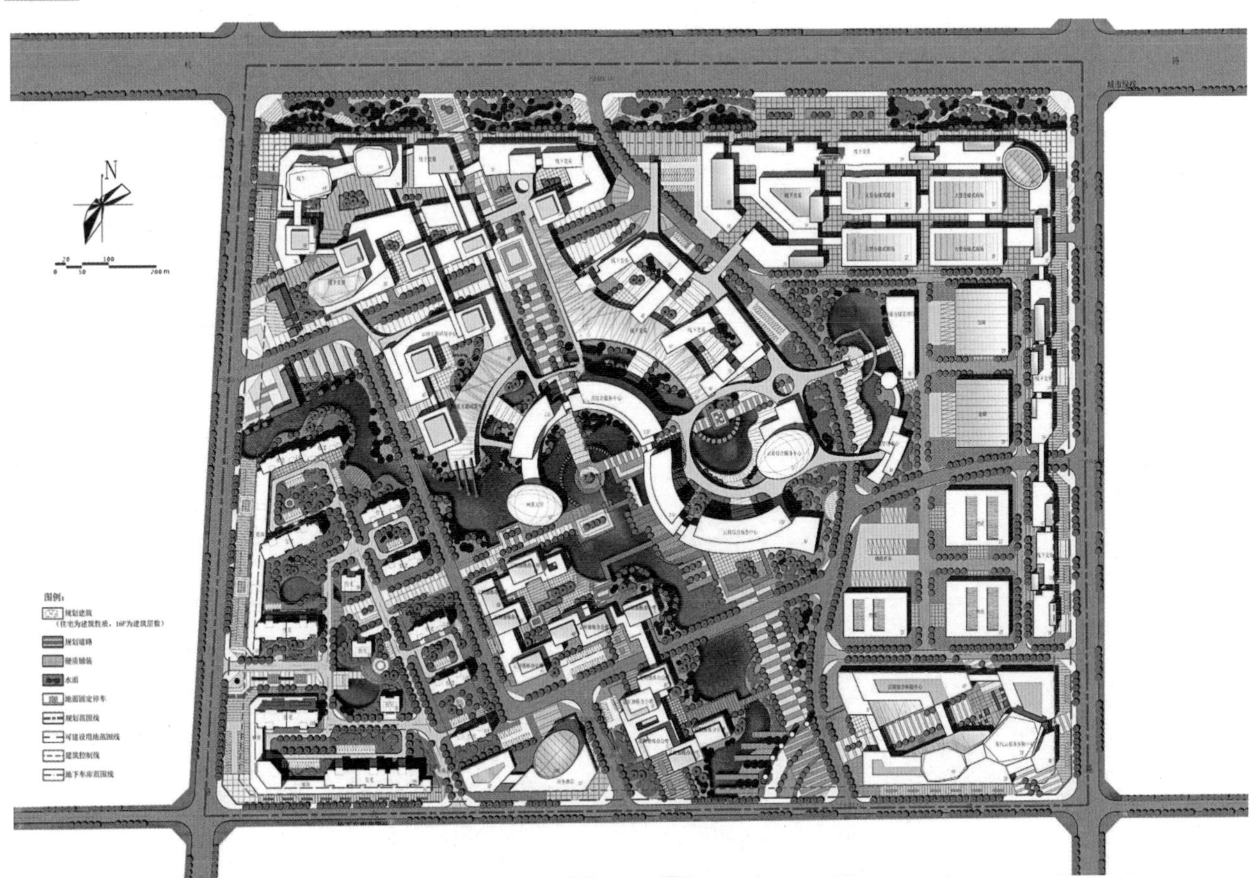

# URBAN AND RURAL PLANNING

# 沂南 · 汶河片区核心区城市设计

Author
2009级
曹　凯

Advisor
李　鹏

Site
山东省临沂市

本次毕业设计选取的题目是：沂南 · 汝河片区核心区城市设计。该片区位于沂南县界湖镇，西临汉河，是城市“西育”战略实施的中心，也是沂南县旅游服务综合中心。然而片区同其新城建设现状一样，存在大量工业用地、用地功能混杂、道路网稀疏、城市生活氛围不佳、景观单调乏味等不良特征。因而要想实现片区的发展目标，就应该对症下药。

本次毕业设计从三个阶段进行，首先对规划基地的所处位置、交通现状、建筑质量、周边环境等进行实地勘察，全方位地了解基地现状尤其是其独特的生态环境，同时再仔细地查阅解读有关该片区的上位规划，了解该地区的发展定位，为后期规划设计提供明确依据。第二阶段是概念规划，通过前期的详细分析，该阶段提出片区的发展策略，整合片区的用地资源，并对各个系统进行整体规划设计。第三阶段是核心区城市设计，在进行用地功能布局的基础上，选取 1—2 平方公里的地块进行城市设计，通过一次次的方案深入与推敲，最终形成完整细致的规划方案。

在上述三个阶段完成之后，规划设计的方案将是引导片区发展成一个用地功能混合、绿色交通优先、空间尺度宜人、环境丰富生动的生态旅游新城。

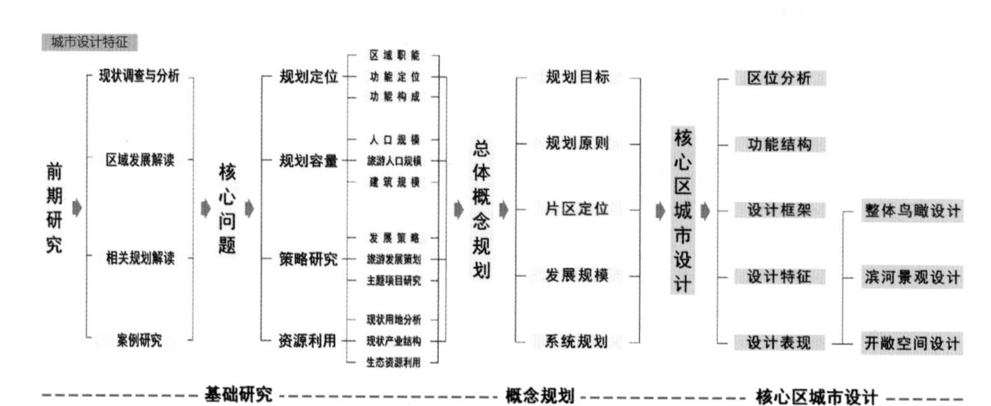

## 现状分析

用地分布现状图

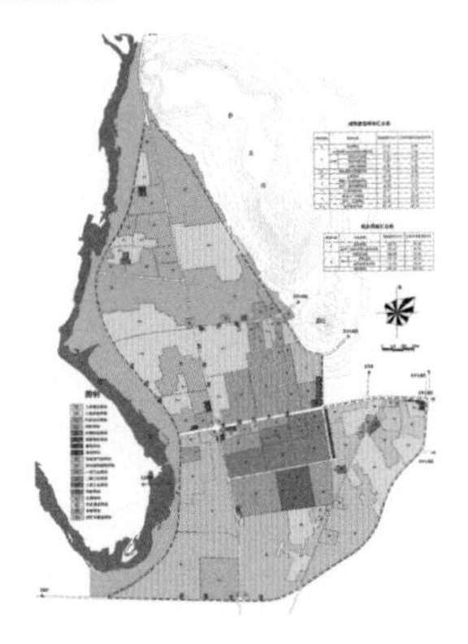

道路交通现状图

建筑质量现状图

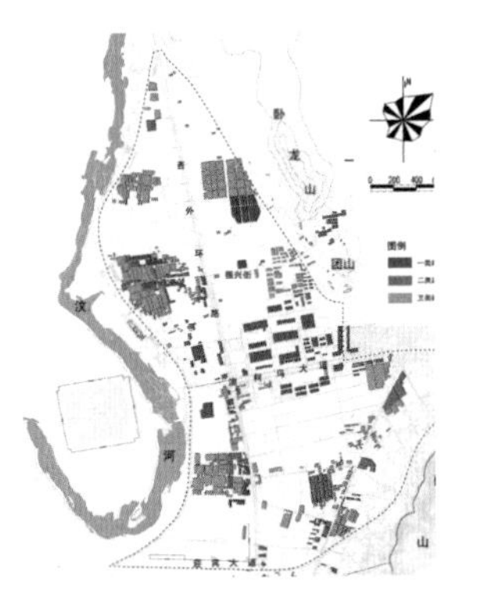

建筑高度现状图

## 现状问题总结

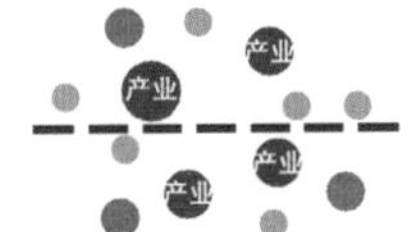


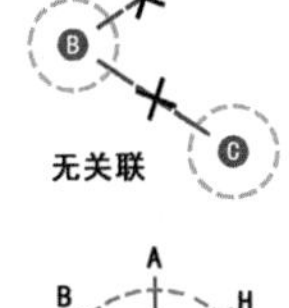


汶河西岸 ? SITE

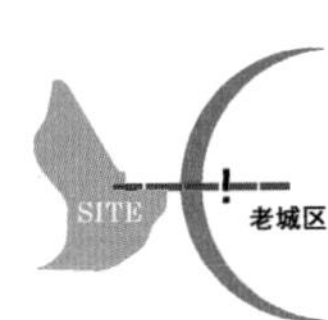


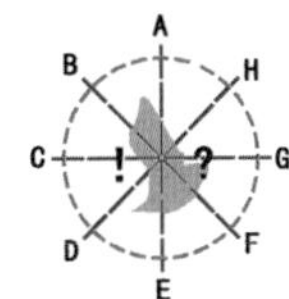

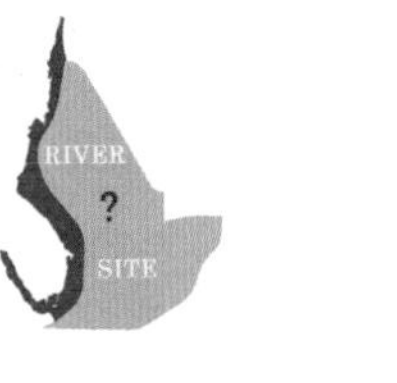

保持生态？ 快速发展！ 控制发展？ 环境优势！

基地的亮点何在？！

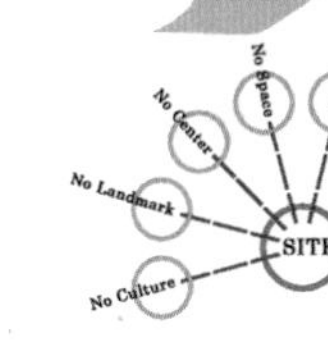


**Q1：产业问题** ——产业孤城，功能单一

基地片区目前产业以电动科技为主，功能基本比较单一，产业跟产业之间、产业跟相关产业之间没有关联性，没有形成相互关联的产业链状态，并且仅处于价值链的生产制造环节，需要一定的产业升级。目前基地产业集群效应已经凸显，但是还不具备足够的品牌化的产业集群优势。

**Q2：交通问题** ——网格稀疏，有待整合

基地片区目前主要的道路仅是与老城相互联系，与河西岸以及内部相互之间的联系不顺畅，内部道路亟需重新梳理，加密道路网沟通河两岸之间的联系。

**Q3：空间问题** ——不成体系，脱离整体

基地片区肌理目前支离破碎不成体系，澳柯玛大道两侧顺延老城的建设肌理，然片区其余地方建设现状没秩序，缺乏整体控制。

**Q4：设施问题** ——依赖老城，配套不足

基地片区在配套设施上过多依赖老城区，区内生产性服务配套设施不足，很难满足大规模的发展需求，而且基地目前没有居住配套设施，如果以后过多依赖老城不但会阻碍自身的发展也会给老城造成一定的压力。

**Q5：生态问题** ——资源闲置，亟需整合

基地片区内产业资源、绿化资源以及水资源较为丰富，但是资源利用率较低，没有加以整合，对于片区的生态环保节能尚未充分考虑。

**Q6：环境问题** ——绿化单调，缺乏亮点

基地片区内有丰富的自然景观与人文景观，但却没有形成自身特点和现代新城的发展风貌，具体表现在缺乏标志性空间、道路风貌单调、没有整体的绿化环境、文化影响力较弱、建筑形态比较传统，规划应该改造现状，打造片区特有的场所感、归属感和文化植根性。

## 片区发展目标

**旅游综合服务**

规划片区将成为沂南县旅游的综合服务基地，涵盖商业、度假酒店、文化展览等多种功能。

**自然生态田园**

规划片区依托现有的山水资源，运用生态基础理论，适当保留原有农田，重点发展片区湿地资源的优势，形成现代田园新城。

**滨河新城**

规划片区临河发展，同老城联系紧密，将片区内原有功能重新疏导，加强拥河发展的趋势，保持片区内的产业平衡，塑造新城的公共活力空间，最大化开放滨江空间。

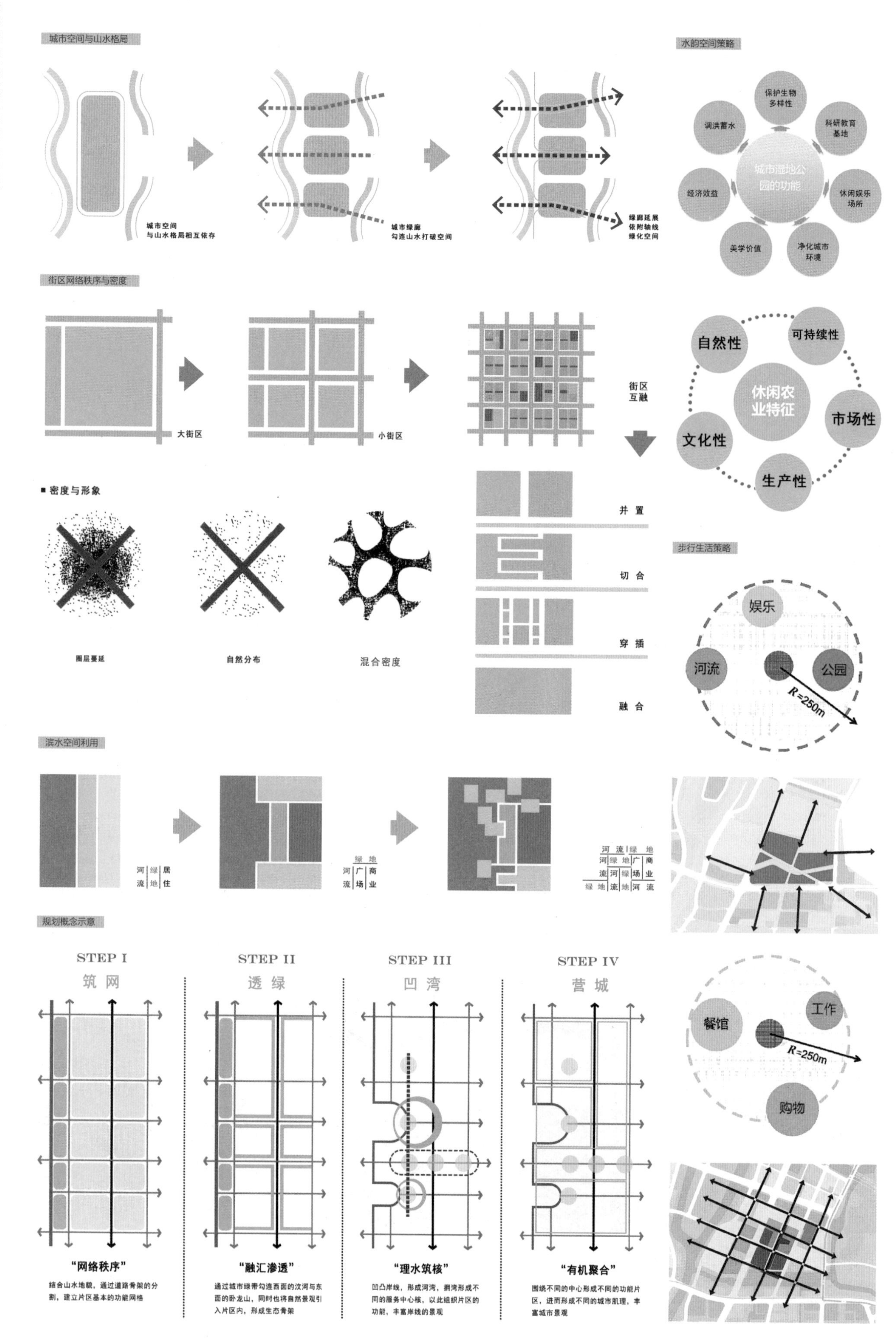
城市空间与山水格局
城市空间
与山水格局相互依存
城市绿廊
勾连山水打破空间
绿廊延展
依附轴线
绿化空间
水韵空间策略
保护生物
多样性
科研教育
基地
休闲娱乐
场所
净化城市
环境
美学价值
经济效益
调洪蓄水
城市湿地公
园的功能
街区网络秩序与密度
大街区
小街区
街区
互融
自然性
可持续性
休闲农
业特征
市场性
文化性
生产性
■ 密度与形象
圈层蔓延
自然分布
混合密度
并 置
切 合
穿 插
融 合
步行生活策略
娱乐
河流
公园
R=250m
滨水空间利用
河 绿 居
流 地 住
绿 地
河 广 商
流 场 业
河 流 绿 地
河 绿 地 广 商
流 河 绿 场 业
绿 地 流 地 河 流
规划概念示意
STEP I
筑 网
STEP II
透 绿
STEP III
凹 湾
STEP IV
营 城
"网络秩序"
结合山水地貌，通过道路骨架的分割，建立片区基本的功能网格
"融汇渗透"
通过城市绿带勾连西面的汶河与东面的卧龙山，同时也将自然景观引入片区内，形成生态骨架
"理水筑核"
凹凸岸线，形成河湾，拥湾形成不同的服务中心核，以此组织片区的功能，丰富岸线的景观
"有机聚合"
围绕不同的中心形成不同的功能片区，进而形成不同的城市肌理，丰富城市景观
餐馆
工作
R=250m
购物

核心区规划构思

水绿为核：核心区城市设计中以汶河水湾为核心展开，内部主要是休闲和生态功能，为集中的大面积绿化和水面，同时也是整个规划区域内重要的生态核心。

圈层环绕：沿汶河水湾外围呈现多元化功能布局，功能组团之间呈现紧密的联系，组团之间相互衔接，共同围合形成汶河湾内侧的空间界面。

发散展开：沿汶河水湾的外围组团同时又呈现向心发散布局关系，环环相扣，融为一体。三条发散轴线贯穿组团，并且形成空间视线通廊，与水景相呼应。

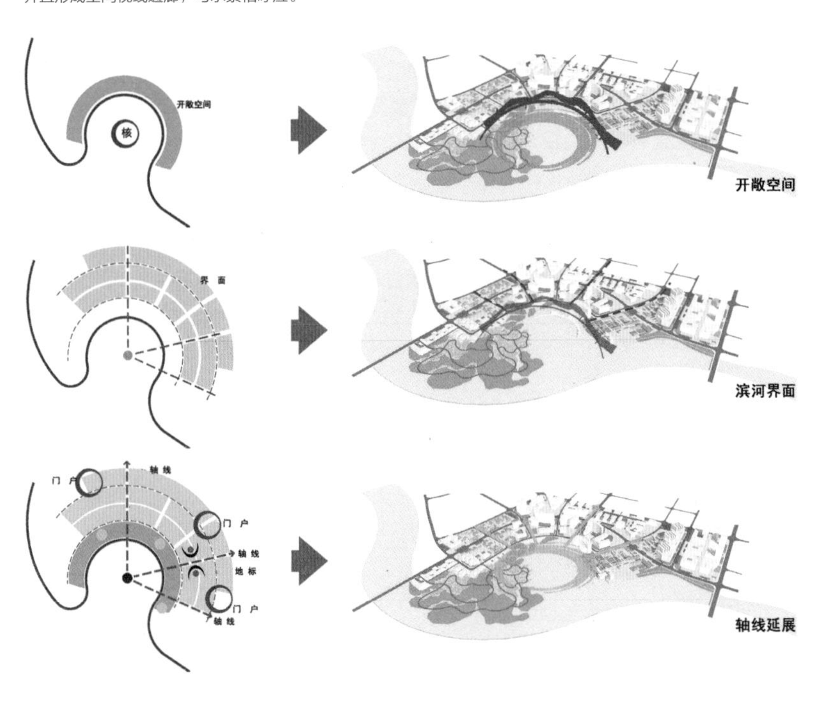


核心区城市设计框架

图 例
城市中心
绿 核
开敞空间
门户节点
节 点
建筑界面
路 径
滨水岸线

核心区城市设计慢行系统规划

核心区总平面图

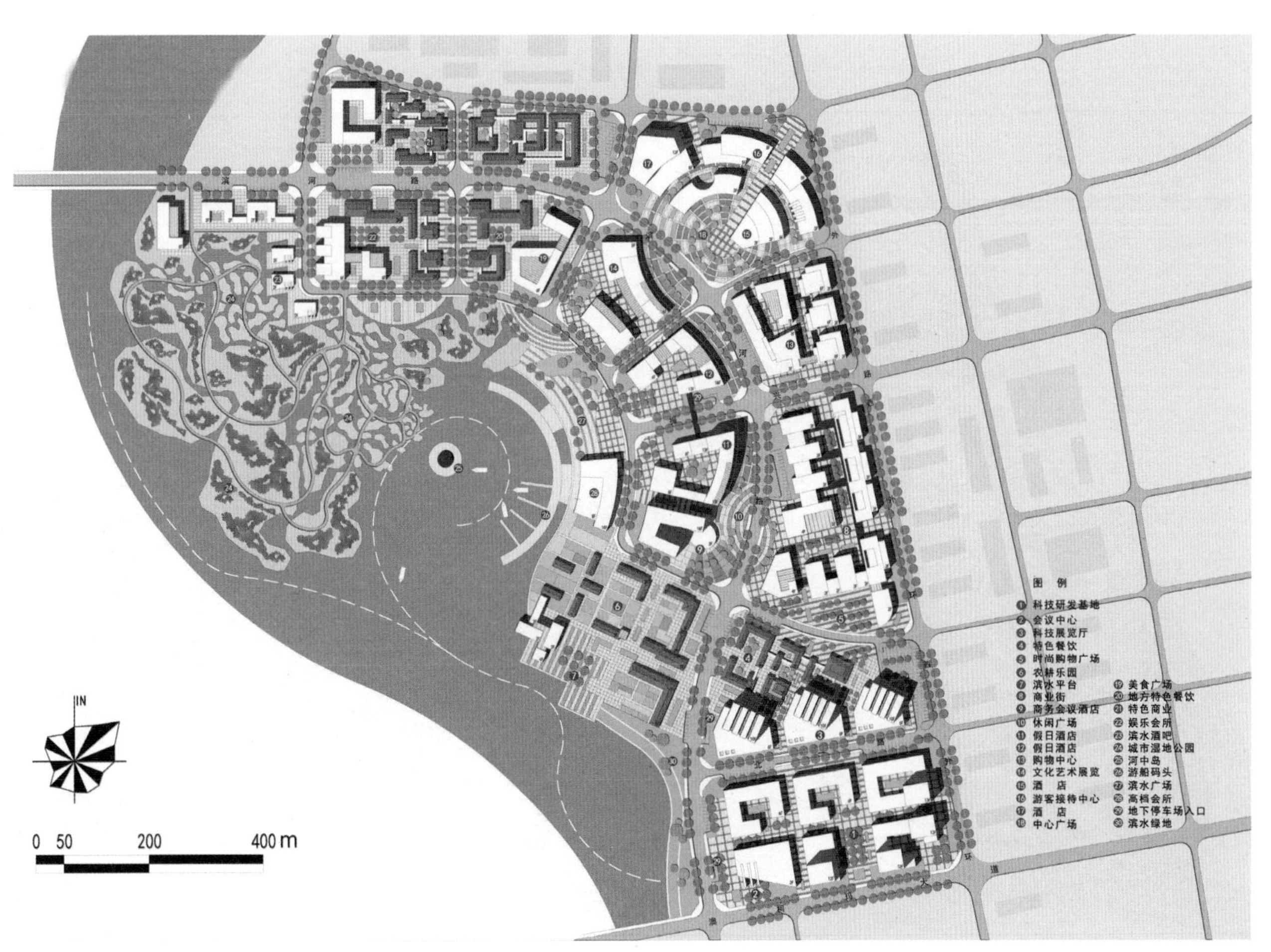

# 济南解放桥—山大路地区城市设计

Author
2009级
房佳萱

Advisor
齐慧峰

Site
山东省济南市

本次毕业设计选题为济南市“解放桥—山大路”地区城市设计。选址位于济南市老城区，中华人民共和国成立之前，济南市城区主要集中在古城与商埠区。基地与基地周边的区域，属于1949年后逐渐发展起来的城市建成区。因此该地区有着老城区普遍的问题，环境恶劣，交通混乱，配套设施不足等。与此同时，该片区毗邻历山路、解放路、山大路等多条交通要道，交通可达性好，且距市中心近，在空间位置上的优势十分明显。

本次设计密切植根于它固有的地域特征及文化特点，突出“落脚城市”的设计理念，即保护在此租住的大量外地打工人群和低收入者的利益，使得他们在城市空间中有一个“落脚之处”，作为从乡村到城市的一个过渡之地。设计中对该片区大部分居住建筑进行改造保留，而非进行大拆大建全部更新为高层高档住宅。此外，落脚城市还有另一层含义，即吸引人、留住人，优化此处的空间环境，使得人们乐于在此驻足、游玩、短暂居住乃至长期生活，营造一种浓厚的社区氛围和温馨的生活环境。

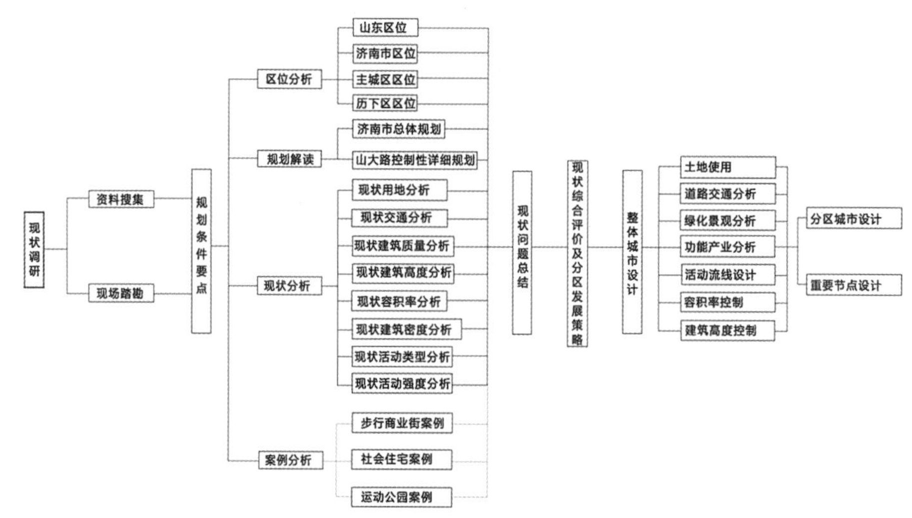

基地区位分析

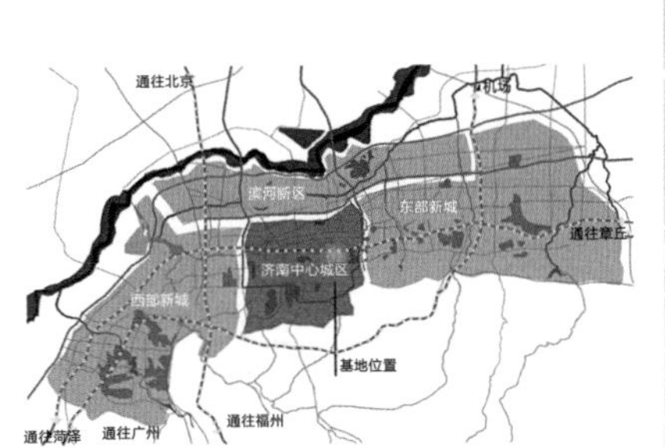


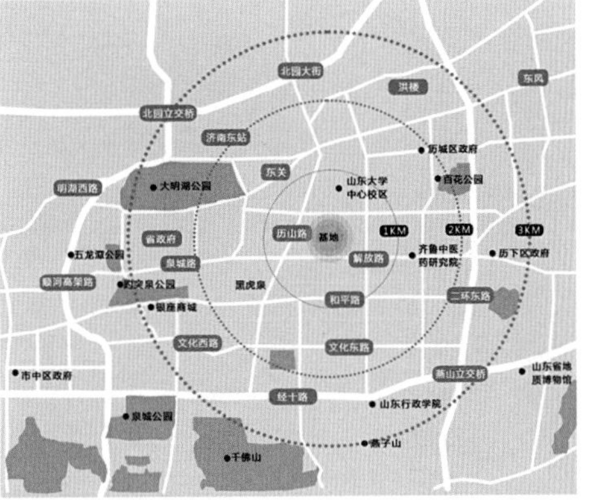

现状场地分析

现状建筑分析

现状密度分析

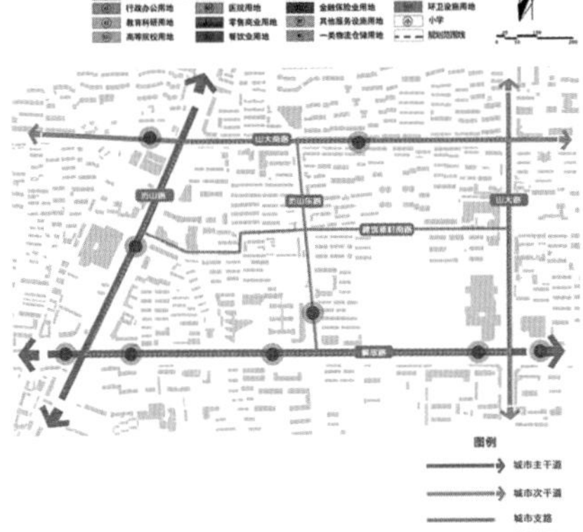

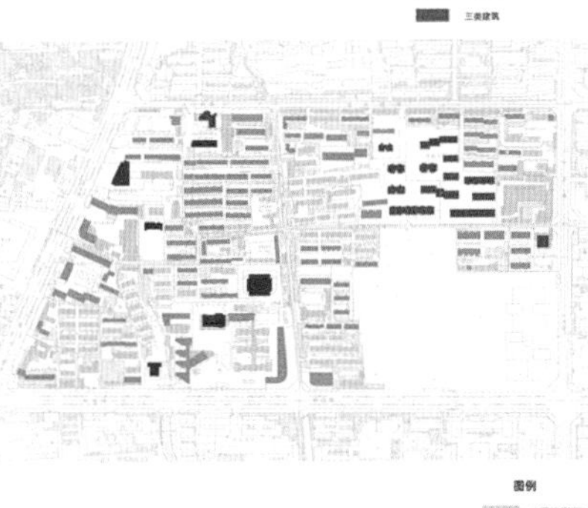

居民活动分析

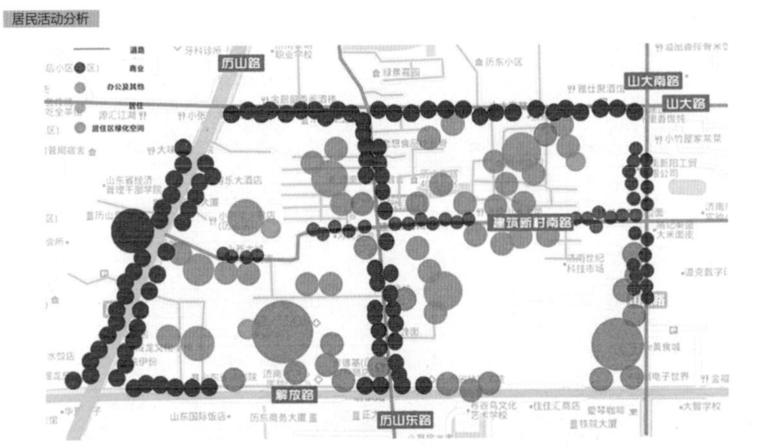


| 道路名称 | 位置—走向 | 道路等级 | 承载功能 | 主要活动人群 | 活动类型 |
|---|---|---|---|---|---|
| 历山路 | 片区西侧—南北向 | 城市主干道 | 交通性 | 市区居民及外来游客居多 | 购物、工作、旅游、就餐、上学、就医等 |
| 解放路 | 片区南侧—东西向 | 城市主干道 | 交通性 | | |
| 山大路 | 片区东侧—南北向 | 城市次干道 | 通达性 | 山大路片区工作生活的人群居多，少数"外来人群" | 工作、就餐、日常商品购买、上学、附近居民散步休闲等 |
| 山大南路 | 片区北侧—东西向 | 城市次干道 | 通达性 | | |
| 历山东路 | 片区中部—南北向 | 城市支路 | 生活性 | | |
| 建筑新村南路 | 片区中部—东西向 | 片区内部道路 | 生活性 | 基本为本片区居住人群 | 就餐、买菜、回家等 |

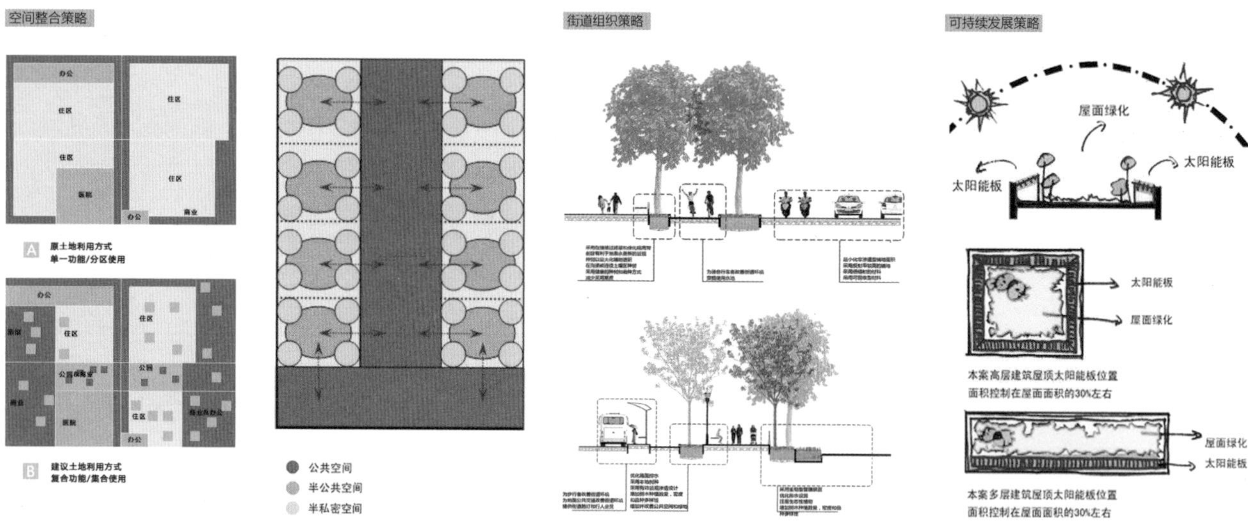

空间整合策略
办公
住区
医院
商业
A 原土地利用方式 单一功能/分区使用
B 建议土地利用方式 复合功能/集合使用
公共空间
半公共空间
半私密空间
街道组织策略
可持续发展策略
屋面绿化
太阳能板
本案高层建筑屋顶太阳能板位置
面积控制在屋面面积的30%左右
本案多层建筑屋顶太阳能板位置
面积控制在屋面面积的30%左右


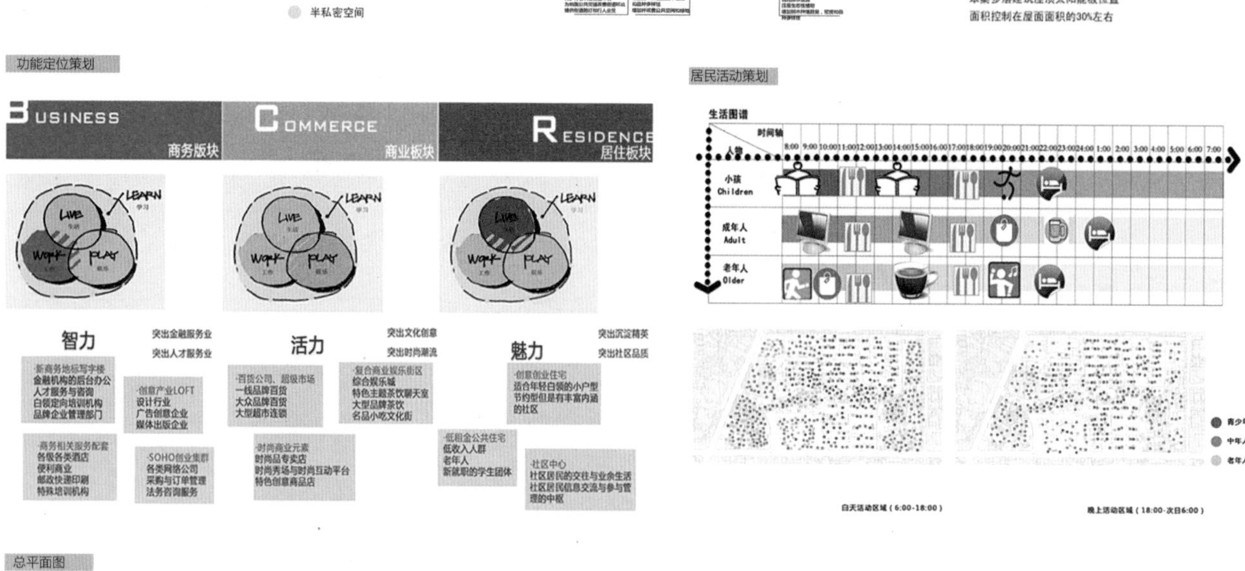

功能定位策划
BUSINESS 商务版块
COMMERCE 商业板块
RESIDENCE 居住板块
LIVE
LEARN
WORK
PLAY
智力
突出金融服务业
突出人才服务业
·新商务地标写字楼 金融机构的后台办公 人才服务与咨询 白领定向培训机构 品牌企业管理部门
·创意产业LOFT 设计行业 广告创意企业 媒体出版企业
·商务相关服务配套 各级各类酒店 便利商业 邮政快递印刷 特殊培训机构
·SOHO创业集群 各类网络公司 采购与订单管理 法务咨询服务
活力
突出文化创意
突出时尚潮流
·百货公司、超级市场 一线品牌百货 大众品牌百货 大型超市连锁
·复合商业娱乐街区 综合娱乐城 名品小吃文化街
·时尚商业元素 时尚品专卖店 时尚秀场与时尚互动平台 特色创意商品店
魅力
突出沉淀精英
突出社区品质
·创意创业住宅 适合年轻白领的小户型 节约型但是有丰富内涵的社区
·低租金公共住宅 低收入人群 老年人 新就职的学生团体
·社区中心 社区居民的交往与业余生活 社区居民信息交流与参与管理的中枢
居民活动策划
生活图谱
时间轴
人物
小孩 Children
成年人 Adult
老年人 Older
青少年
中年人
老年人
白天活动区域（6:00-18:00）
晚上活动区域（18:00-次日6:00）


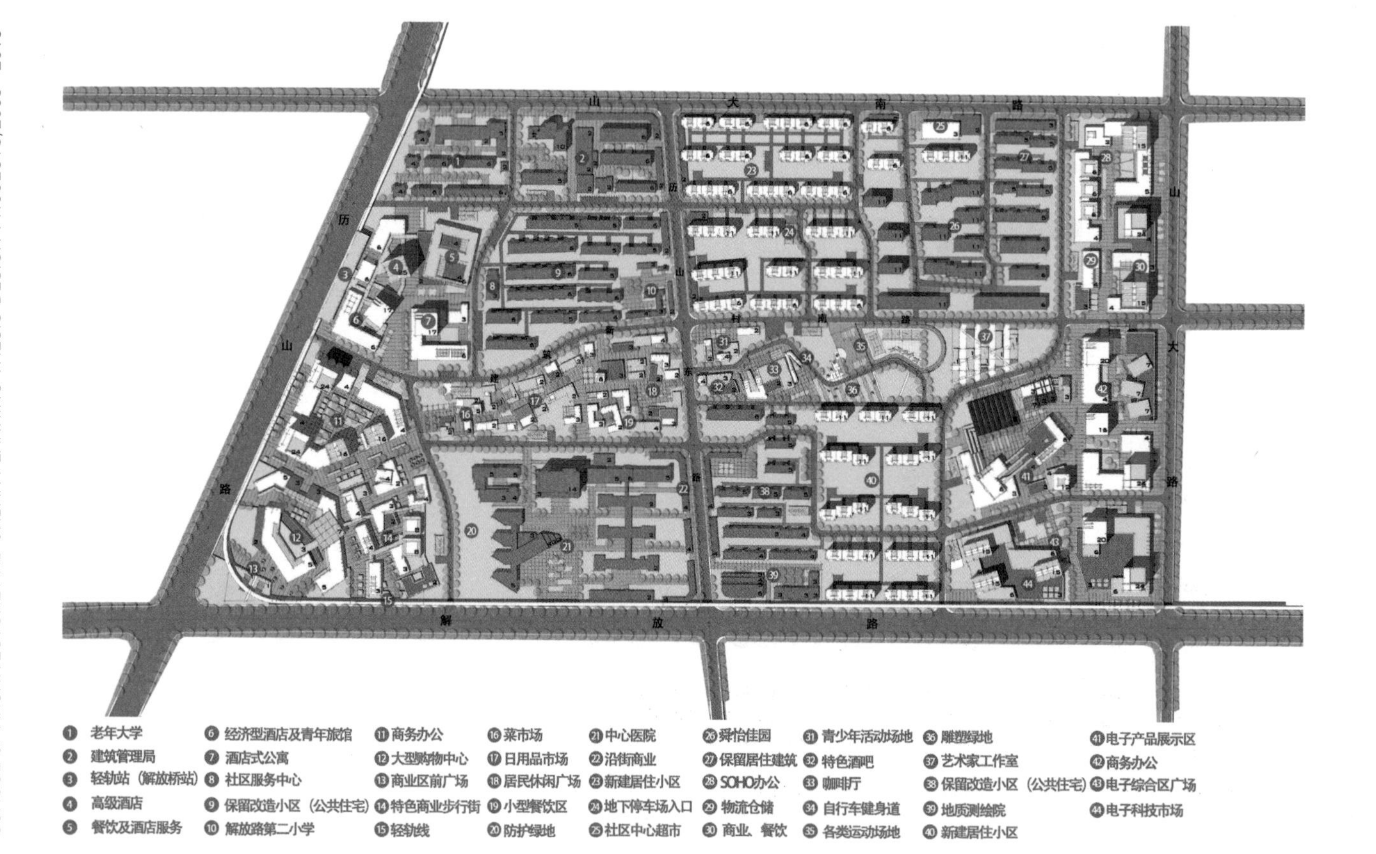

总平面图
山大南路
历山路
山大路
解放路
❶ 老年大学
❷ 建筑管理局
❸ 轻轨站（解放桥站）
❹ 高级酒店
❺ 餐饮及酒店服务
❻ 经济型酒店及青年旅馆
❼ 酒店式公寓
❽ 社区服务中心
❾ 保留改造小区（公共住宅）
❿ 解放路第二小学
⓫ 商务办公
⓬ 大型购物中心
⓭ 商业区前广场
⓮ 特色商业步行街
⓯ 轻轨线
⓰ 菜市场
⓱ 日用品市场
⓲ 居民休闲广场
⓳ 小型餐饮区
⓴ 防护绿地
㉑ 中心医院
㉒ 沿街商业
㉓ 新建居住小区
㉔ 地下停车场入口
㉕ 社区中心超市
㉖ 舜怡佳园
㉗ 保留居住建筑
㉘ SOHO办公
㉙ 物流仓储
㉚ 商业、餐饮
㉛ 青少年活动场地
㉜ 特色酒吧
㉝ 咖啡厅
㉞ 自行车健身道
㉟ 各类运动场地
㊱ 雕塑绿地
㊲ 艺术家工作室
㊳ 保留改造小区（公共住宅）
㊴ 地质测绘院
㊵ 新建居住小区
㊶ 电子产品展示区
㊷ 商务办公
㊸ 电子综合区广场
㊹ 电子科技市场

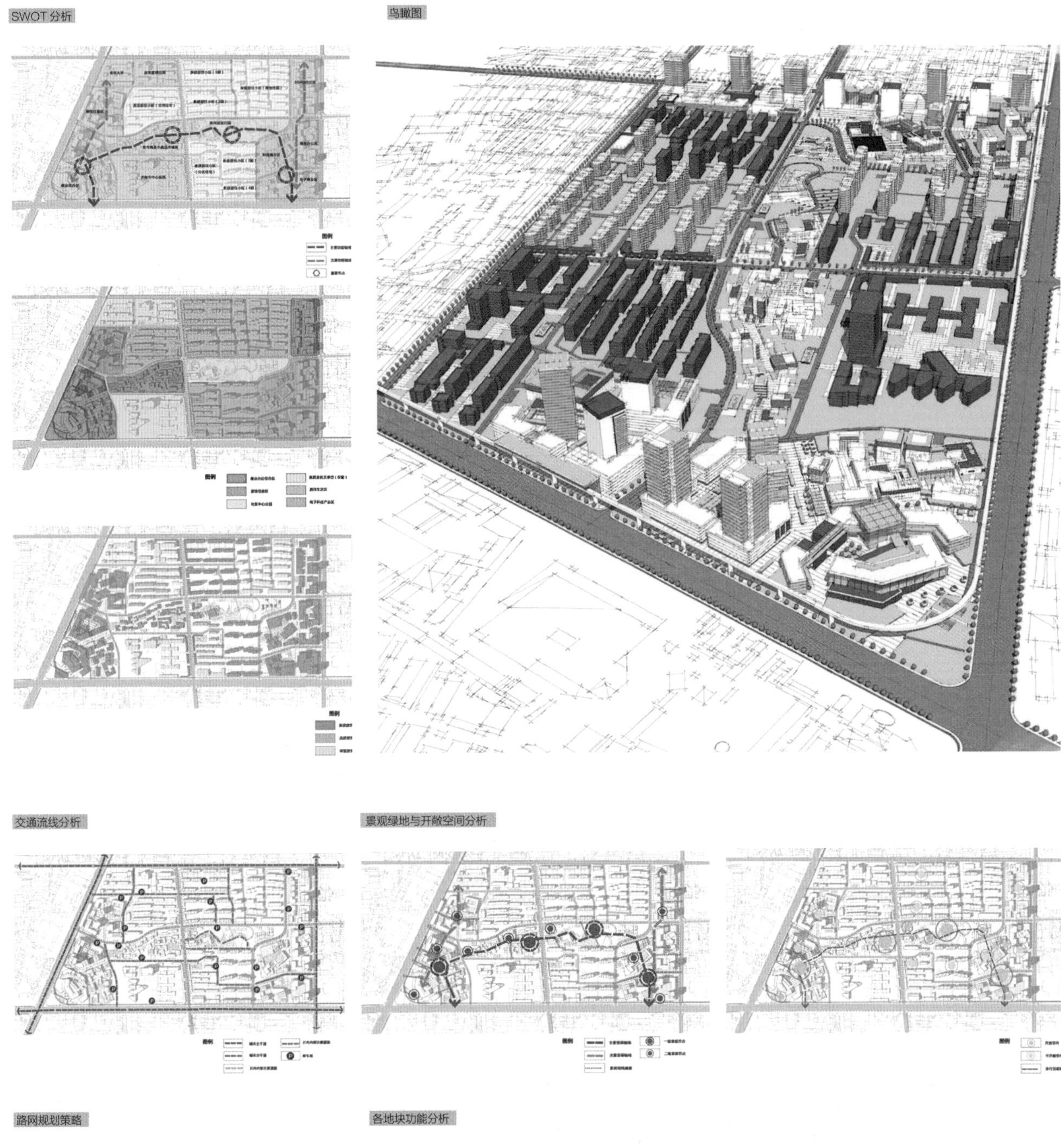

SWOT分析
鸟瞰图
图例
图例
图例
交通流线分析
景观绿地与开敞空间分析
图例
图例
图例


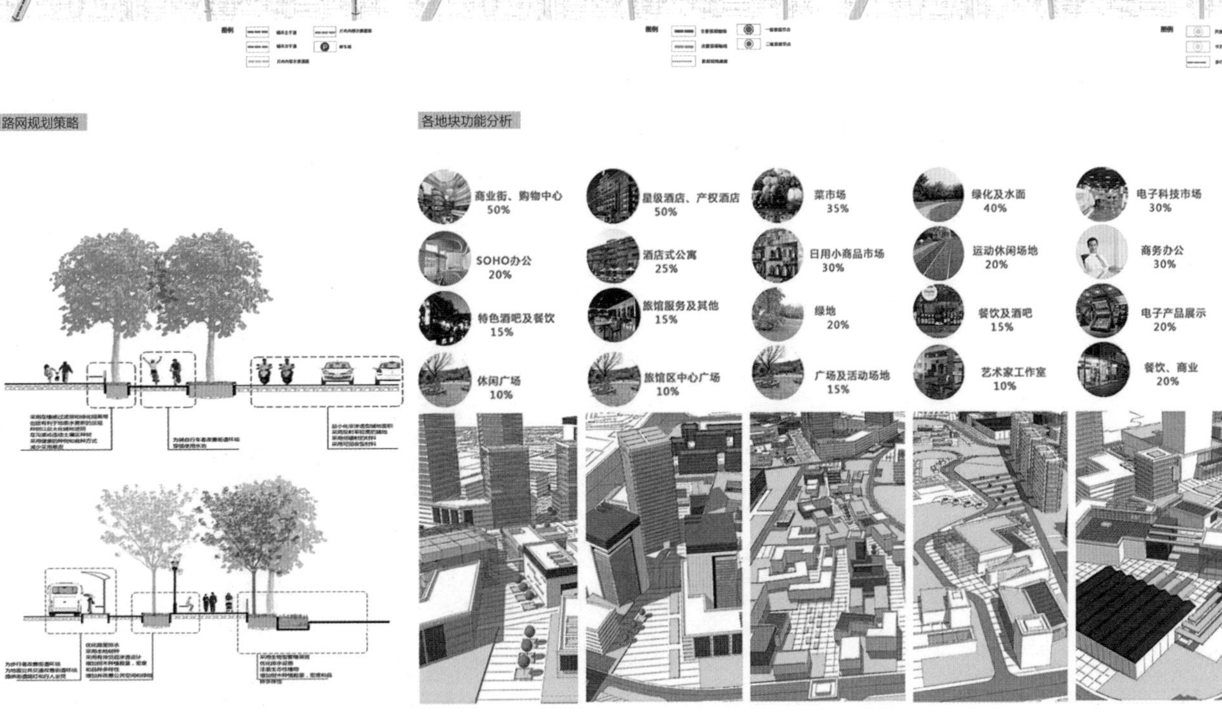

路网规划策略
各地块功能分析
商业街、购物中心 50%
星级酒店、产权酒店 50%
菜市场 35%
绿化及水面 40%
电子科技市场 30%
SOHO办公 20%
酒店式公寓 25%
日用小商品市场 30%
运动休闲场地 20%
商务办公 30%
特色酒吧及餐饮 15%
旅馆服务及其他 15%
绿地 20%
餐饮及酒吧 15%
电子产品展示 20%
休闲广场 10%
旅馆区中心广场 10%
广场及活动场地 15%
艺术家工作室 10%
餐饮、商业 20%

# URBAN AND RURAL PLANNING 青岛火车站周边地区城市设计


Author

2008级

王　鹏

Advisor

李　鹏


Site

山东省青岛市

本次毕业设计选题为青岛火车站周边地区城市设计，选址于青岛市老城区，有着一百多年历史的胶济铁路的终点青岛火车站周边区域，景色优美，蕴含青岛老城碧海蓝天绿树红瓦的独特魅力，与青岛市历史最悠久的商业街区中山路临近。但是本地区又有着老城区普遍的问题，环境恶劣、交通混乱、配套设施不足等。

本次设计密切植根于它固有的地域特征及文化特点，突出“承”与“城”的设计理念。“传承”即注重历史文化的传承，突出青岛市历史文化以及建筑特色；“承担”即承担起本片区历史街区的复兴重任，成为本片区老城区复兴的触媒；“承纳”即将青岛火车站发展成为青岛市的交通枢纽，承纳更多的乘客，更将本案做成青岛市新的门户区，建设新的建筑及景观地标，重新恢复包括中山路以及老港区的活力。

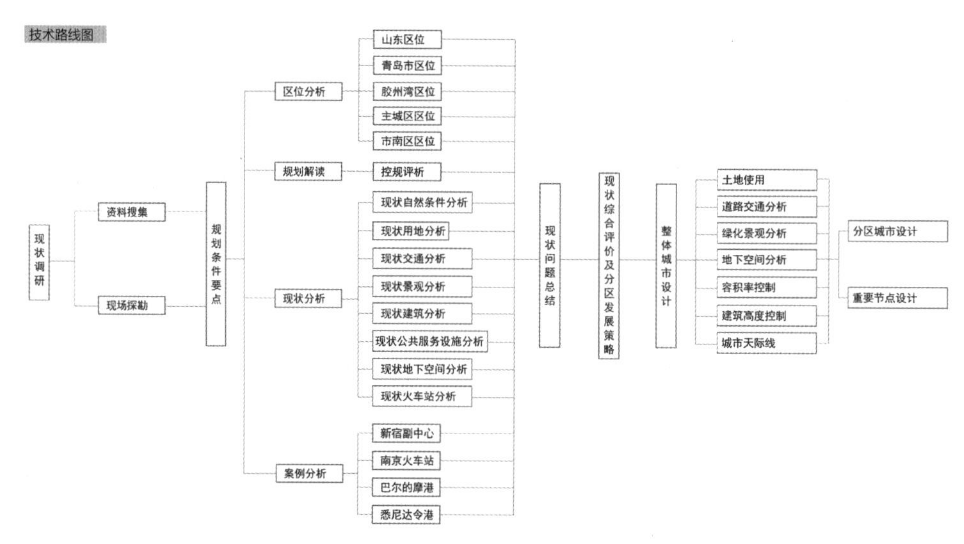

## 方案构思逻辑图

青岛 URBAN DESIGN 火车站

三个美丽的公园　两条步行道　两条滨海景观带　中山路与云南路　两条主要的道路和公共交通走廊　青岛火车站　青岛火车站城市设计

## 城市设计特征

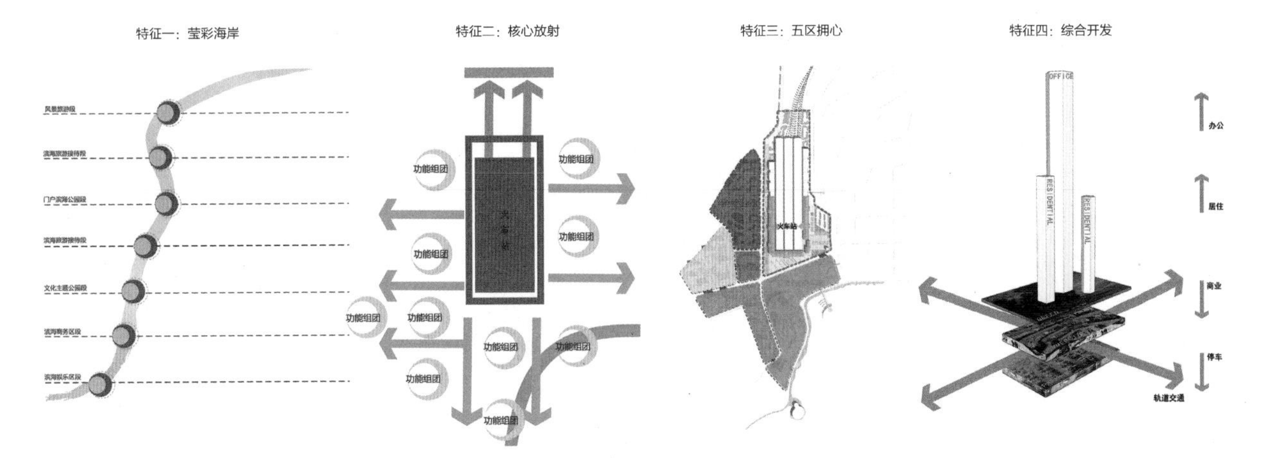


## 竖向空间利用示意图

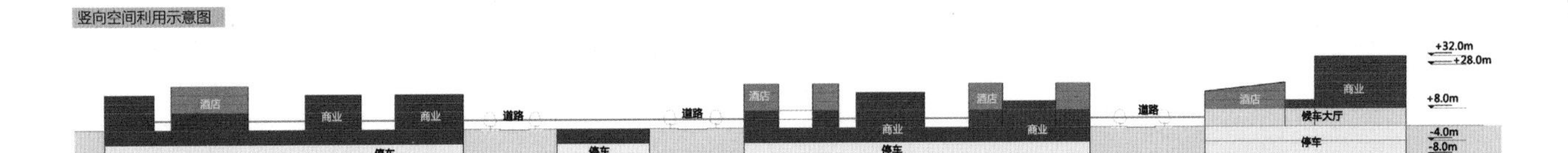




## 用地分布现状图

## 道路交通现状图

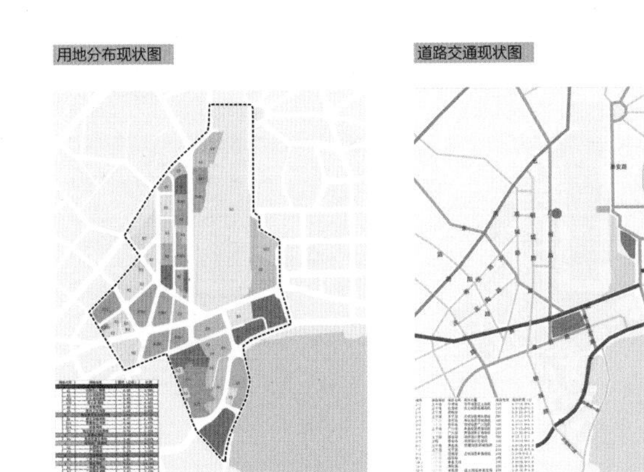

## 现状综合评价分析图

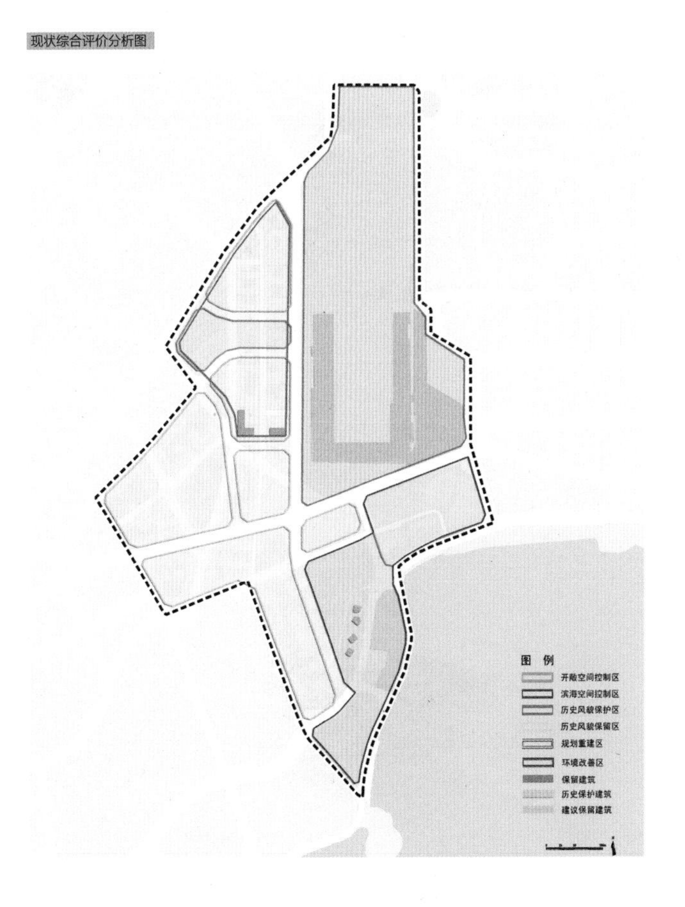


## 建筑高度现状图

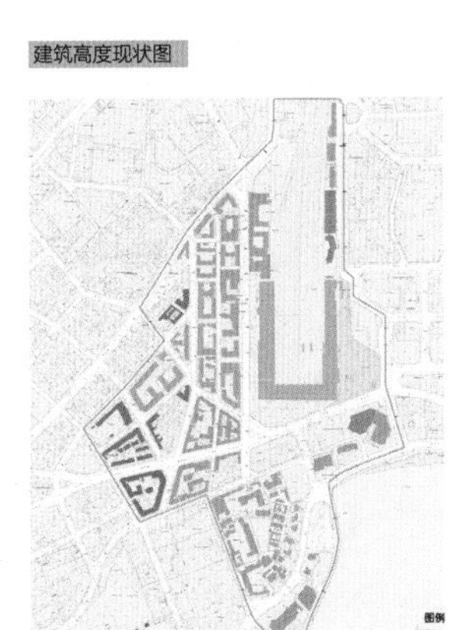

## 建筑质量现状图

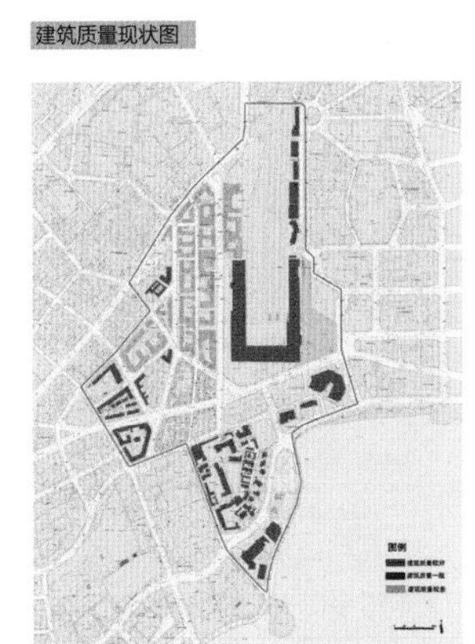

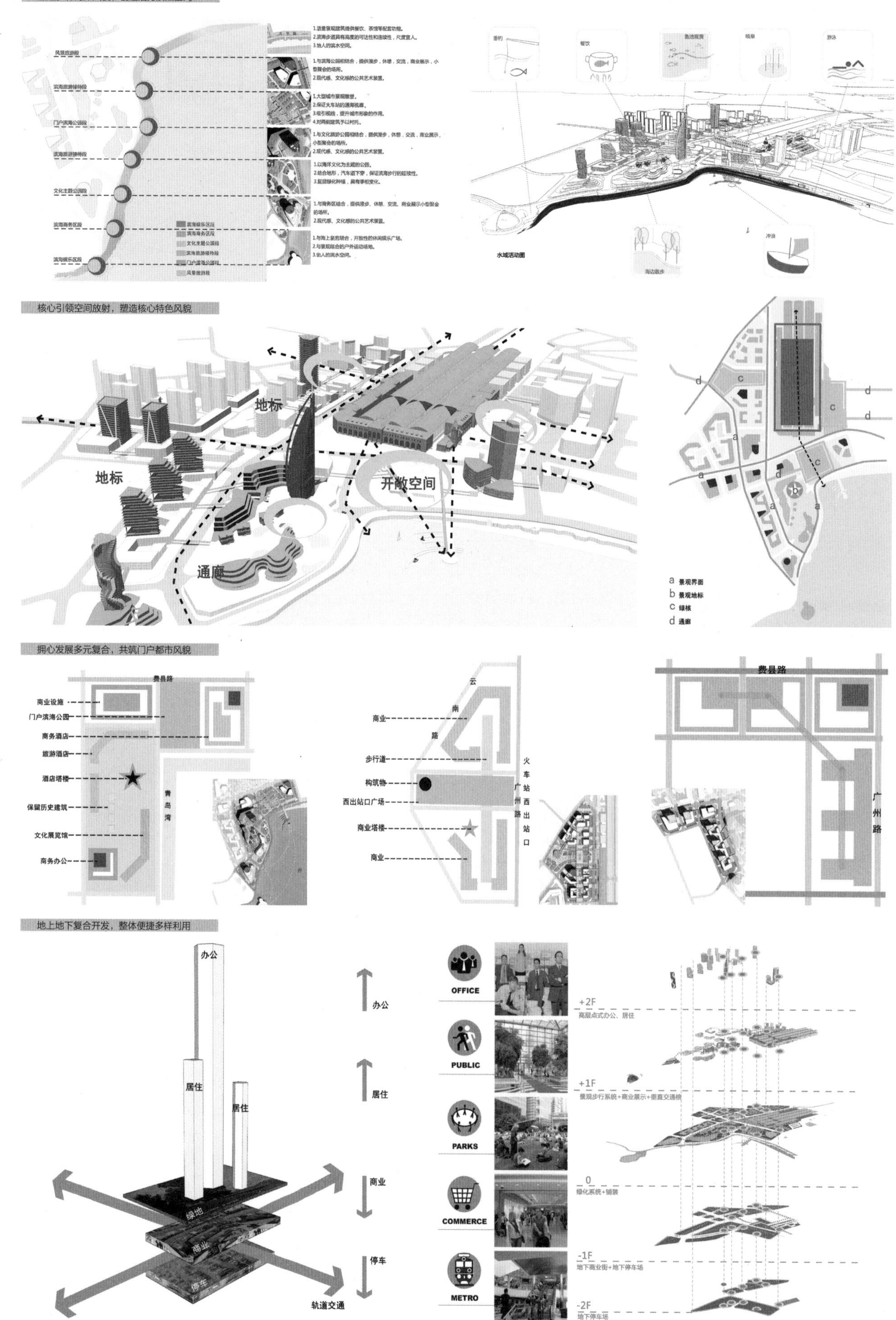
塑造多样海岸风貌，创造活力滨江空间
风景旅游段
滨海旅游绿轴段
门户滨海公园段
滨海旅游绿轴段
文化主题公园段
滨海商务区段
滨海娱乐区段
水域活动图
核心引领空间放射，塑造核心特色风貌
地标
地标
开敞空间
通廊
a 景观界面
b 景观地标
c 绿核
d 通廊
拥心发展多元复合，共筑门户都市风貌
费县路
商业设施
门户滨海公园
商务酒店
旅游酒店
酒店塔楼
保留历史建筑
文化展览馆
商务办公
青岛湾
云南路
商业
步行道
构筑物
西出站口广场
商业塔楼
商业
火车站西出站口
广州路
地上地下复合开发，整体便捷多样利用
办公
居住
居住
绿地
商业
停车
轨道交通
办公
居住
商业
停车
OFFICE
PUBLIC
PARKS
COMMERCE
METRO
+2F
高层点式办公、居住
+1F
景观步行系统+商业展示+垂直交通核
0
绿化系统+铺装
-1F
地下商业街+地下停车场
-2F
地下停车场

总平面图

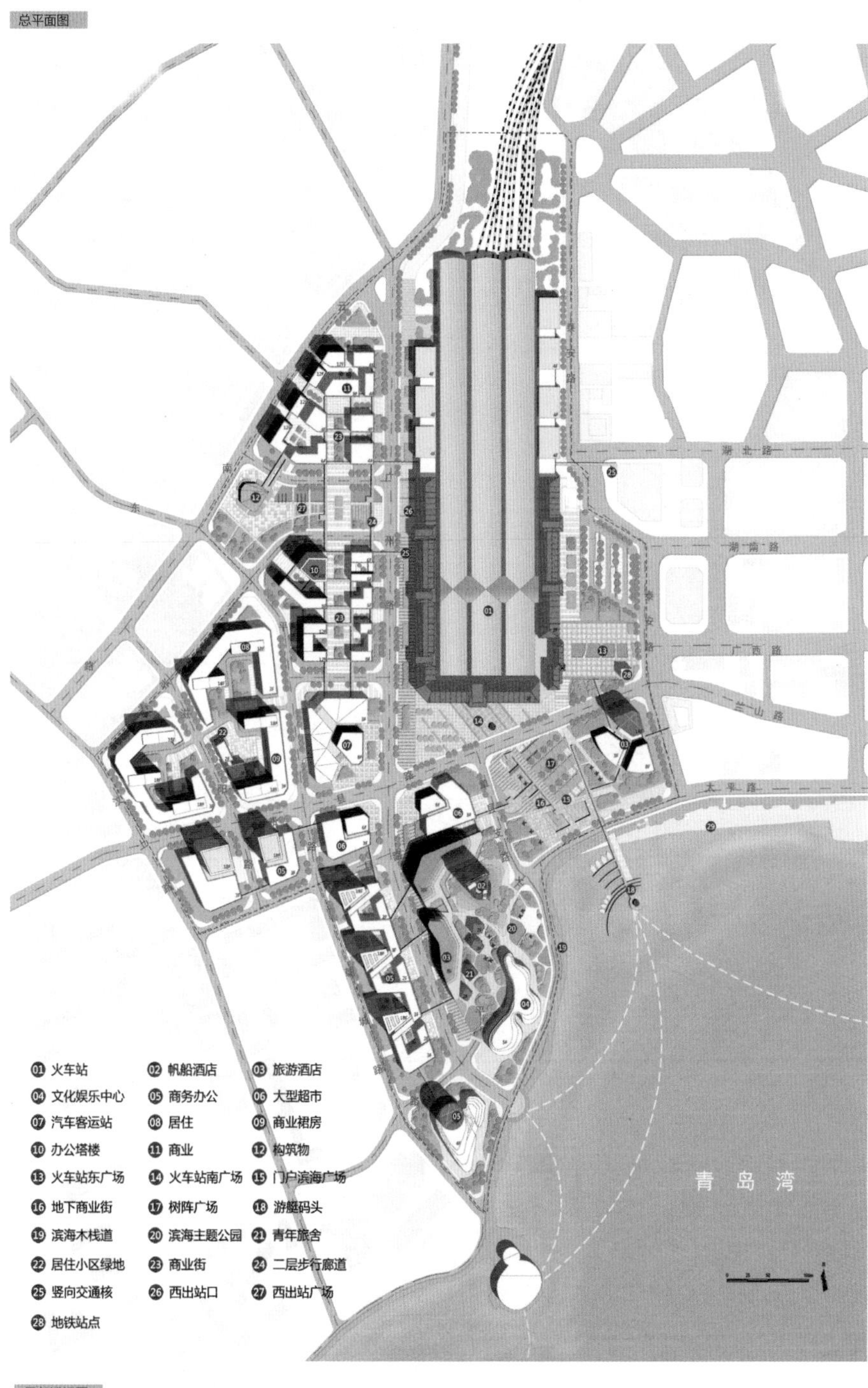


规划结构图

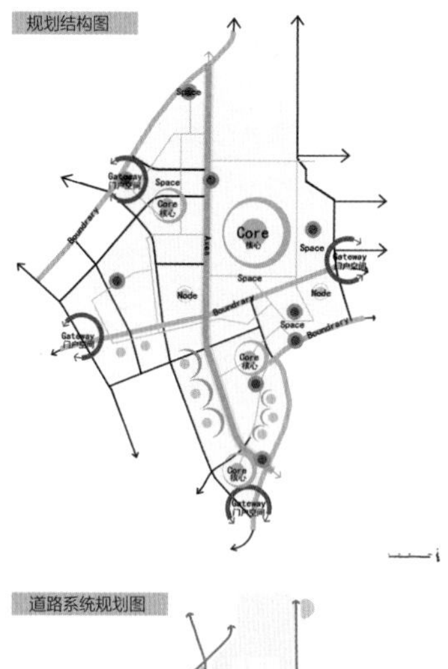


道路系统规划图

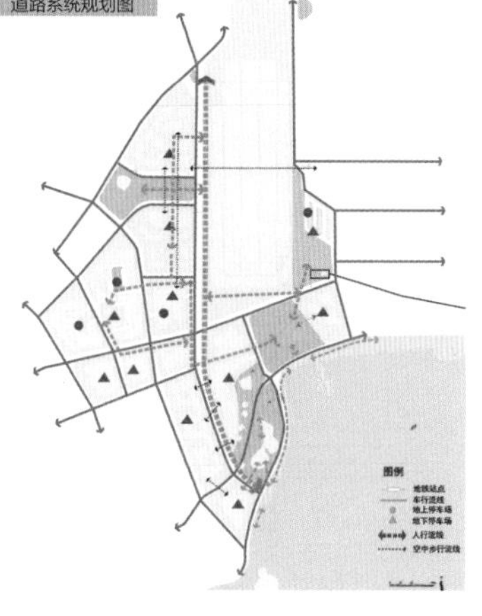


开放空间规划图

局部透视图

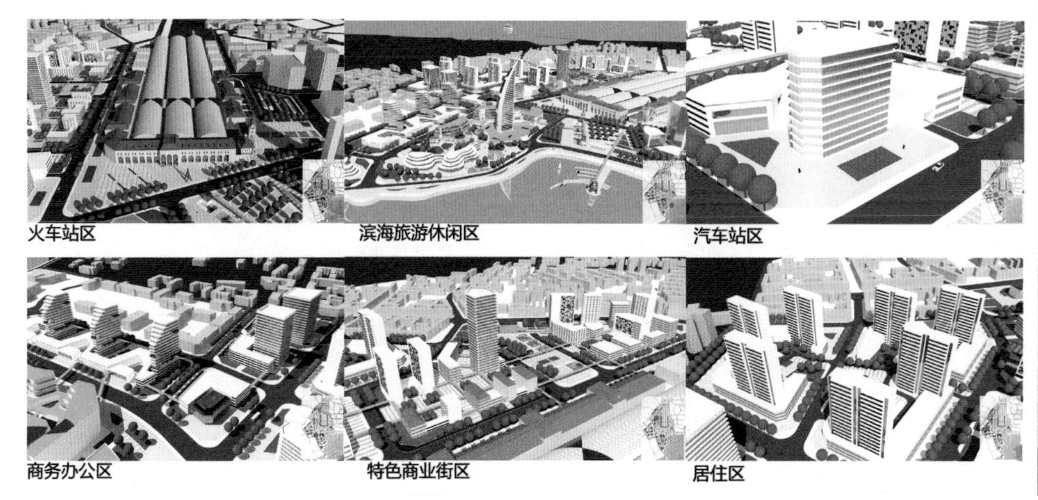

URBAN AND RURAL PLANNING

# 苏州苏纶厂及周边地区城市设计

Author
2007级
顾亚兴
李洪岩

Advisor
陈有川
陈　朋

Site
江苏省苏州市

根据本次城市设计的基地位于苏州新区、古城对望轴线上的地理位置和其工业遗产丰富保存完好的特色，对其功能、形态、系统、景观做了更新，赋予其新的生命力，激发地块活力继而带动南门片区的发展。

随着苏州市中心城区形成“一心两区两片”构成的“丁”形城市空间结构，位于苏州以公共设施服务带为主题的南北城市发展次轴的苏纶厂及周边地区，将古城城市中心、吴中片城市副中心串联起来，成为周边区域进入古城区的门户，迎来了新的发展契机，城市形象尤为重要。规划区域主要发展为以居住功能为主导，商业、商务功能为辅助的城市居住片区。确定“双轴四区”的规划结构。

建筑发展策略

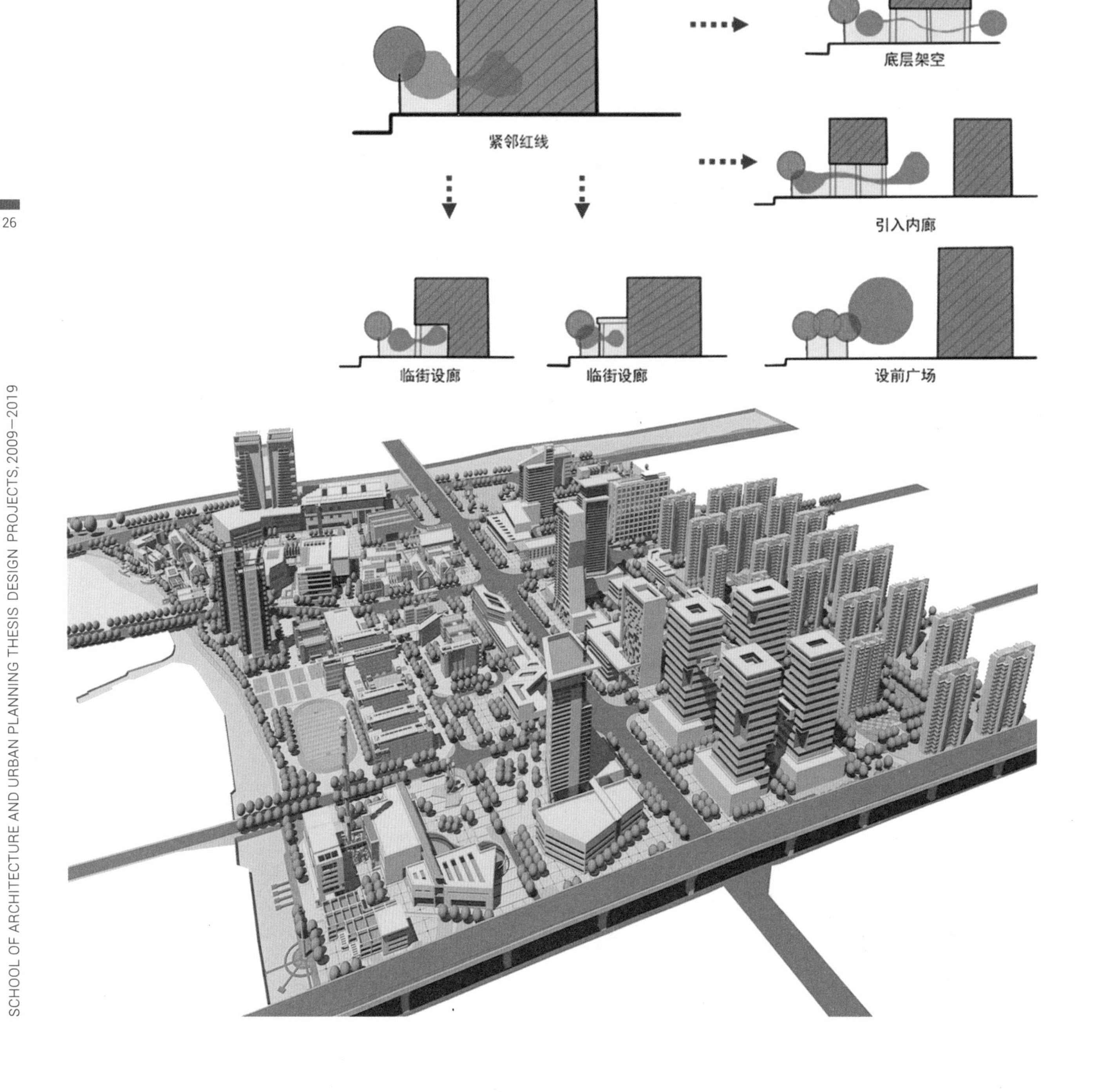

道路发展策略

景观发展策略

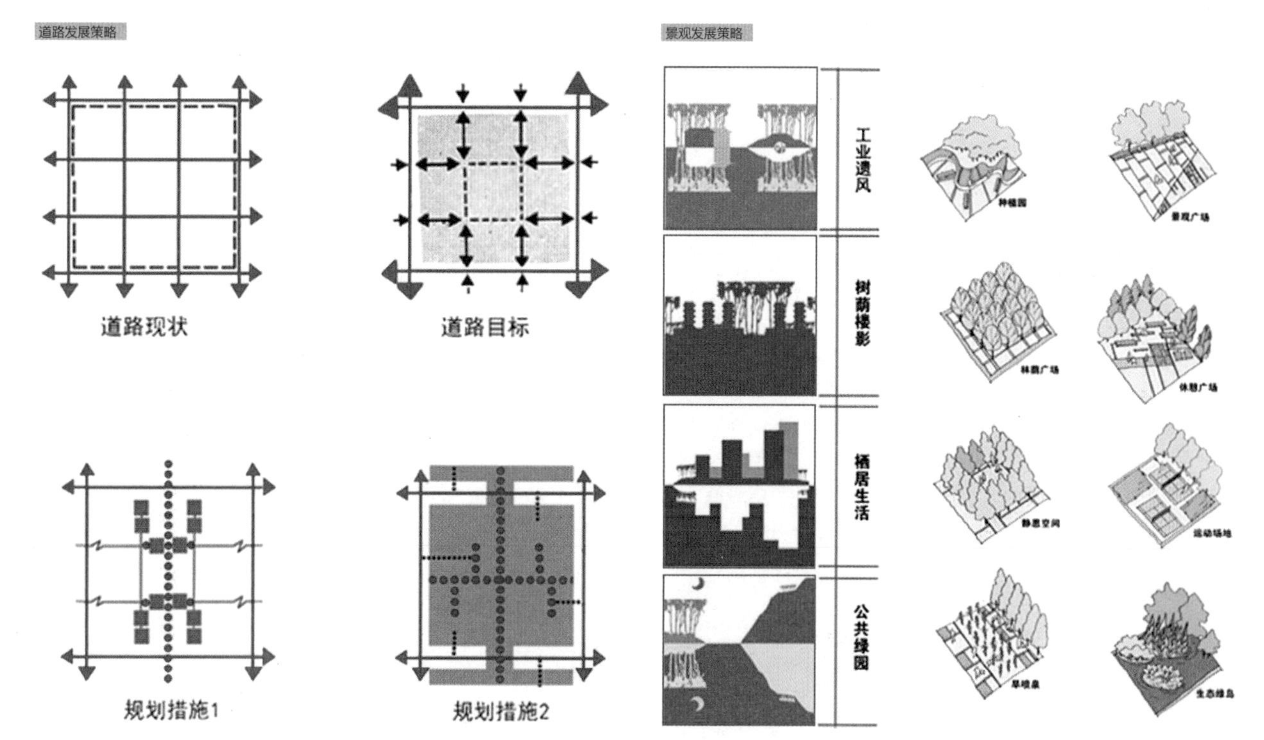


用地总平面图

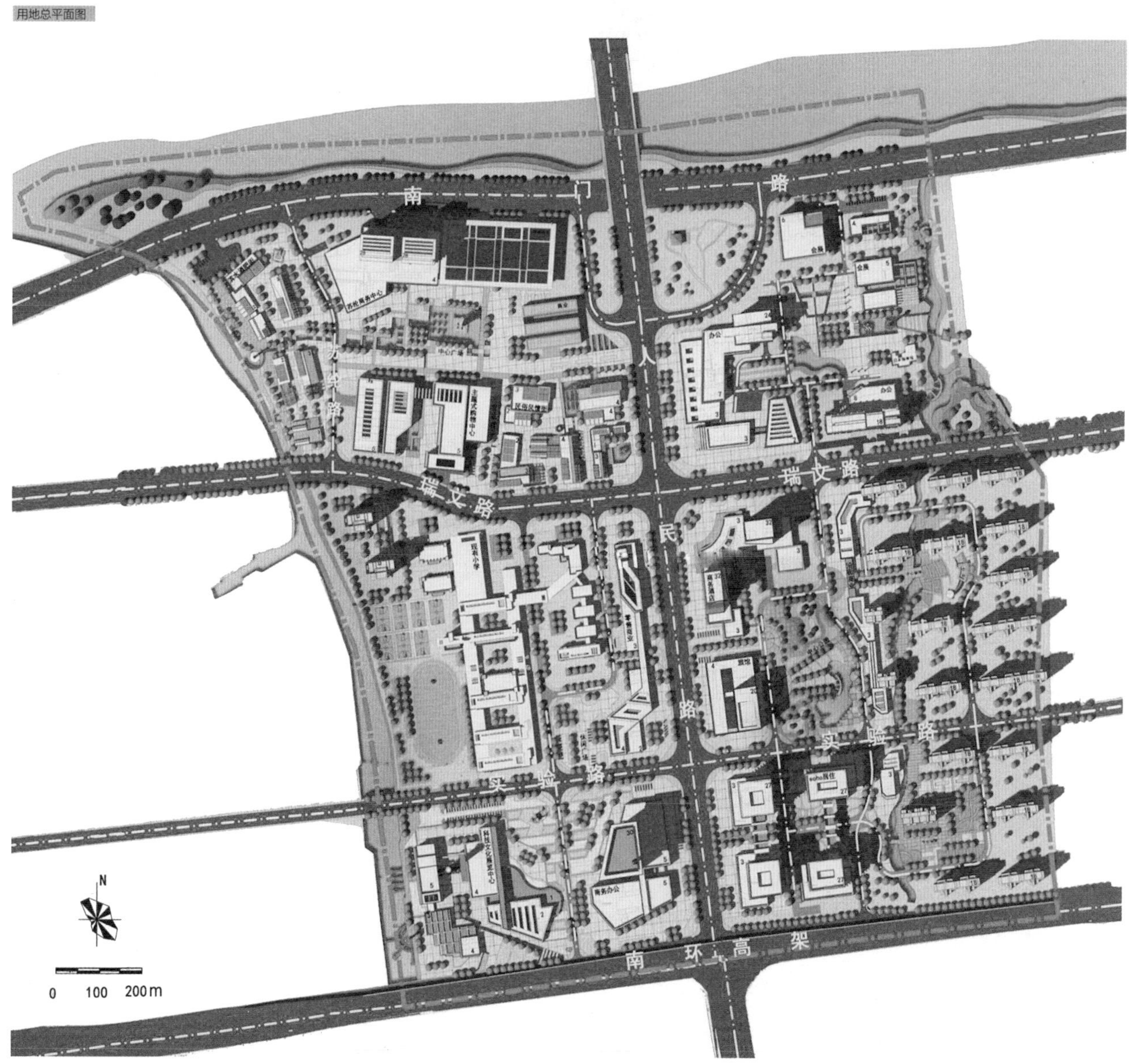

# URBAN AND RURAL PLANNING 莱州市商业街区改造规划

Author
2007 级
谢　艺

Advisor
闫　整

Site
山东省烟台市

本次规划设计是对莱州市中心区商业街区进行改造规划，是在城市总体规划指导和控制性详细规划引导下，编制商业街区改造整体规划，并选择 A 地块或 B 地块进行修建性详细规划深度的改造规划设计。在此基础上，此次规划设计的内容主要包括项目背景分析、上位规划解读和案例研究，对街区控制性详细规划提出评价意见，进一步明确街区的功能定位、提出街区改造的原则、研究街区商业业态及规模，对街区的用地布局、公共服务设施布置、道路交通组织、景观与空间设计等进行规划。在修建性详细规划深度上主要进行地块场地分析，对设计构思及理念、主要空间节点的规划控制意向、社区规划设计（城中村改造）、主要街道沿街立面、特色街区风貌等方面的设计。

街区最终定位为市级商业中心，以商业业态及公共服务设施的规划与设计作为此次规划设计的重点，最终将各项功能、用地指标落实到修建性详细规划的深度，使规划设计更具有现实可操作性。

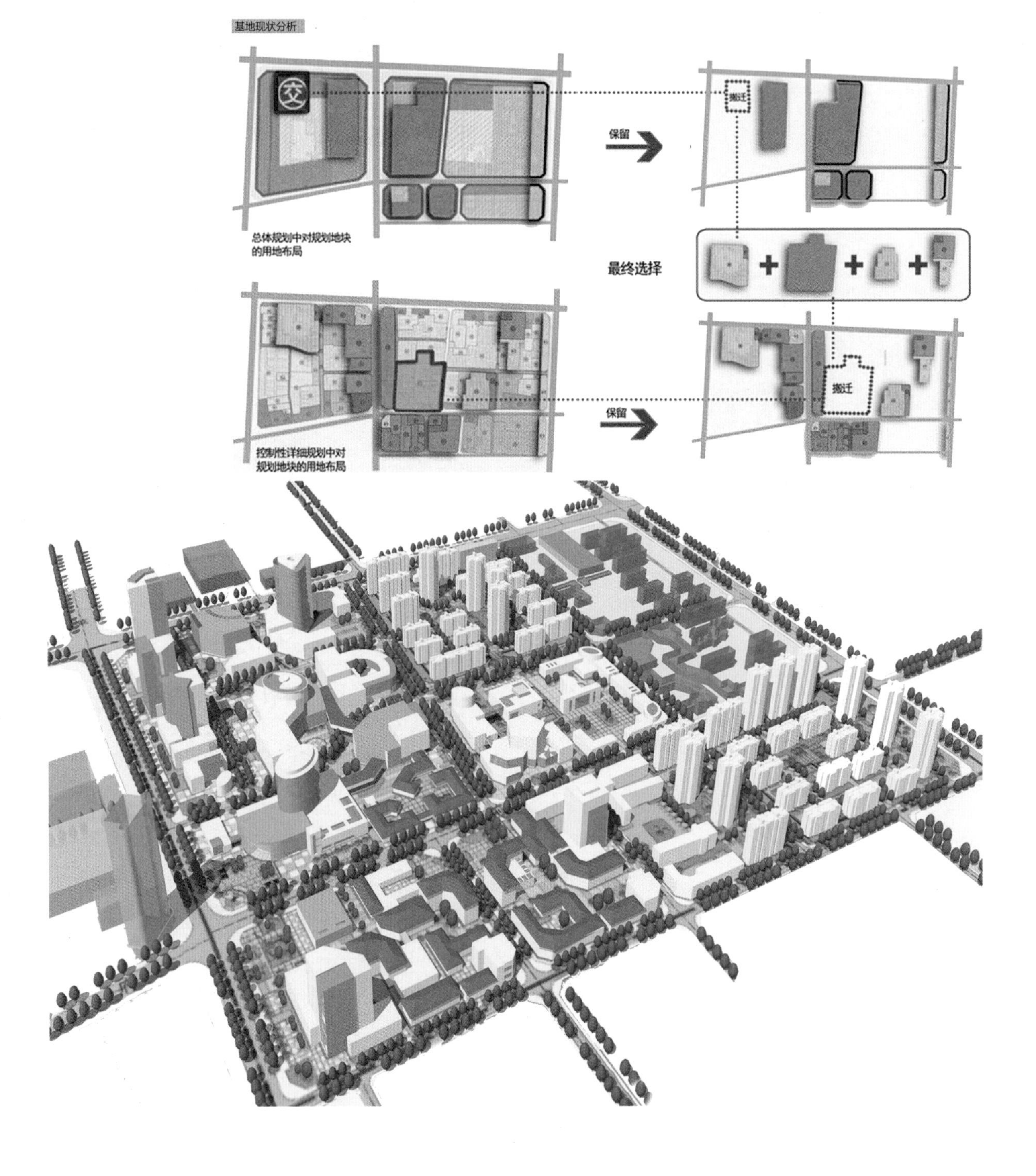

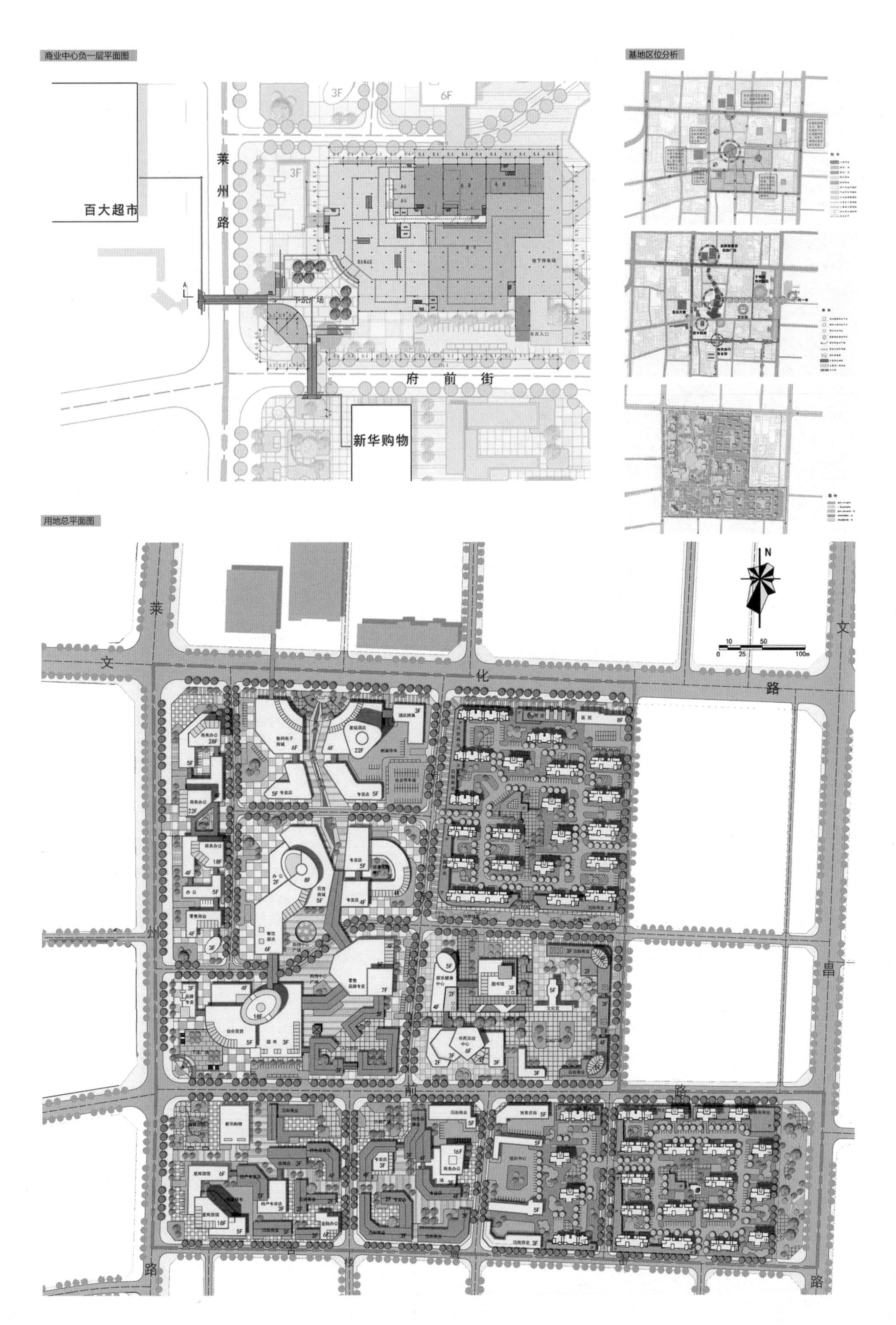
商业中心负一层平面图
百大超市
莱州路
下沉广场
地下停车场
车库入口
府前街
新华购物
基地区位分析
用地总平面图
文化路
莱州路
昌邑路
府前路
10 50
0 25 100m

# 3

# 风景园林

LANDSCAPE

LANDSCAPE

# 尘土外的阳光

Author
2014级
吴　迪
李国宁
孟　涵

Advisor
姜芊孜

Site
山东省济南市

## 济南市鳌角山公园景观规划设计

城市建设用地不断扩张，迫使山体功能发生进一步的演化。鳌角山由于墓地肆意开发及缺乏相应管理，面临山体破坏、景观性差、活力缺乏等诸多问题。传统墓园也给周边居民带来诸多心理不适。本案以鳌角山公园为例，探索墓地的适应性更新机制及墓园与山体公园合适的结合方式。以墓园改造、光影应用及生态修复为策略，打造集纪念缅怀、景观游赏、休闲娱乐、科普教育等为一体的综合性现代城市山体公园。

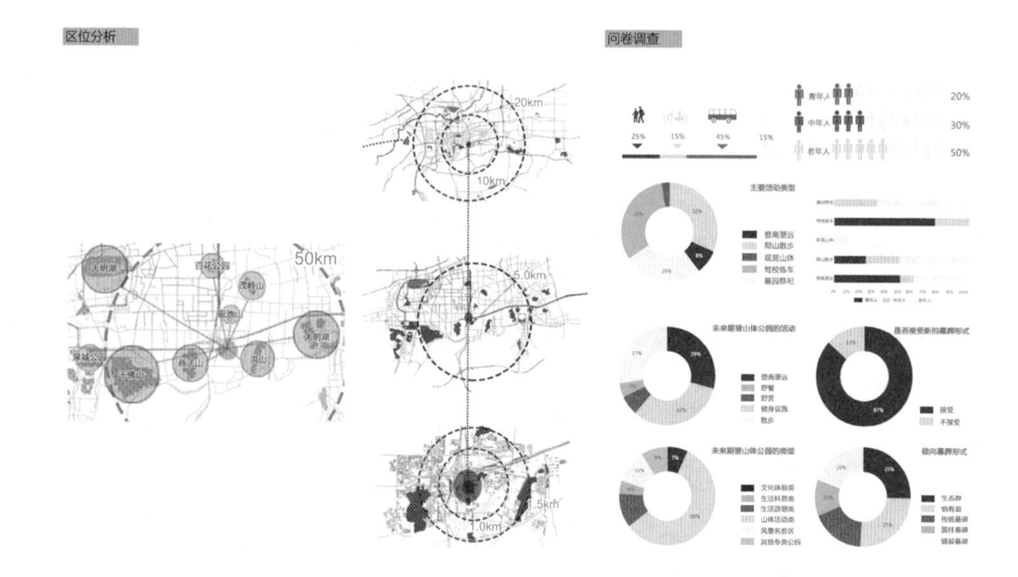

## 自然现状

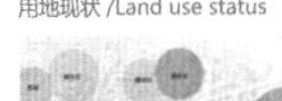

基地西北、东北和南侧均有山体分布，基地总体坡度较缓，中心区域地势平坦。最高绝对标高为 158.8 米。

由于城市入侵和墓地扩张导致过度开采，基地内出现较多断崖。汇水区集中，表现为向中部集中汇水趋势。

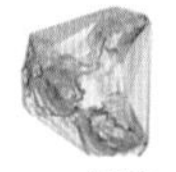
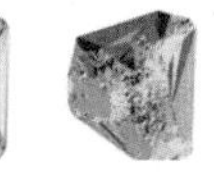

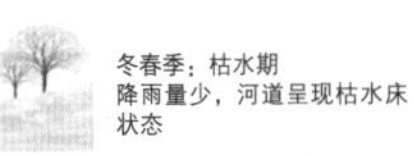

冬春季：枯水期
降雨量少，河道呈现枯水床状态

夏季：丰水期
降雨量大，河道水岸线较高

秋季：丰水期
降雨量较大，夏秋交汇季水岸线最高

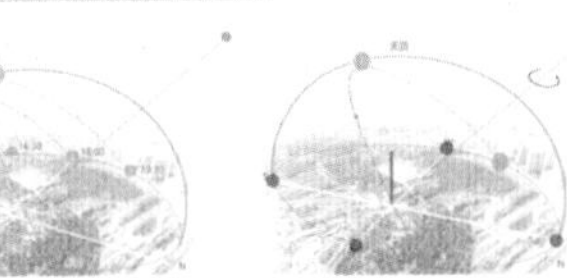

## 场地现状

用地现状 /Land use status

建筑现状 /Status of Construction

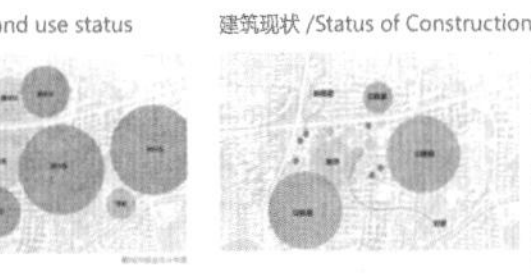
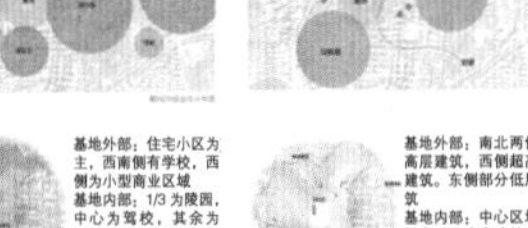

基地外部：住宅小区为主，西南侧有学校，西侧为小型商业区域
基地内部：1/3 为陵园，中心为驾校，其余为自然树林，但均有不同程度的开发建筑及山体破坏

基地外部：南北两侧中高层建筑，西侧超高层建筑。东侧部分低层建筑
基地内部：中心区域有饭店，为违章建筑。陵园区有部分管理用房及废弃建筑

公共空间 /Public Space

交通流线 /Traffic and Lines

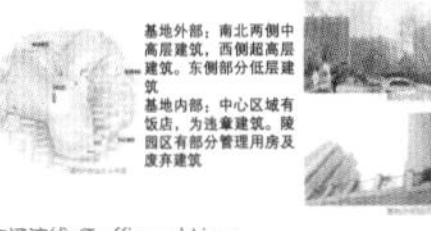
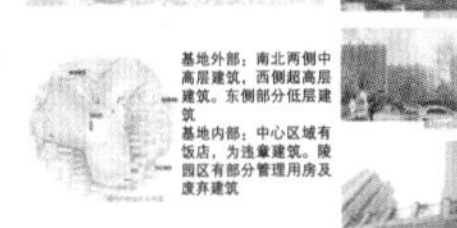

基地外部：公共绿地较多。设计突出特色的同时应与周围绿地相协调
基地内部：主要公共空间为驾校。基地南部和西部挖掘潜力大

基地外部：北侧紧邻经十路主干道，可达性强。但连接基地的支路狭窄闭塞。周边公交站点分布均匀
基地内部：多为断头路，小路荒地较多，基地内部无停车场

视线关系 /Line of sight

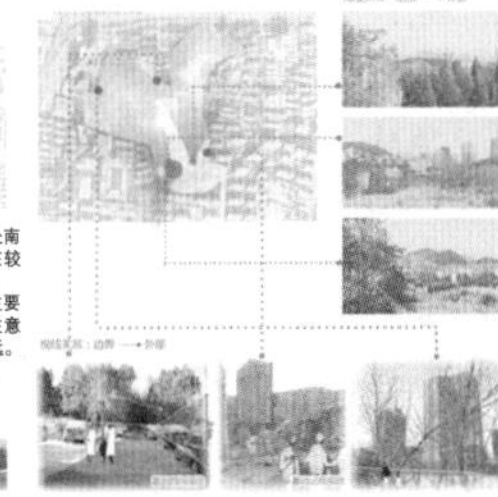

山顶西南侧视野开阔，可以看到远处南部山区的山体轮廓线。但视线中存在较多建筑物，设计中需注意与景观协调。

基地内部北、东、西三个方向界面主要为高矮不一建筑物。在基地设计时注意适当遮蔽。部分高层建筑相隔距离较远。应通过园路组织与景观设计引导视线。

### SWOT 分析

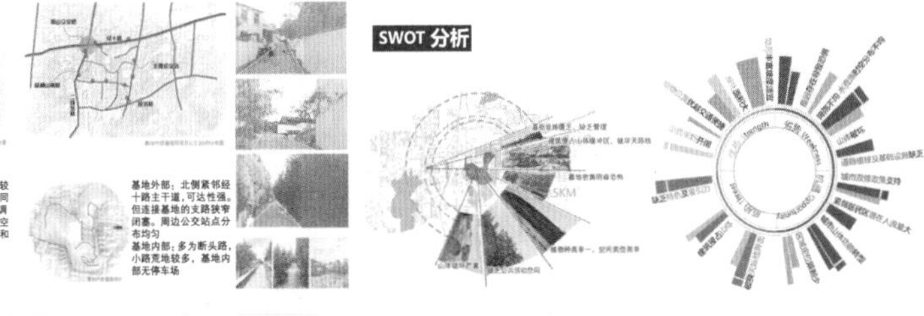

## 总平面图

| 公园总面积(㎡) | 用地类型 | 面积(㎡) | 比例（%） | 备注 |
|---|---|---|---|---|
| 250000 | 绿化用地 | 198200 ㎡ | 79.3% | 其他用地包括城市道路用地 |
| | 建筑占地 | 1000 ㎡ | 0.4% | |
| | 园路及铺装场地用地 | 29000 ㎡ | 11.6% | |
| | 其他用地 | 13800 ㎡ | 5.5% | |
| | 水体 | 8000 ㎡ | 3.2% | |

## 解决策略

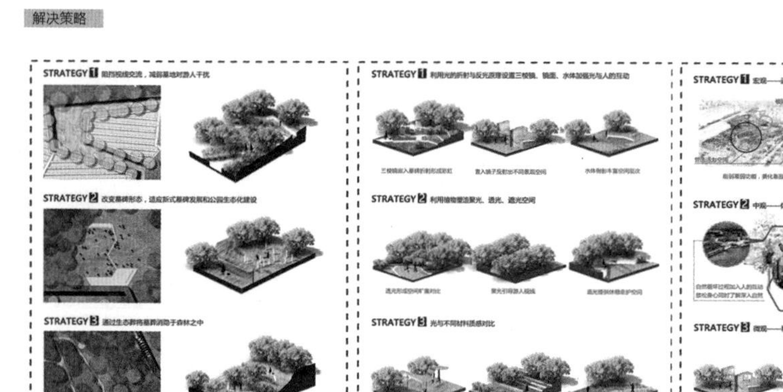

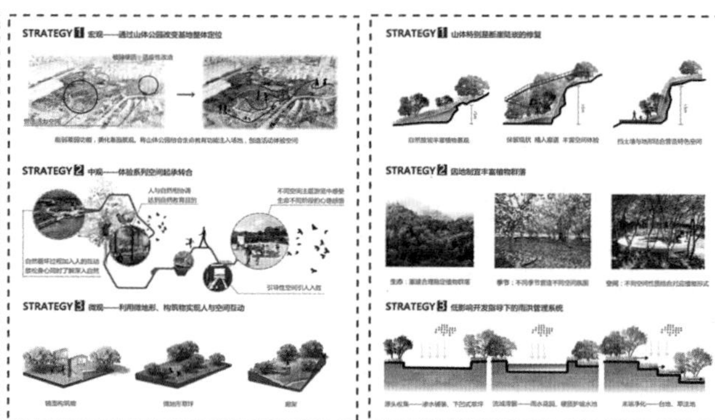

## 主题演绎

**老年主题**

廊道末端面向水面设置出挑观景台，与水广场水元素相呼应，反映生命周而复始但并不相同。结合地形设置不同休憩小平台，使人们在林间穿行之时充分融入自然，感悟自然，回味系列空间的同时感受到生命的价值和意义。

**中年主题**

廊桥的起点借用景框，利用光与空间的关系通过漏光、透光，使山顶与起点形成视线上的联系，隐喻人生中为了目标而努力奋斗。之后进入树荫郁闭的登山廊道，廊道时急时缓反映了中年奋斗路上的坎坷与奋进。

**青年主题**

通过镜子的设置，利用光的折射属性将周围的自然环境引入空间中。中央构筑物时而使人在景观中消隐，时而反映出不同视角的游人通过不同的镜子构筑物反映周围世界的奇妙，激发游人宛如青年时期的好奇心和求知欲。

**幼年主题**

水为生命之源，幼年主题的广场以水为主要元素，富有动感的旱喷、布置着彩色构筑物的浅水池以及搭配丰富鲜艳的花卉台地构成了艳丽活泼的空间氛围，反映了如孩童般纯真鲜艳的心境。

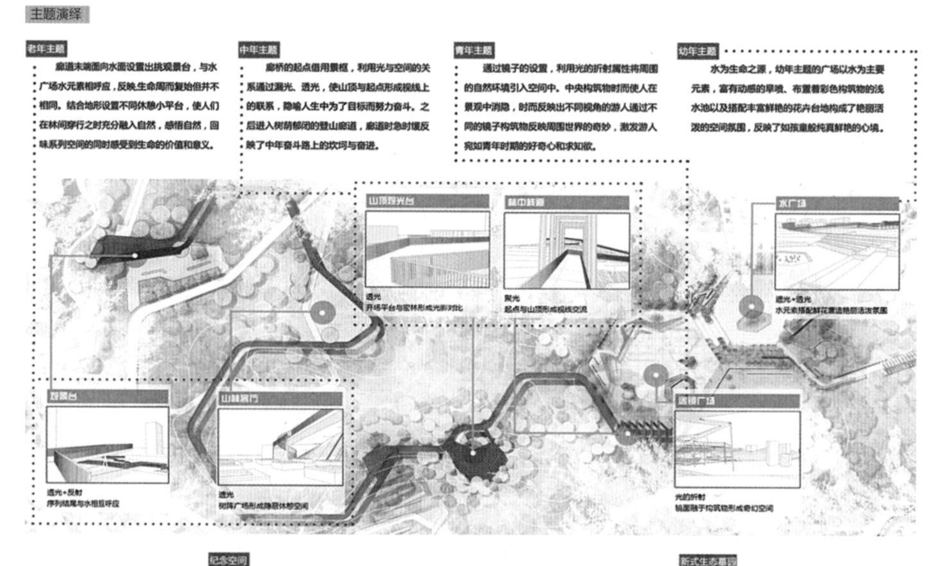


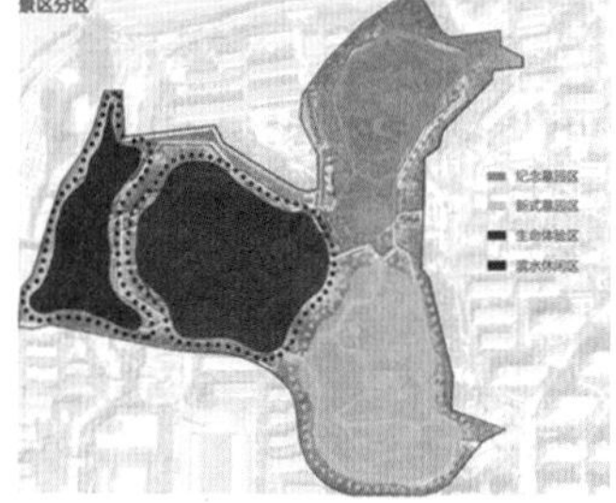


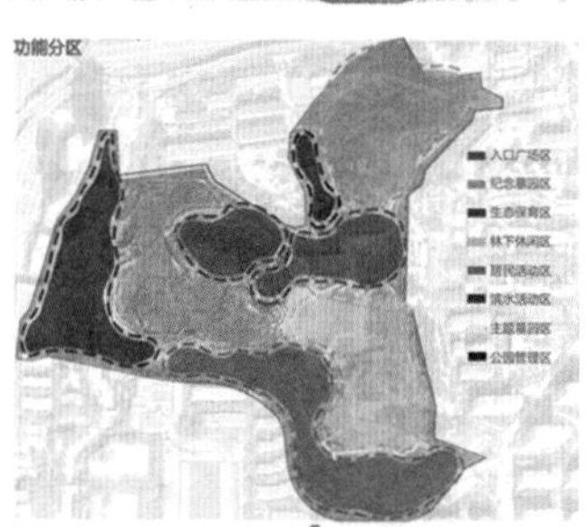


**纪念空间**

**展览纪念空间**：通过构筑物加强对光的利用。建筑分为展览科普与纪念两部分主要功能

**墓园纪念空间**：保留场地内建设较完整墓地，在其基础上加入一条嵌道，分割视线，象征亲人心中的伤痛

**堑道纪念空间**：营造半封闭的林下空间，与目的型城市先隔离同时断点处强光引导游人前行

**草坪纪念空间**：与栈道形成空间对比。作为南北两部分的缓冲空间，利用开阔草坪起到洗涤净化的作用

**新式生态墓园**

**三棱镜与墓碑微改造**：探索墓碑的多种形式既保留原有墓碑样式，又缓解幽闭气氛

**嵌草新型墓碑**：纳骨廊与新式墓碑的结合营造内向型静思空间，大理石等材质的墓碑倒映着纪念者与自然的影子

**立柱新型墓碑**：减小墓碑体积转换为细柱，随着时间变化，影子也不停变动，形成动态的互动空间

**生态葬**：类型包括：草坪葬、树葬、花葬多种形式，将墓园融于自然

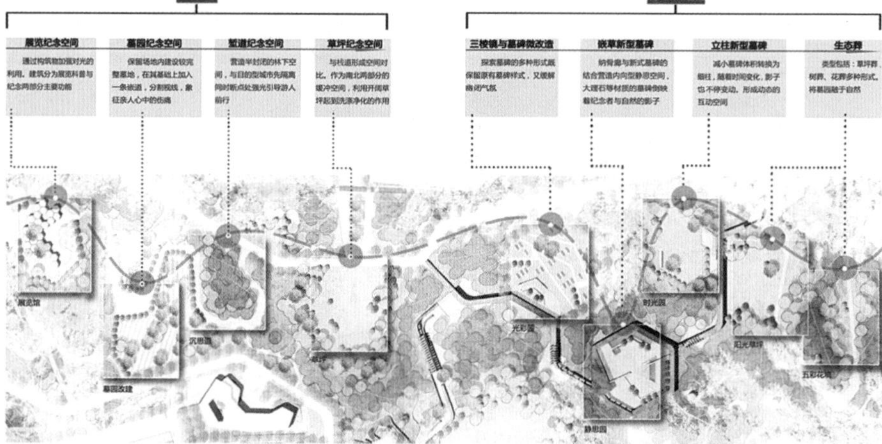

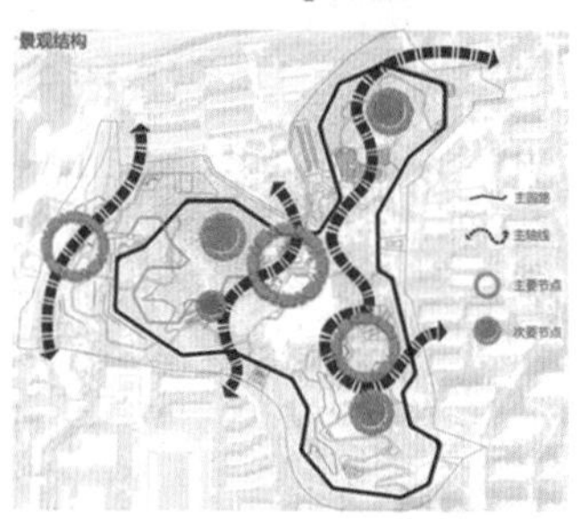


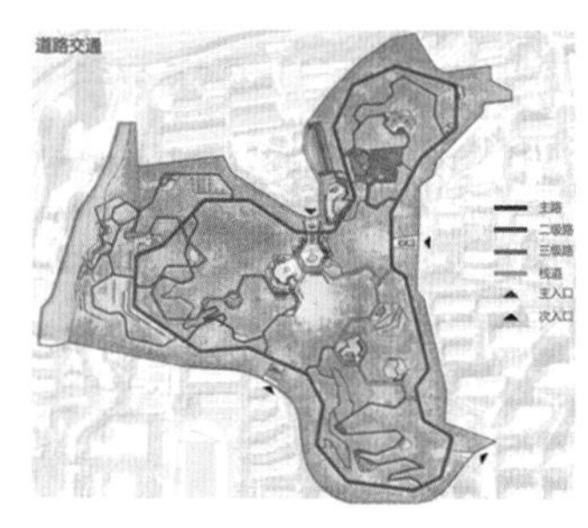


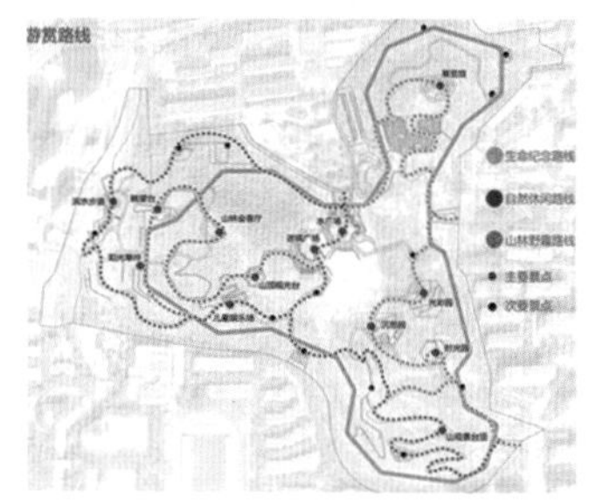

## 详细设计

### 滨水活动区设计

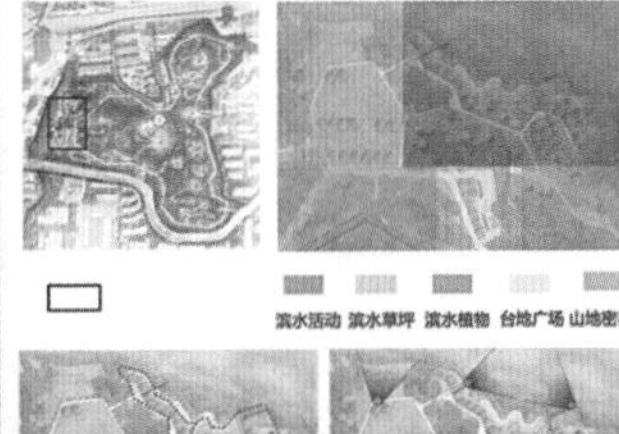


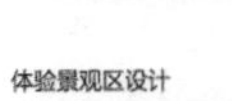

### 体验景观区设计

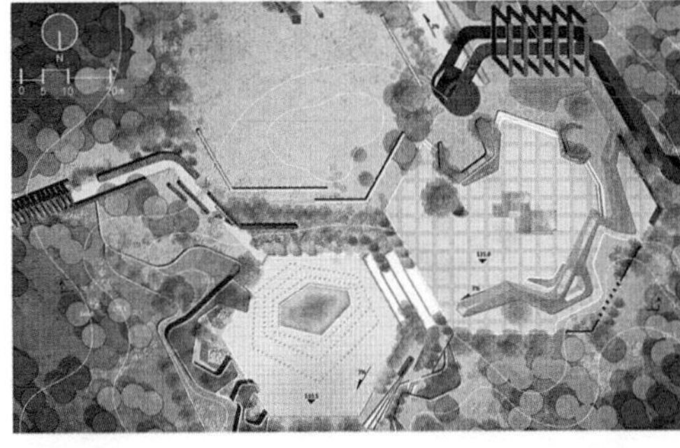

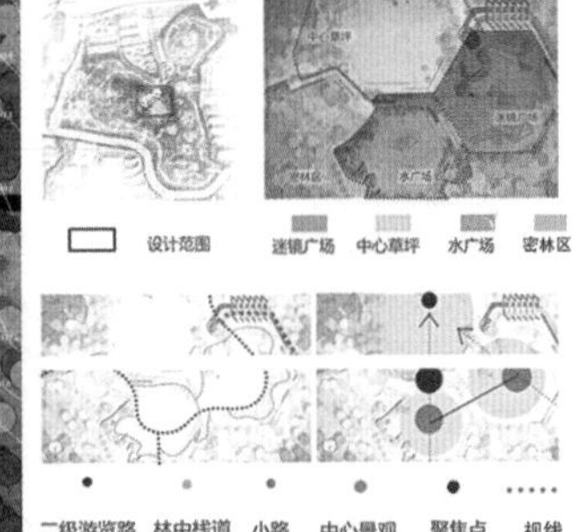


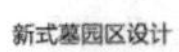

### 新式墓园区设计

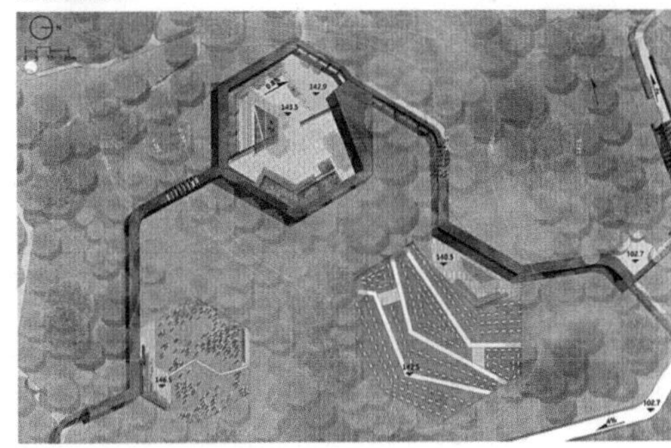

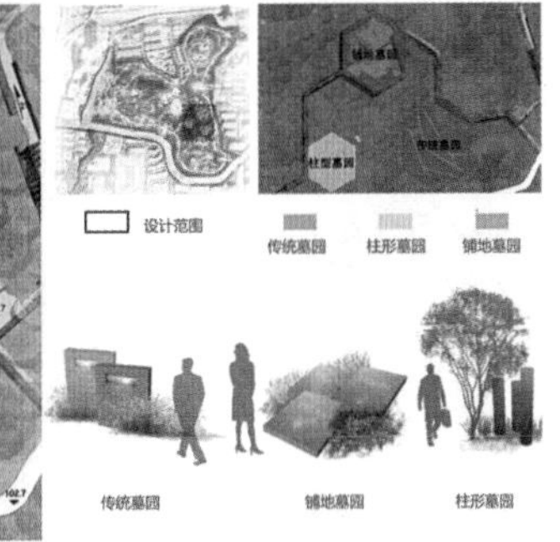


## 植物专项

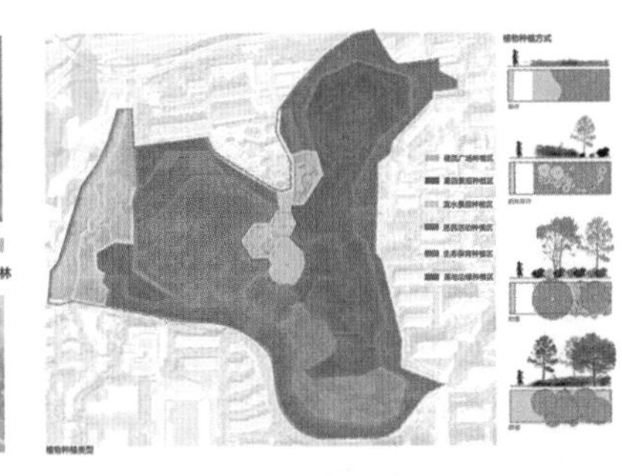

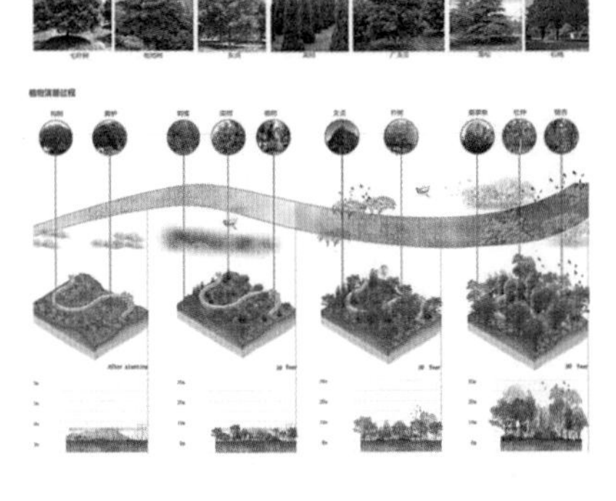

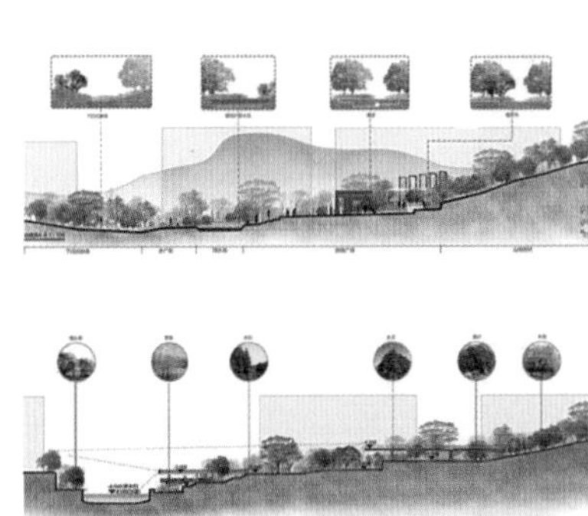

# 日照市海曲公园扩建改造设计

Author
2013级
李婷婷
吕英烁
刘　彧
马　悦
贾　勐

Advisor
王洁宁

Site
山东省日照市

## 蓄水箱

本次设计聚焦于资源性缺水地区（山东省日照市）自然山体汇水的河流中下游部分的“Y”字形交叉口地段，通过对“Y”字形河流交叉口的空间模型研究和河水流量及流体动力学的计算，设计引水装置“柳叶岛”，实现对上中游部分河水的引流。借鉴仿生学理论设计骆驼蓄水系统，完成对上中游部分水流的蓄积与储备。在解决缺水城市蓄水难题下，结合高差与新材料，设计围绕公园的水环桥，满足城市公园的植物灌溉与科普需求。同时，运用风景园林的设计手法，对公园进行整体更新改造，创造生态、活力、美丽的绿地环境。规划设计可概括为“城市公园对于干旱灾害的缓解性设计”，努力构建一个适用于城市“Y”字形河流交叉口公园的普适性蓄水模型，为资源性缺水城市提供一种节水、蓄水、用水的思路。

规划设计目标

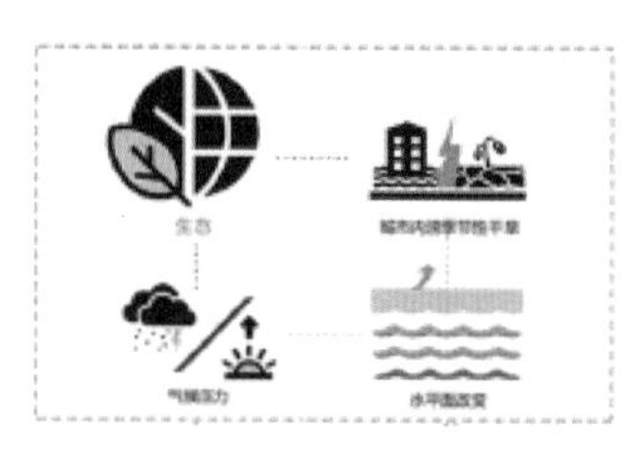

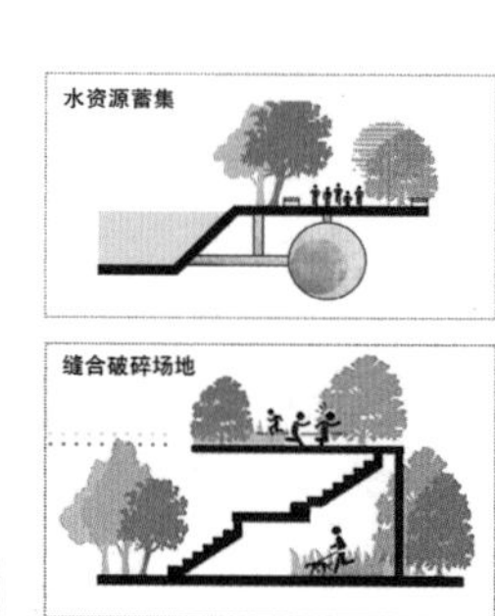


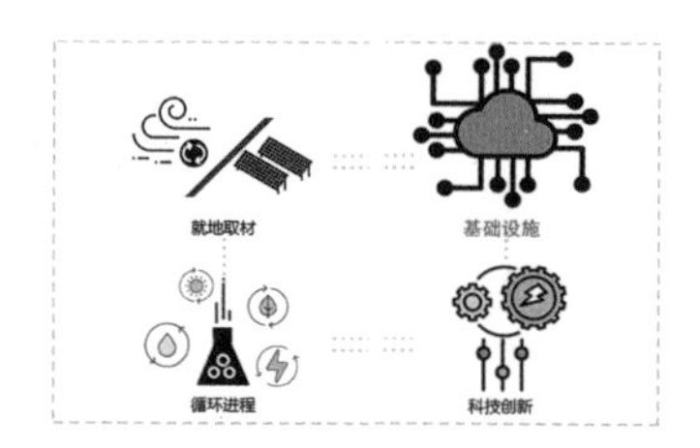


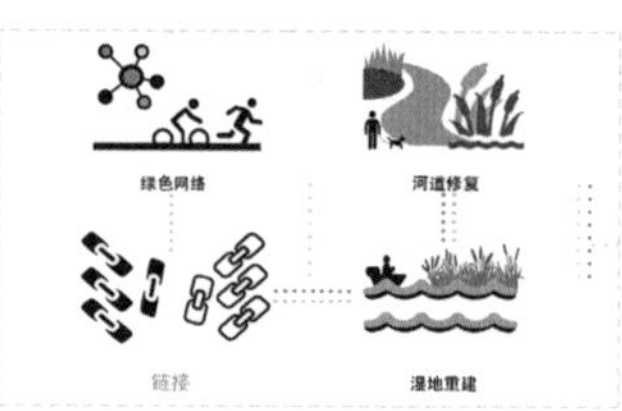


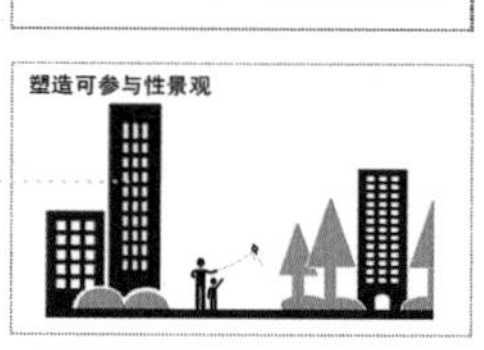


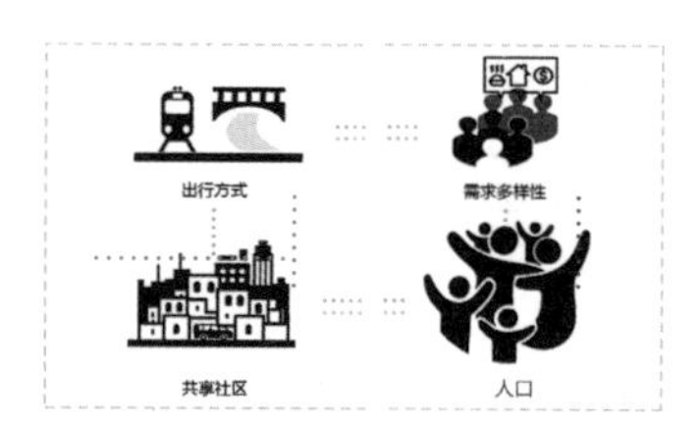

基地问题分析

规划设计策略

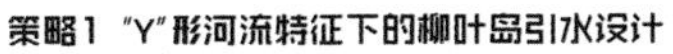


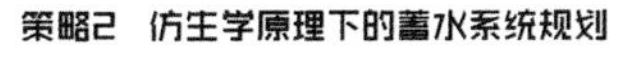


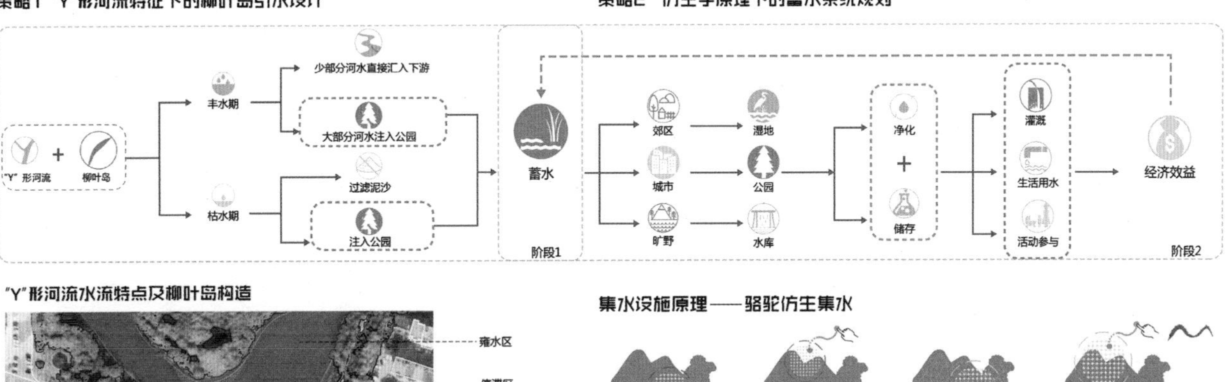

策略3 立体园路系统构建

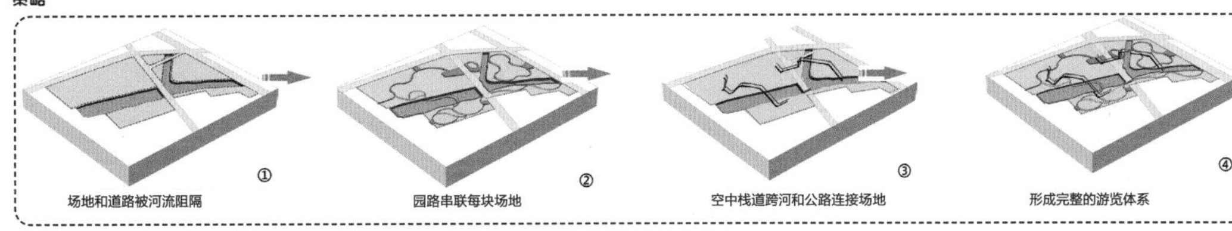


策略4 河岸的参与性景观

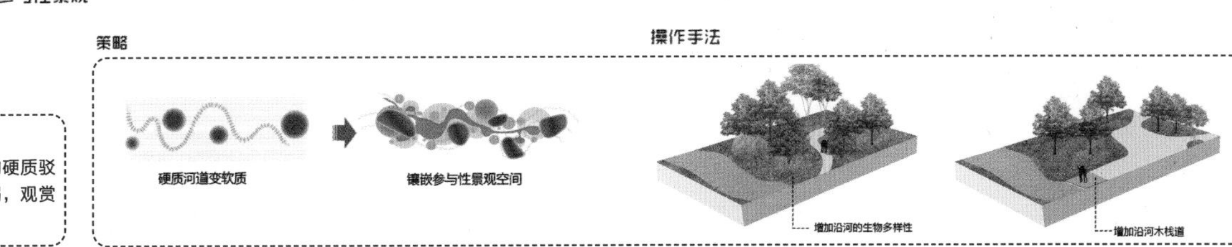

规划设计平面

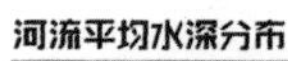
河流平均水深分布

季节性水位变化

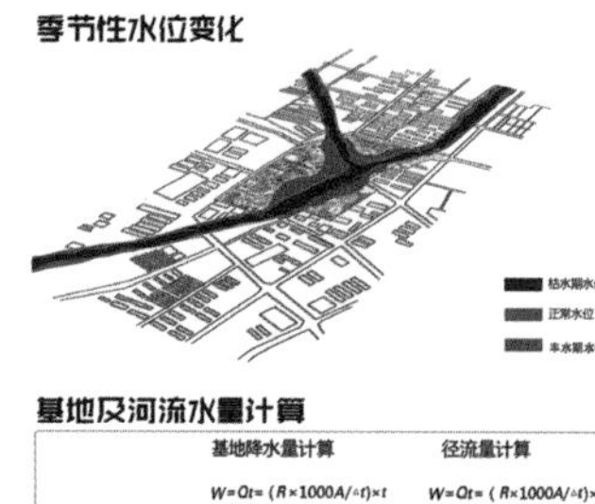


基地及河流水量计算

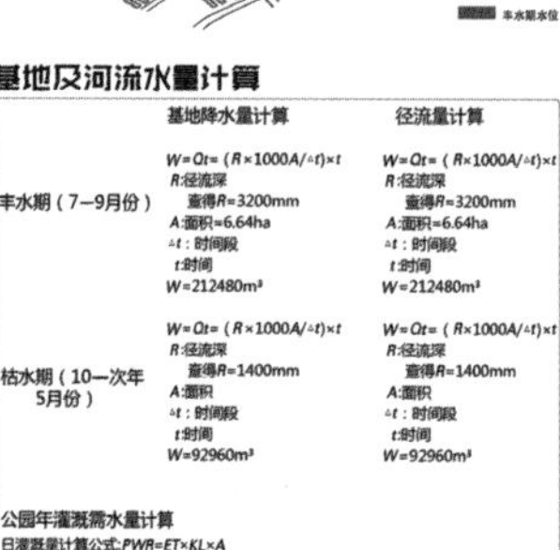

| | 基地降水量计算 | 径流量计算 |
|---|---|---|
| 丰水期（7—9月份） | $W=Qt=(R\times1000A/\Delta t)\times t$<br>$R$:径流深<br>查得$R$=3200mm<br>$A$:面积=6.64ha<br>$\Delta t$：时间段<br>$t$:时间<br>$W$=212480m³ | $W=Qt=(R\times1000A/\Delta t)\times t$<br>$R$:径流深<br>查得$R$=3200mm<br>$A$:面积=6.64ha<br>$\Delta t$：时间段<br>$t$:时间<br>$W$=212480m³ |
| 枯水期（10—次年5月份） | $W=Qt=(R\times1000A/\Delta t)\times t$<br>$R$:径流深<br>查得$R$=1400mm<br>$A$:面积<br>$\Delta t$：时间段<br>$t$:时间<br>$W$=92960m³ | $W=Qt=(R\times1000A/\Delta t)\times t$<br>$R$:径流深<br>查得$R$=1400mm<br>$A$:面积<br>$\Delta t$：时间段<br>$t$:时间<br>$W$=92960m³ |

公园年灌溉需水量计算

日灌溉量计算公式:$PWR=ET\times KL\times A$

经查得，$ET$取0.15-0.20，$KL$取1.0，$A$为公园面积,乘天数得年灌溉需水量为116132m³。

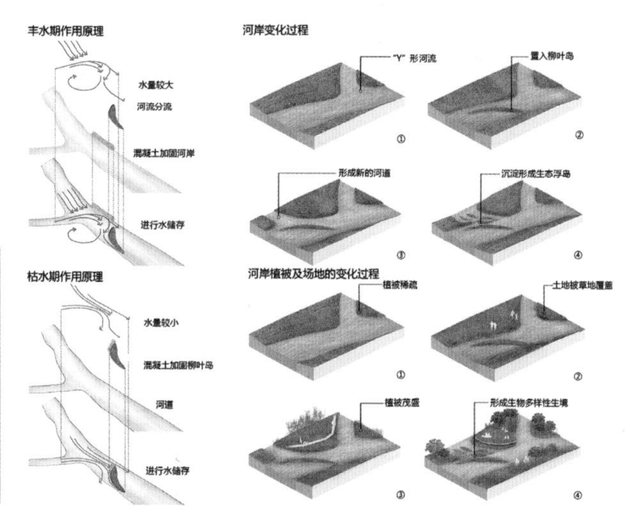

骆驼蓄水系统规划

蓄水设计构造与布局

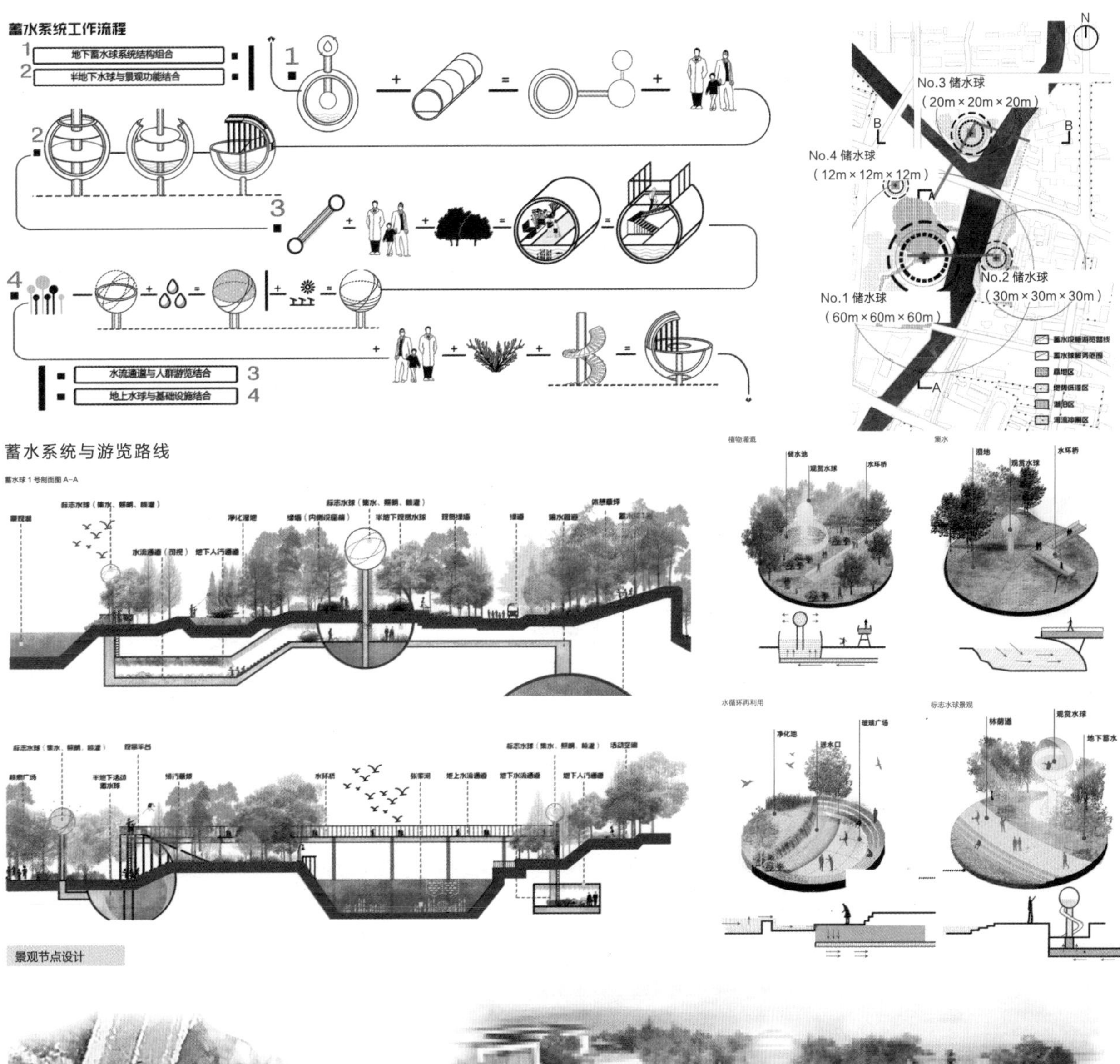


景观节点设计

LANDSCAPE

# 盐碱地上的生态“绿舟”

Author
2012级
秦　桢
解淑芳
韩金钊

Advisor
宋　凤
肖华斌
姜芊孜

Site
山东省潍坊市

**基于绿色校园理念的山东海洋科技大学中心绿地规划设计**

山东海洋科技大学位于山东省潍坊市滨海新区，白浪河与虞河之间，周边用地为旅游度假、生态商住和产业园区。上位规划定位为国际化、开放型的绿色校园和智慧校园，体现海洋特色与工匠精神的应用型大学。规划主题为“扬帆起航，匠心筑梦”。中心绿地占地约30公顷，为整个校园绿地的核心。场地同时面临被道路分割、淡水缺乏、土地盐碱化、海风较大等多种生态问题。

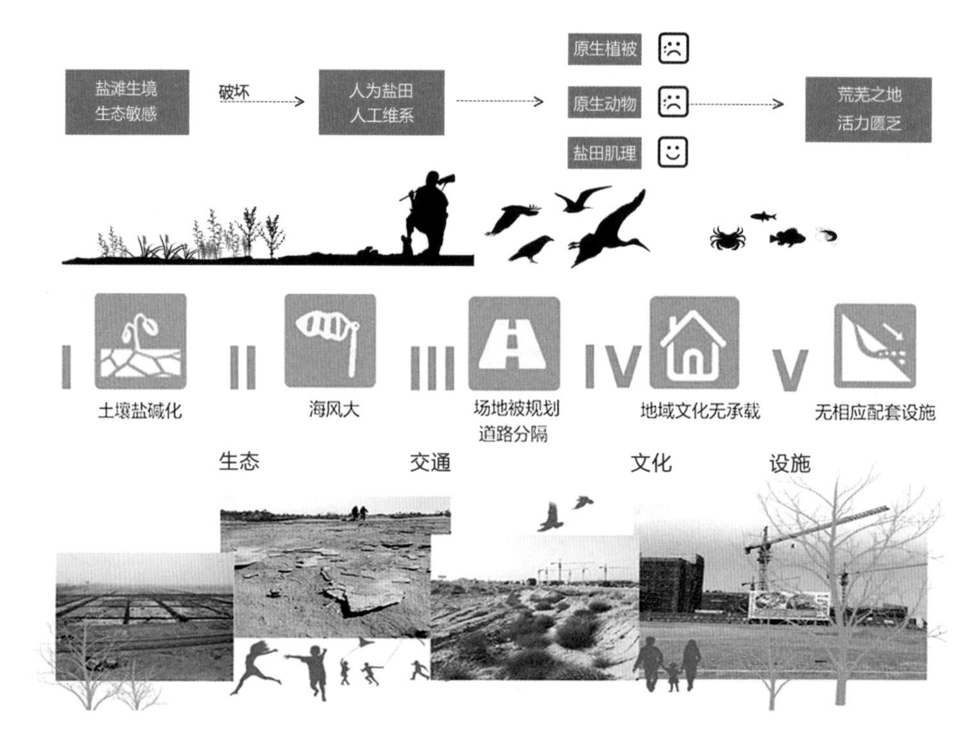

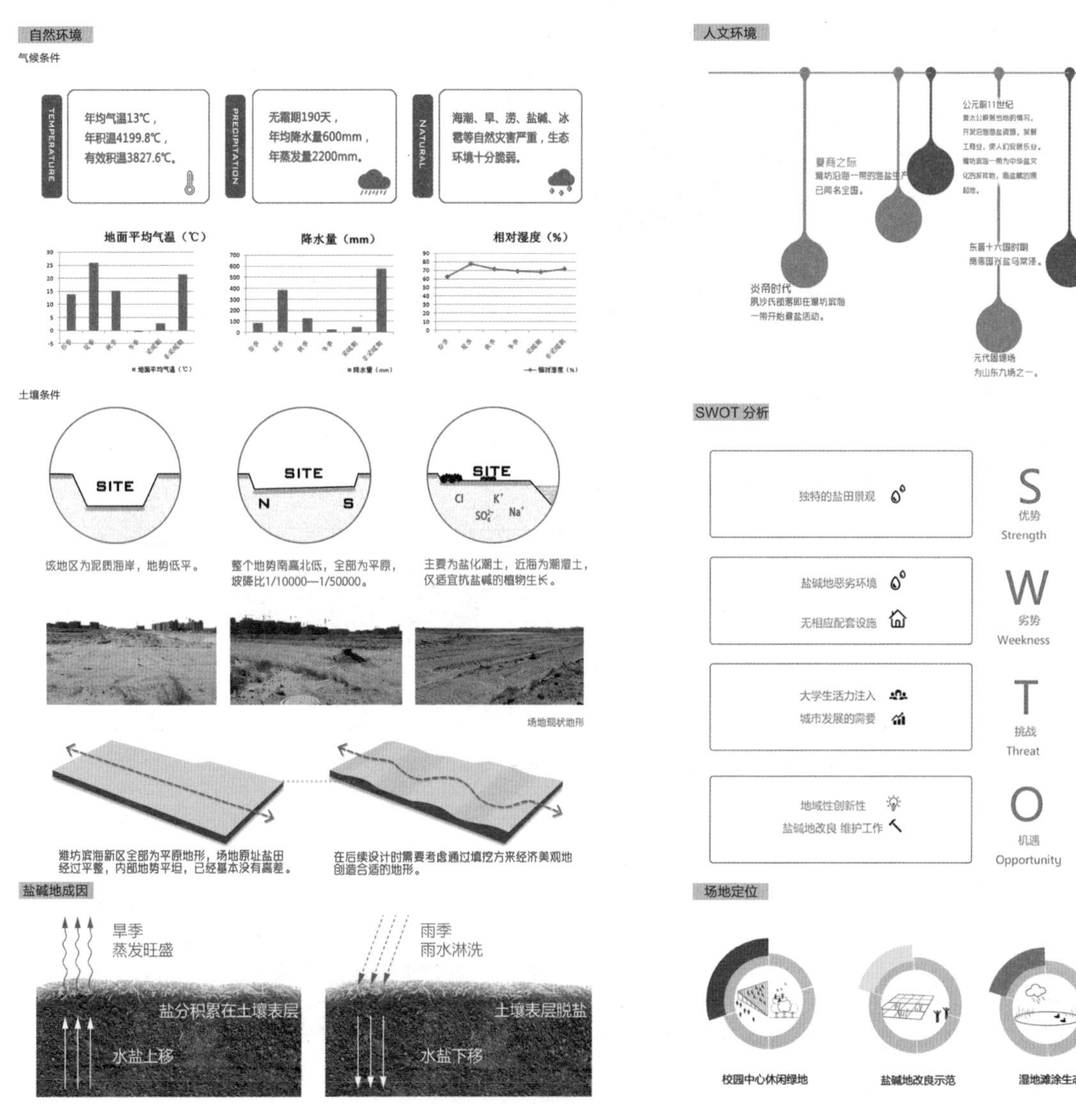




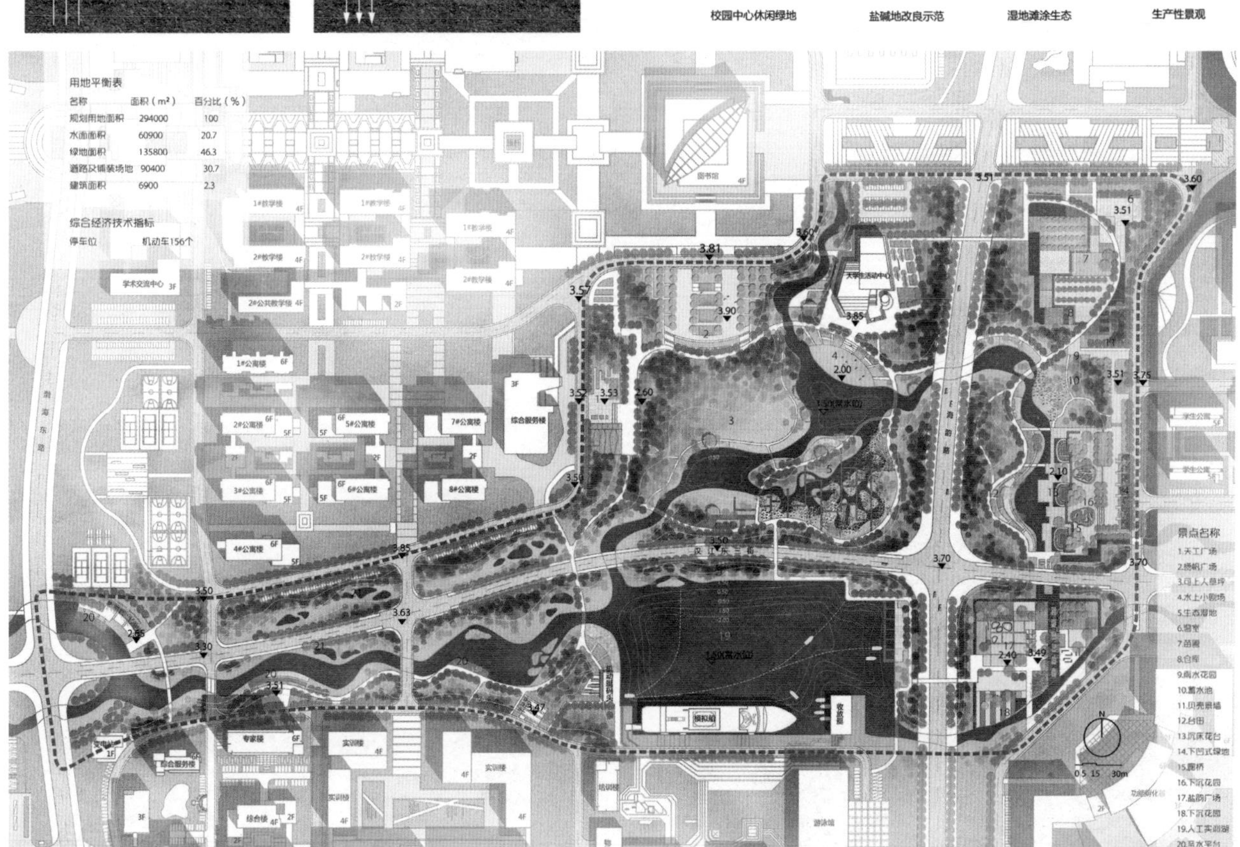

用地平衡表

| 名称 | 面积（m²） | 百分比（%） |
|---|---|---|
| 规划用地面积 | 294000 | 100 |
| 水面面积 | 60900 | 20.7 |
| 绿地面积 | 135800 | 46.3 |
| 道路及铺装场地 | 90400 | 30.7 |
| 建筑面积 | 6900 | 2.3 |

综合经济技术指标

停车位 机动车156个

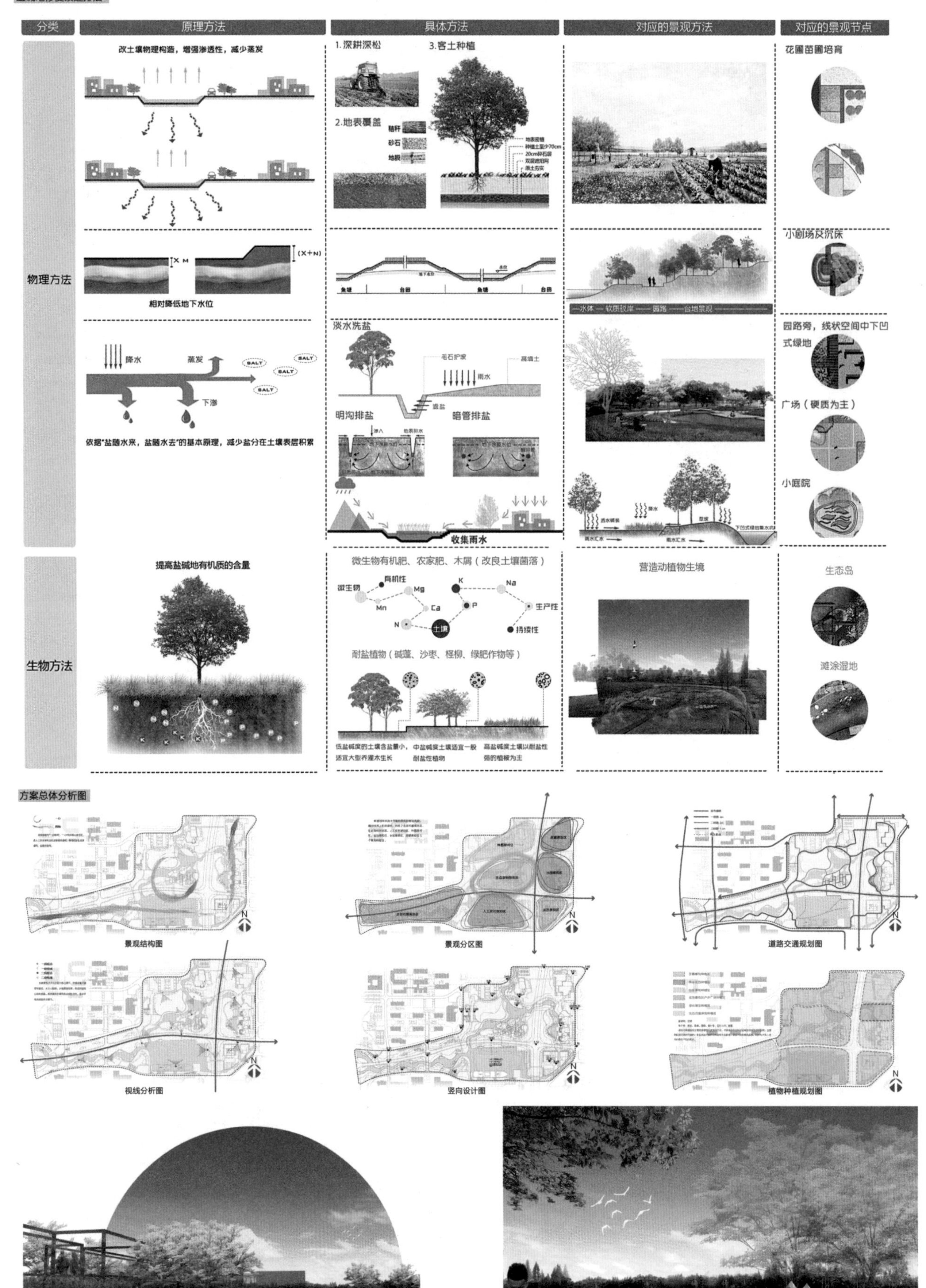
盐碱地修复改造方法
分类
原理方法
具体方法
对应的景观方法
对应的景观节点
物理方法
改土壤物理构造，增强渗透性，减少蒸发
相对降低地下水位
降水
蒸发
下渗
依据"盐随水来，盐随水去"的基本原理，减少盐分在土壤表层积累
1.深耕深松
2.地表覆盖
3.客土种植
淡水洗盐
明沟排盐
暗管排盐
收集雨水
花圃苗圃培育
小剧场及沉床
园路旁，线状空间中下凹式绿地
广场（硬质为主）
小庭院
生物方法
提高盐碱地有机质的含量
微生物有机肥、农家肥、木屑（改良土壤菌落）
耐盐植物（碱蓬、沙枣、柽柳、绿肥作物等）
营造动植物生境
生态岛
滩涂湿地
方案总体分析图
景观结构图
景观分区图
道路交通规划图
视线分析图
竖向设计图
植物种植规划图

## 植物规划

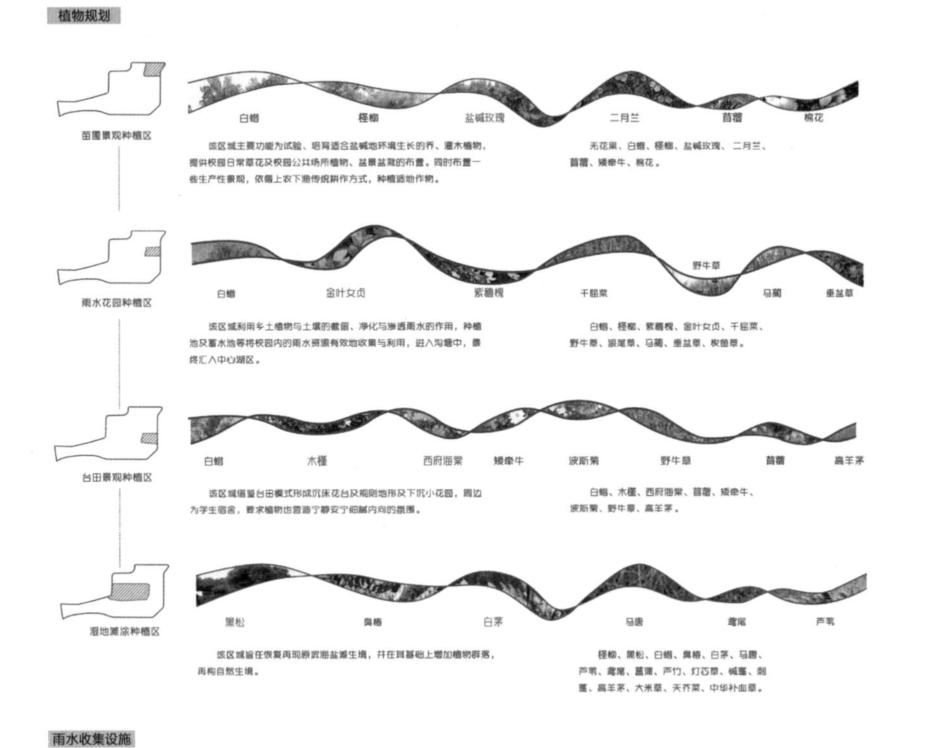


## 典型植物景观断面图

## 雨水收集设施

湿生植物

溢流口

雨水暂存槽

雨水种植池示意图

导流渠

卵石铺底

雨水积蓄池示意图

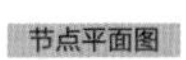

## 节点平面图

### 节点位置

### 景点名称

1. 密林
2. 台田
3. 水池
4. 沉床花台
5. 廊桥
6. 下沉花园
7. 下凹式绿地

### 铺装类型

透水沥青路面

灰白色方形广场砖

沙土

米黄色水洗石

### 植物配置

白蜡 木槿 西府海棠 矮牵牛

波斯菊 野牛草 高羊茅 睡莲

A-A 剖面图

# 岳滋村软枣沟水利景观规划设计

Author
2011级
李　爽
许楚晴
于洪洋
刘疏彤

Advisor
宋　凤
肖华斌

Site
山东省济南市

本次设计立足于山东济南章丘岳滋村软枣沟，在低冲击、低影响、保持地域特色等理念的指导下，结合当下对于水土保持、水资源管理与保护、雨洪管理等政策法规的响应，以水为基地，深入挖掘村中泉水与生产结合的方式及原理，并对此加以运用。并在设计时加入了北方农田间流传下来的传统水利设施，为软枣沟注入了新的活力。利用软枣沟得天独厚的地貌环境特征和多泉的特点，深入探讨生态智慧下传统村落水利景观规划设计的方向和方法，将软枣沟打造成为展示传统水利景观的窗口，集休闲、娱乐、科普、展示于一体的综合特色景区。

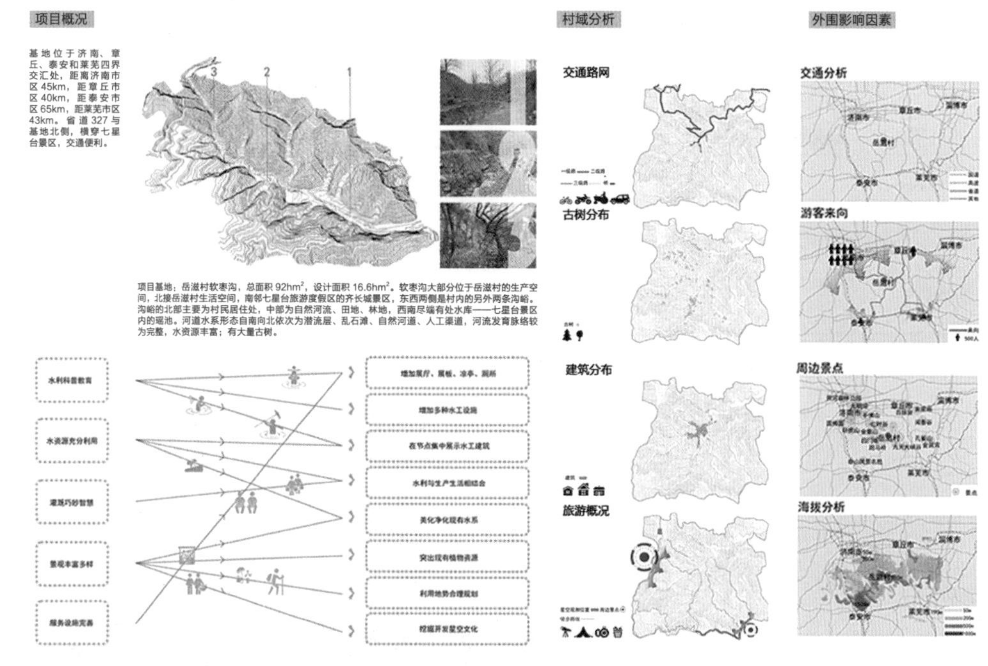

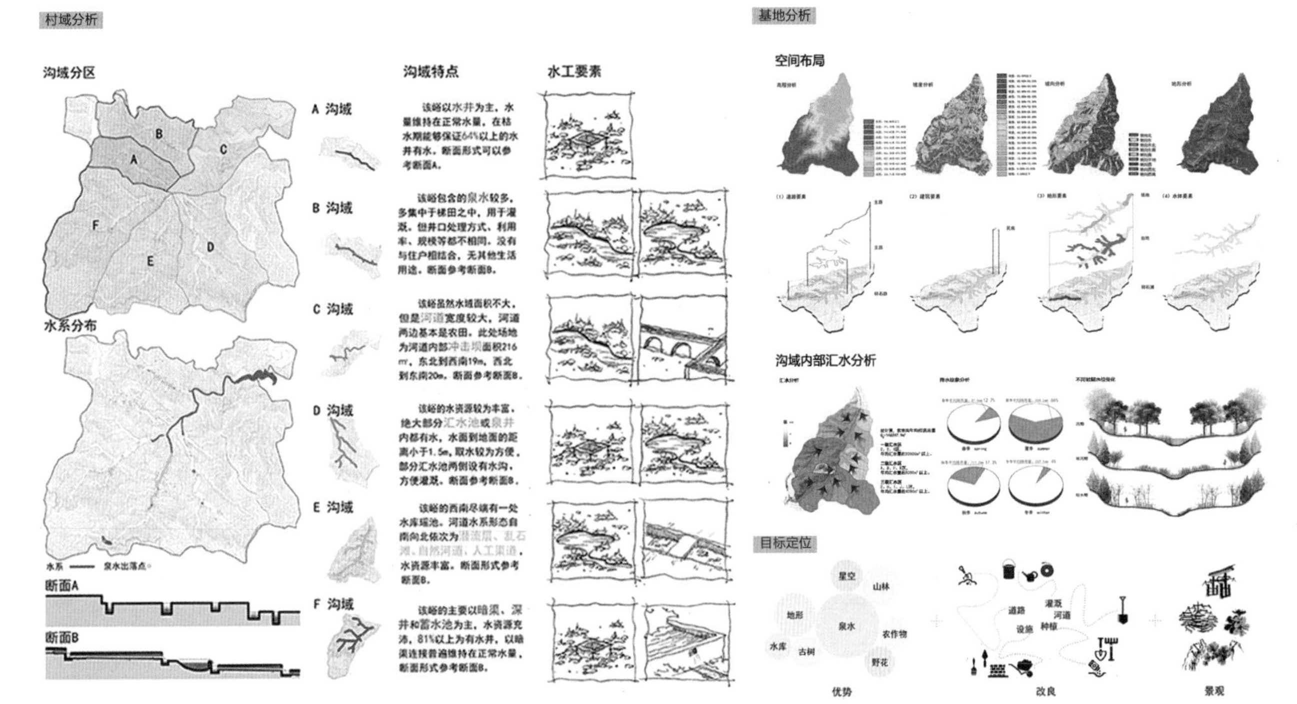
村域分析
沟域分区
A
B
C
D
E
F
水系分布
水系 —— 泉水出露点
断面A
断面B
沟域特点
水工要素
A 沟域
该峪以水井为主，水量维持在正常水量，在枯水期能够保证64%以上的水井有水。断面形式可以参考断面A。
B 沟域
该峪包含的泉水较多，多集中于梯田之中，用于灌溉。但井口处理方式、利用率、规模等都不相同，没有与住户相结合，无其他生活用途。断面参考断面B。
C 沟域
该峪虽然水域面积不大，但是河道宽度较大，河道两边基本是农田。此处场地为河道内部冲击坝面积216㎡，东北到西南19m，西北到东南20m。断面参考断面B。
D 沟域
该峪的水资源较为丰富，绝大部分汇水池或泉井内都有水，水面到地面的距离小于1.5m，取水较为方便，部分汇水池两侧设有水沟，方便灌溉。断面参考断面B。
E 沟域
该峪的西南尽端有一处水库堰池。河道水系形态自南向北依次为潜流层、乱石滩、自然河道、人工渠道，水资源丰富。断面形式参考断面B。
F 沟域
该峪的主要以暗渠、深井和蓄水池为主，水资源充沛，81%以上为有水井，以暗渠连接普遍维持在正常水量，断面形式参考断面B。
基地分析
空间布局
沟域内部汇水分析
目标定位
星空
山林
地形
泉水
水库
古树
农作物
野花
优势
道路
灌溉
河道
设施
种植
改良
景观

设计思路

概念提出

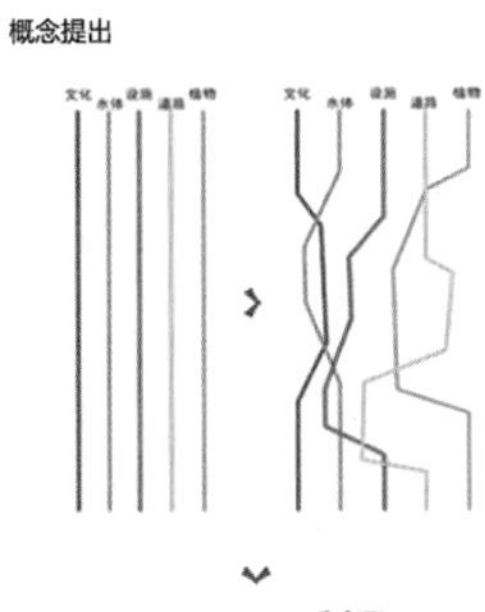
文化
水体
设施
道路
植物

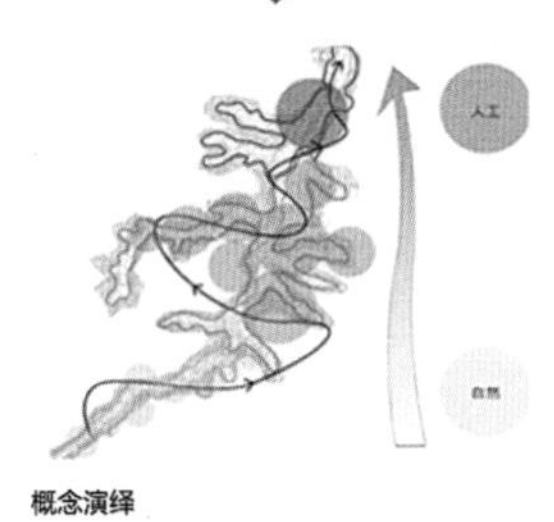
人工
自然

概念演绎

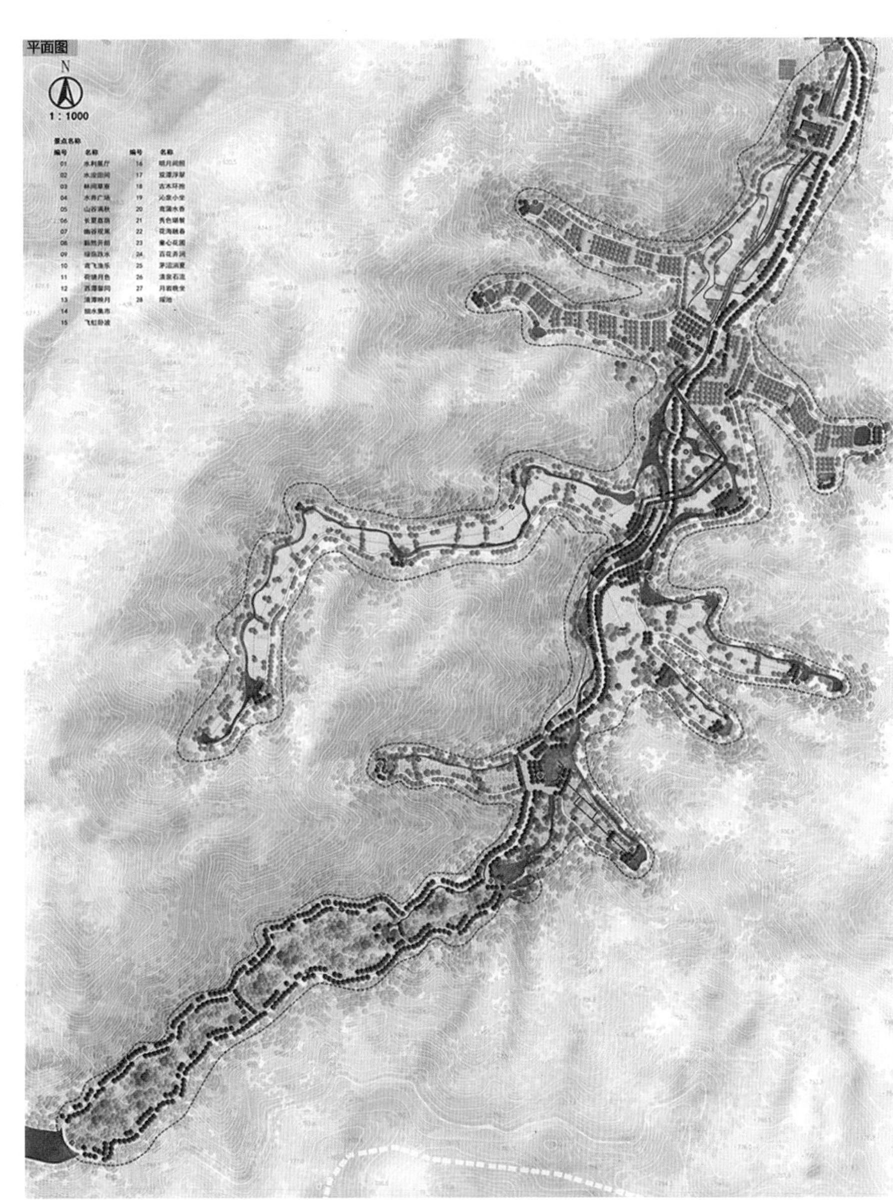
平面图
N
1：1000
景点名称
编号
名称

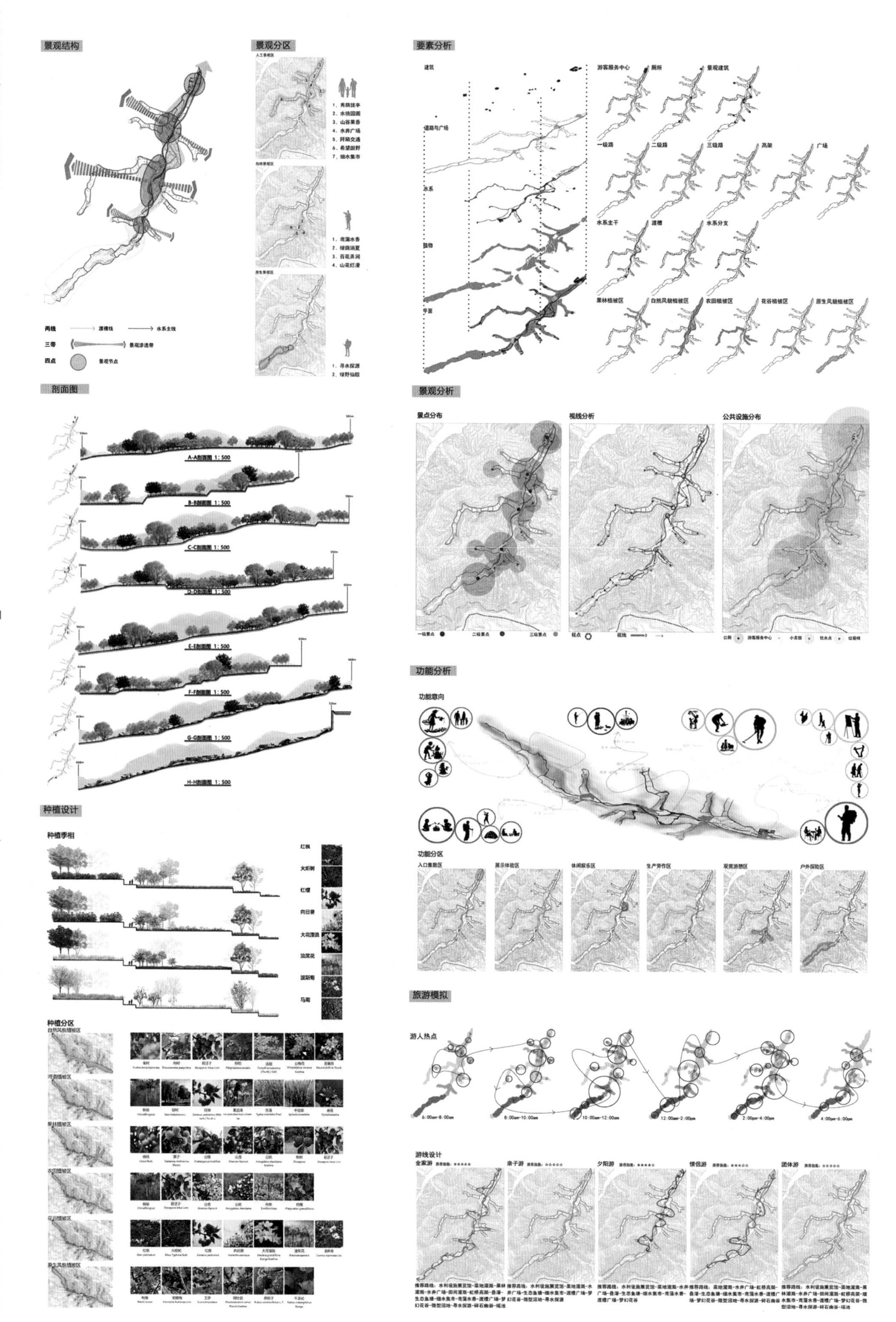
景观结构
景观分区
要素分析
剖面图
景观分析
种植设计
功能分析
旅游模拟
两线
三带
四点
景观节点
建筑
道路与广场
水系
植物
景观点分布
视线分析
公共设施分布
种植季相
种植分区
功能意向
功能分区
游人热点
游线设计
全家游
亲子游
夕阳游
情侣游
团体游

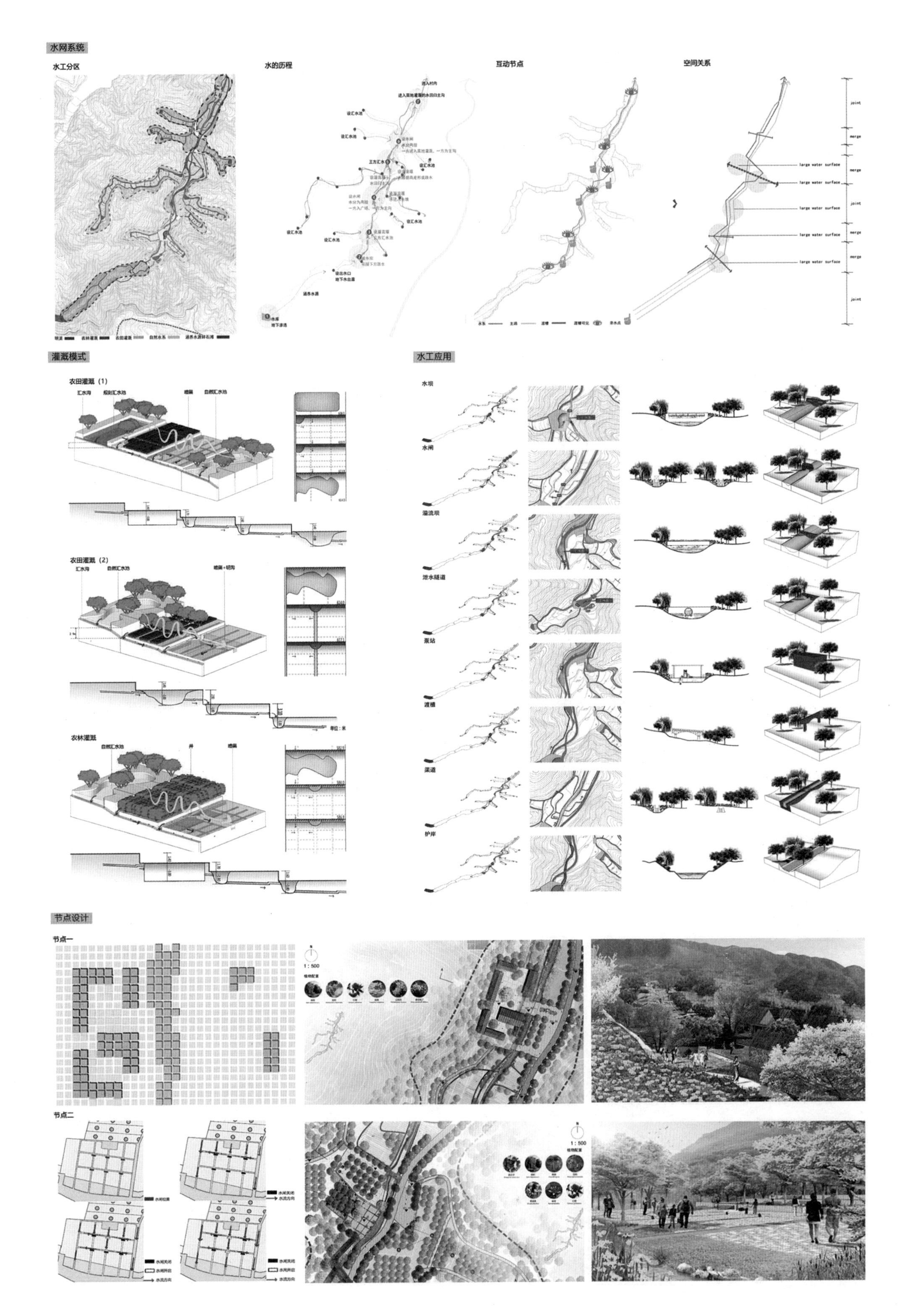
水网系统
水工分区
水的历程
互动节点
空间关系
large water surface
joint
merge
灌溉模式
农田灌溉（1）
农田灌溉（2）
农林灌溉
水工应用
水坝
水闸
溢流坝
泄水隧道
泵站
渡槽
渠道
护岸
节点设计
节点一
节点二
1：500

# 济南锦绣川水库坝下环境整治规划设计

Author
2010级
孙海燕
孙小力
李梅康
吴　洋

Advisor
宋　凤
肖华斌
任　震

Site
山东省济南市

**基于低冲击开发理念的场地改造设计研究**

景观在可见的景观结构和不可见的功能部分都发挥着重要作用，特别是在节约能源方面。通过足够的关注与智慧对地形进行处理，能够加强场地地形与雨水收集之间的关系，以济南市锦绣川水库坝下环境整治规划设计为例，试图找到有利于景观形态、能源节约与人们使用的景观设计的平衡点。

场地整体环境

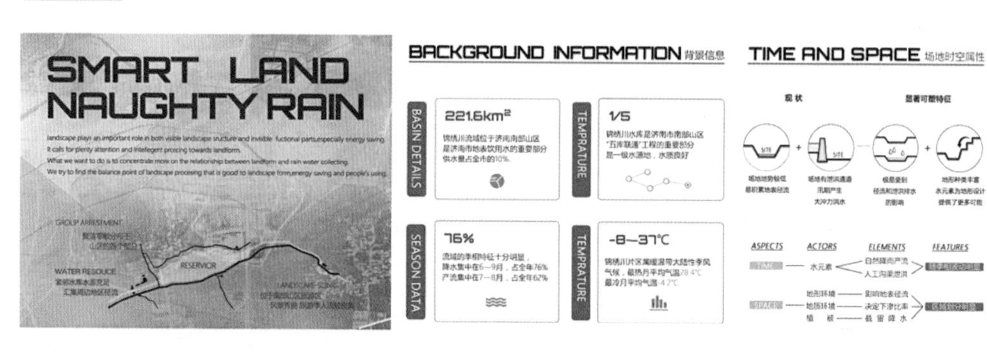


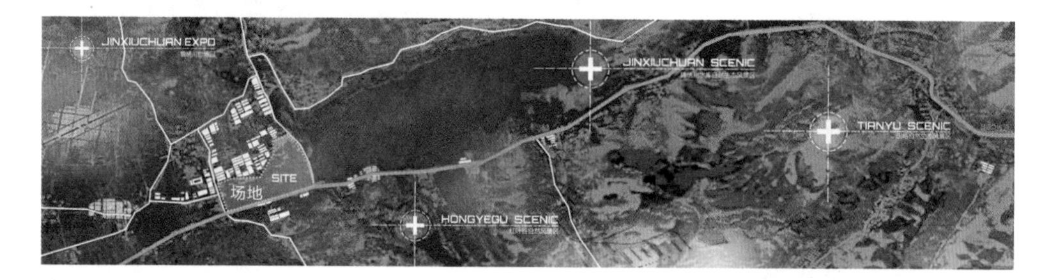

水环境分析

## WATER ELEMENT 水环境分析

自然降雨产生径流对场地的影响 RAIN AND RUNOFF IMPACT

降雨的季相变化情况

A. 降雨量变化

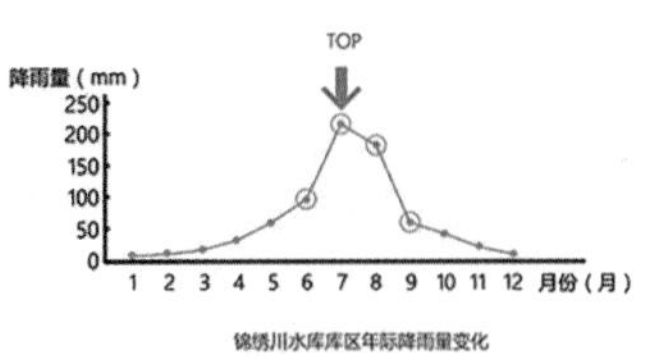

季节降水比率

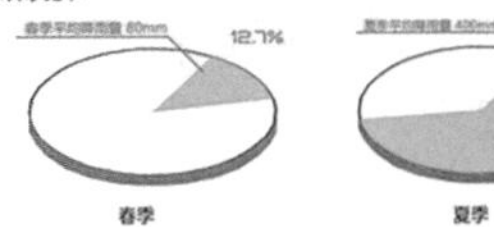

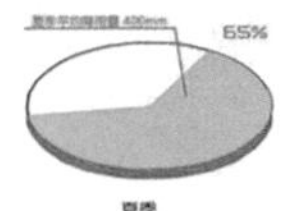

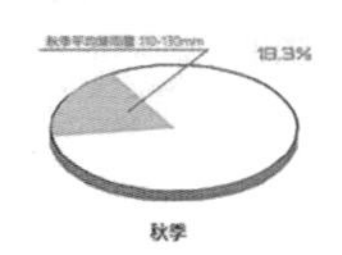

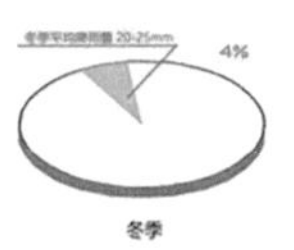

径流的季相表征

径流量表征

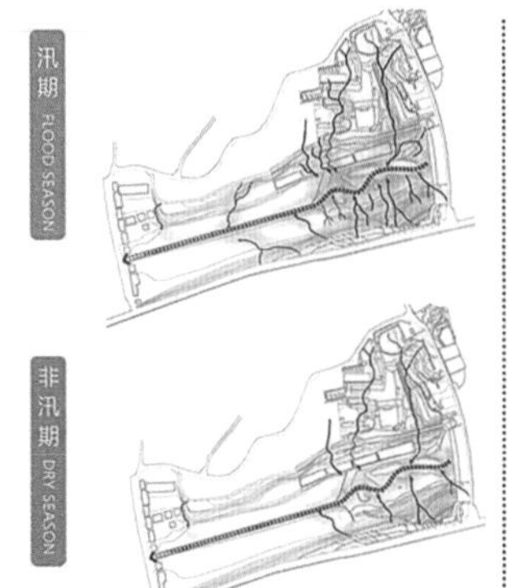

降雨量计算

$P=P_A \cdot A$

$A$：场地面积

凸地形面积：$A_凸$=13.51ha

凹地形面积：$A_凹$=5.3ha

$P_A$：月均降雨量

查得$P_A$=214mm

$P$：降雨量

经计算降雨总量：

$P=P_凸+P_凹$=40253m³

径流量计算

$W=Qt=(R \cdot 1000A/\Delta t) \cdot t$

$R$：径流深

查得$R$=143mm

$A$：面积

$\Delta t$：时间段

$t$：时间（1月）

$W$：径流量

经计算径流总量：

$W=W_凸+W_凹$=26898m³

非汛期 DRY SEASON

$P=P_A \cdot A$

$A$：场地面积

凸地形面积：$A_凸$=13.51ha

凹地形面积：$A_凹$=5.3ha

$P_A$：月均降雨量

查得$P_A$=214mm

$P$：降雨量

经计算降雨总量：

$P=P_凸+P_凹$=40253m³

$W=Qt=(R \cdot 1000A/\Delta t) \cdot t$

$R$：径流深

查得$R$=143mm

$A$：面积

$\Delta t$：时间段

$t$：时间（1月）

$W$：径流量

经计算径流总量：

$W=W_凸+W_凹$=26898m³

人工介入泄洪排水对场地的影响 FLOOD IMPACT

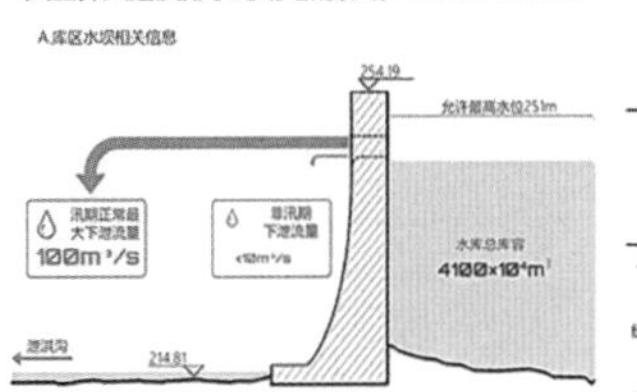

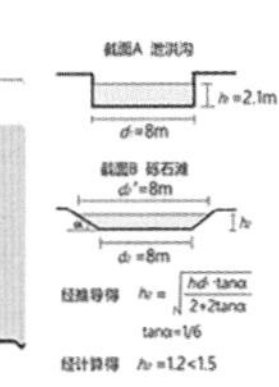

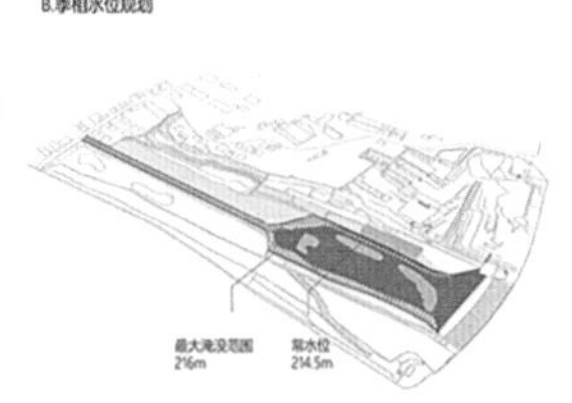

场地水地特征分类归纳 SITE CHARACTER SUMMARY

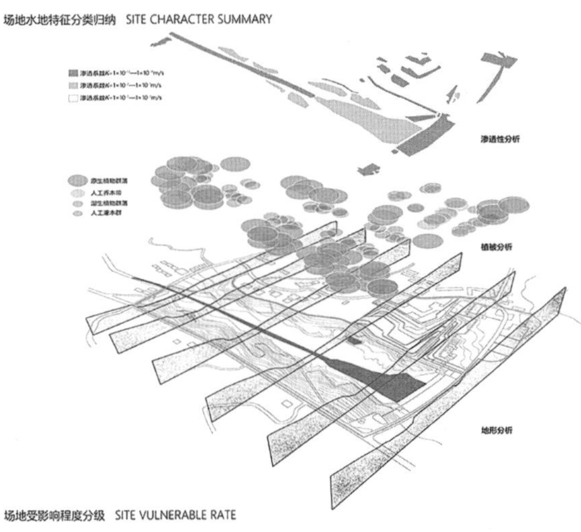

场地受影响程度分级 SITE VULNERABLE RATE

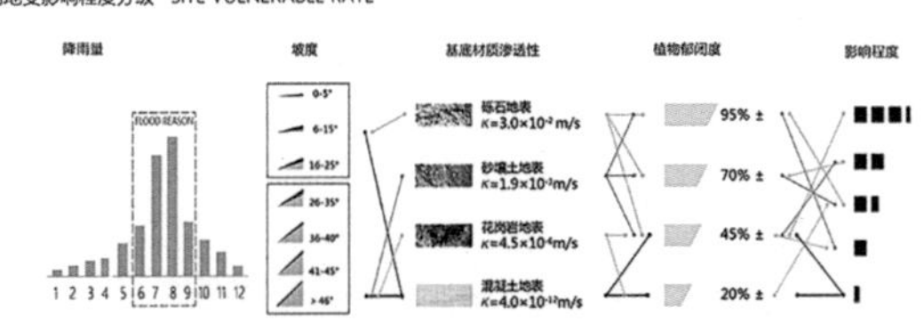

地形环境分析

坡地长期遭受流水冲刷

以人工台地建筑和硬质铺装为主

坡地开垦大片人工台地用以种植和养殖

泄洪区长期受流水冲刷形成砾石滩

场地应对水元素影响措施规划 WATER TREATMENT ARRANGEMENT

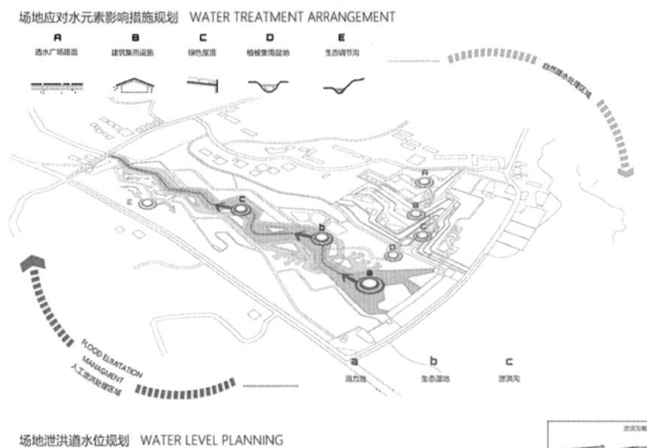

场地泄洪道水位规划 WATER LEVEL PLANNING

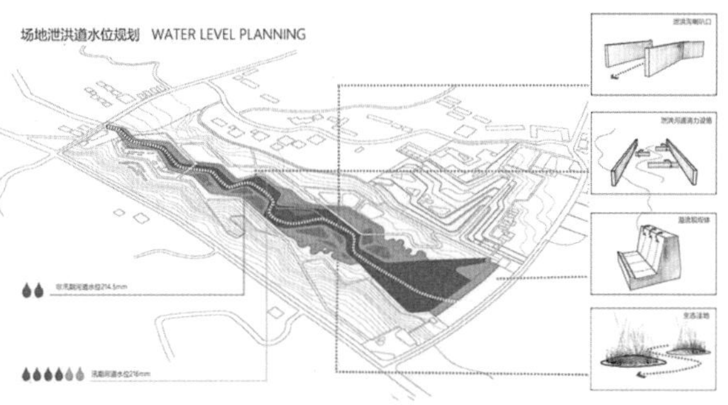

**特色场地设计**

1. 台地 TERRACE

2. 生态建筑 ARCHITECTURE

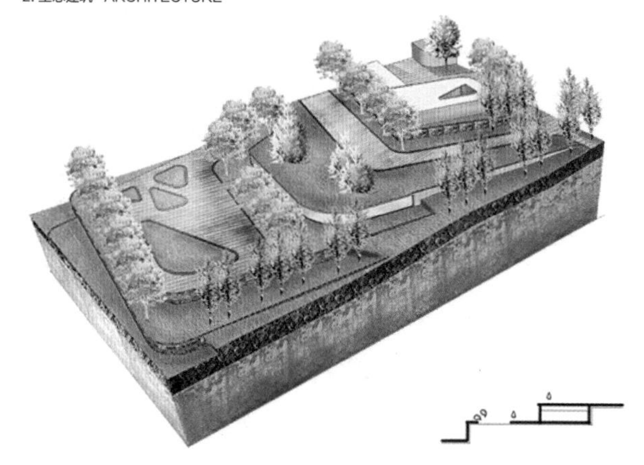

台地滞流措施

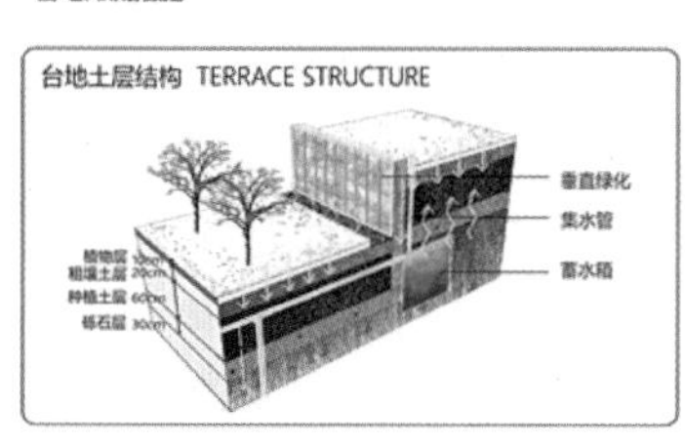


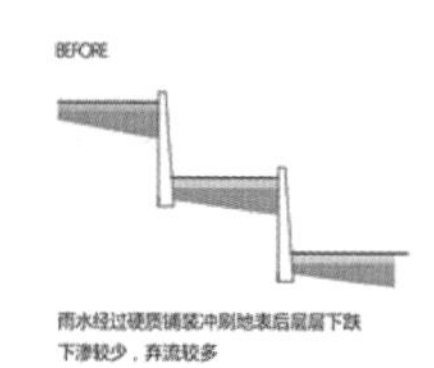


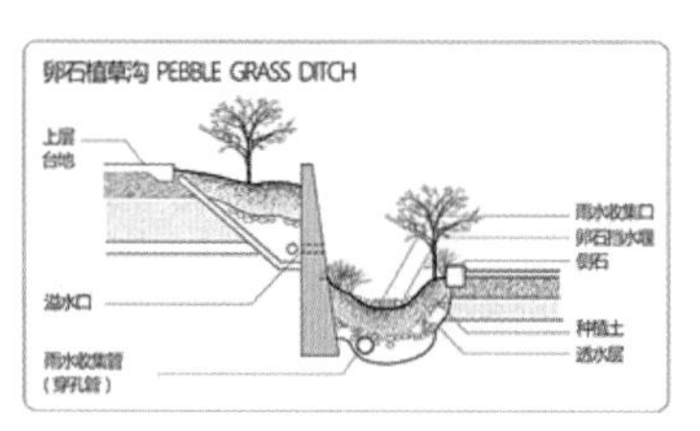


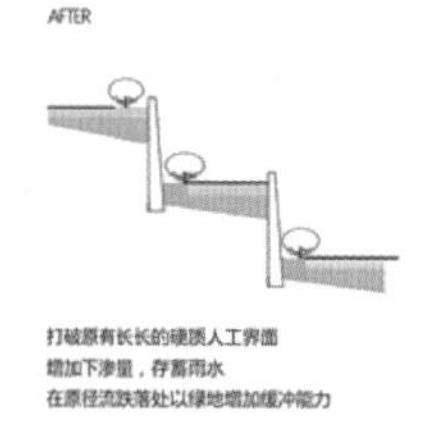


建筑集水措施

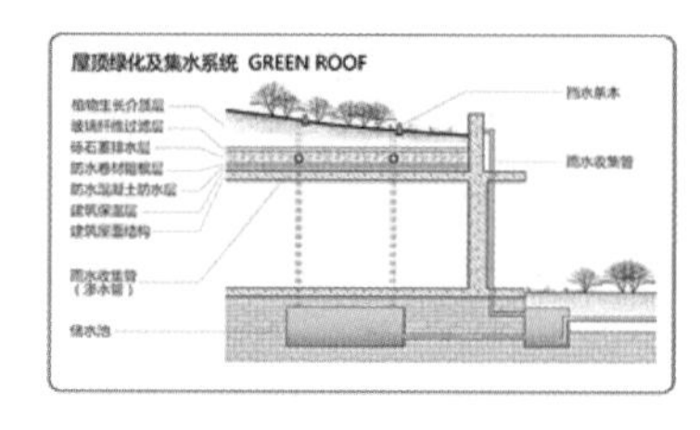


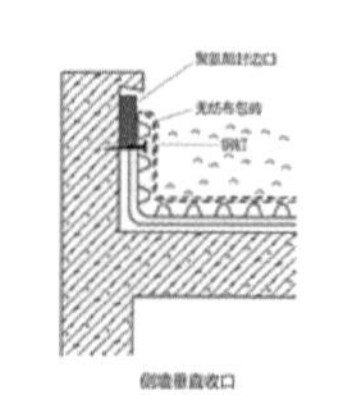

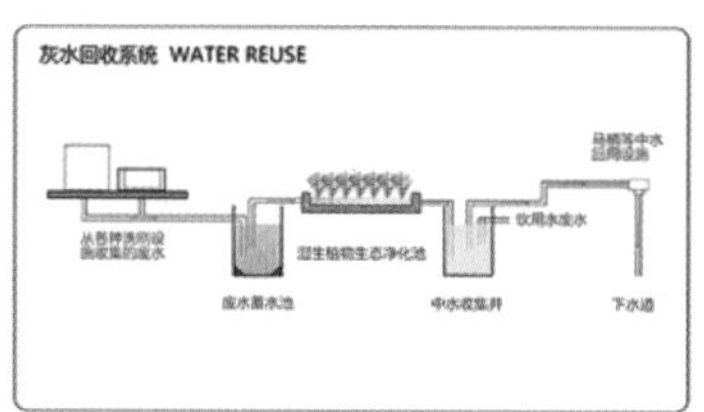


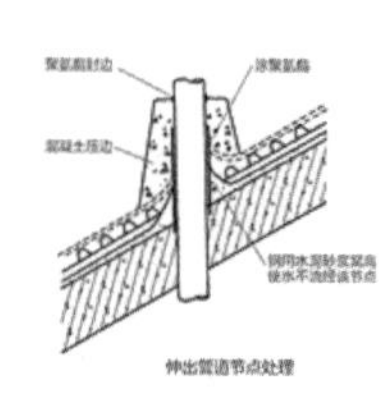


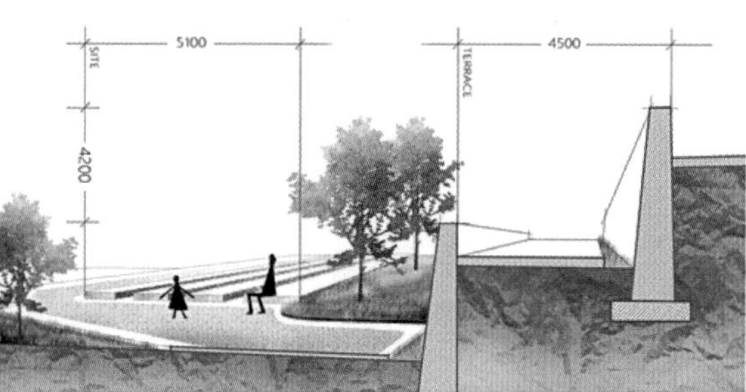


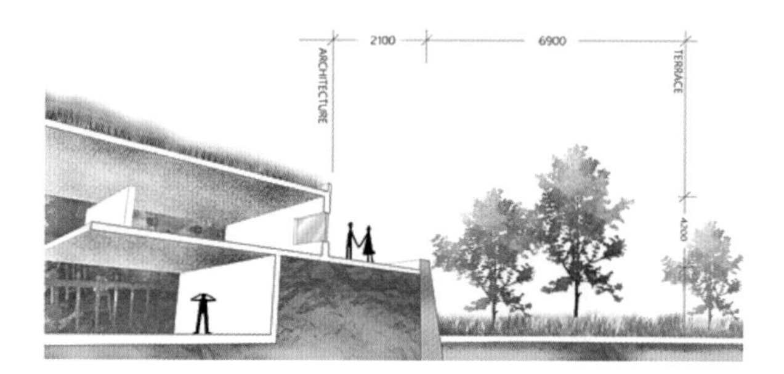


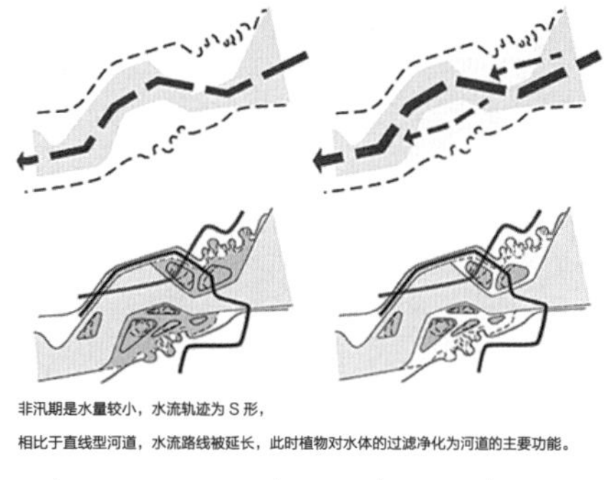

非汛期是水量较小，水流轨迹为S形，

相比于直线型河道，水流路线被延长，此时植物对水体的过滤净化为河道的主要功能。

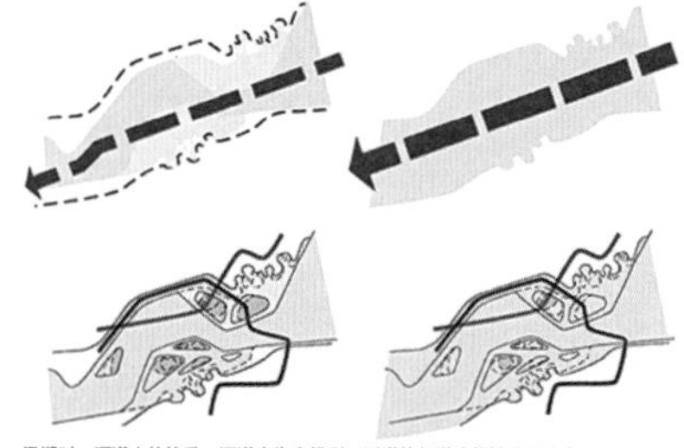

汛期时，河道水位抬升，河道变为直线型，河道的行洪功能被凸显出来。

岛屿高低不同，可以通过观察岛屿露出水面部分的形态，得知水位的高低情况，对不安全性作出判断。

水流季相变化图

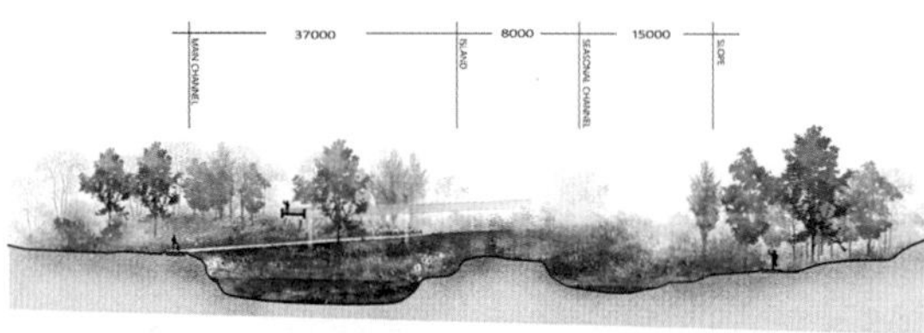


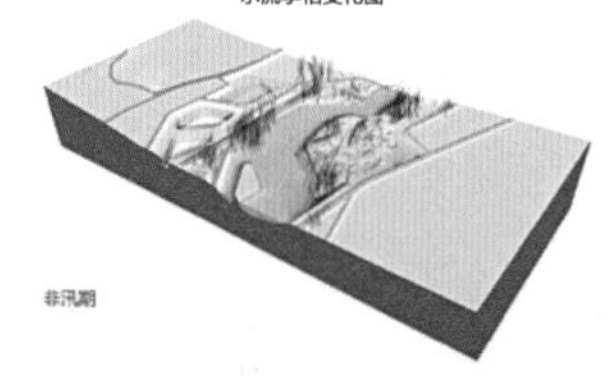

非汛期

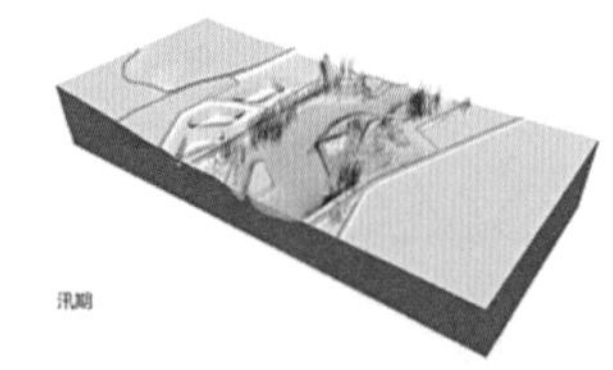

汛期

特色场地设计

3. 自然纵坡及滨水场地 SLOPE & WATERFRONT PLACE

4. 展示坑塘 DISPLAY PIT

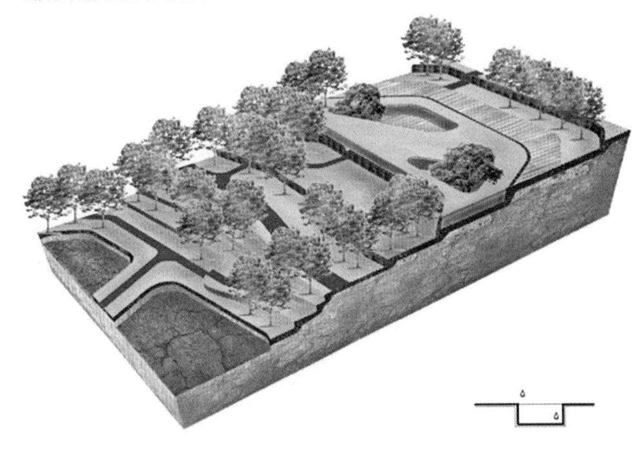

自然纵坡暴雨影响缓解措施

过滤护道 PROTECTION FILTER BERM

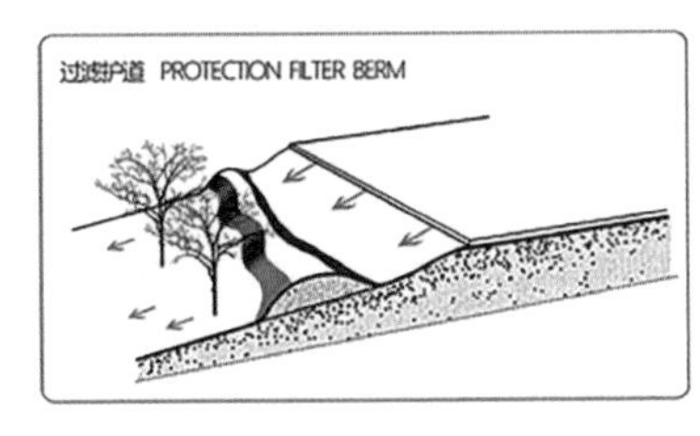

过滤护道是一种沿等高线建造的泥土护堤
通常由泥土建造而成，包括不同等级的沙子

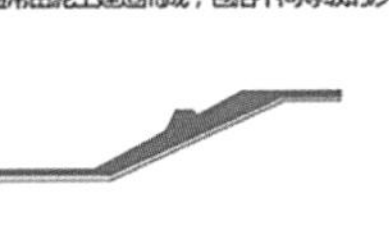

渗透沟渠 INFRASTRACTION DITCH

渗透沟渠是目前比较公认的去除污染、
降低冲刷的基础措施
多用于处理一些小型的水流

坑塘综合展示区域

土层结构展示 SOIL STRUCTURE DISPLAY

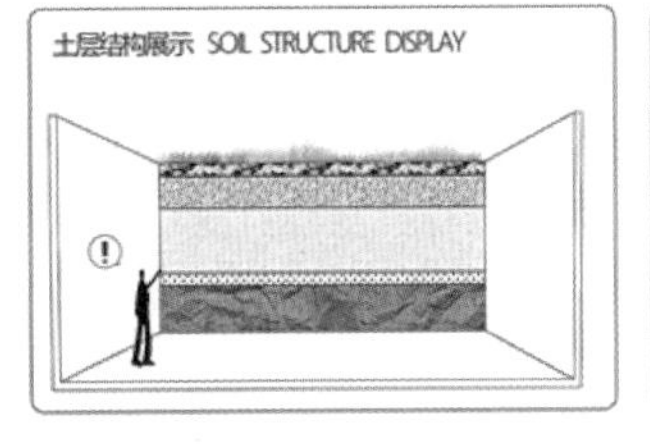

水界面展示 WATER INTERFACE DISPLAY

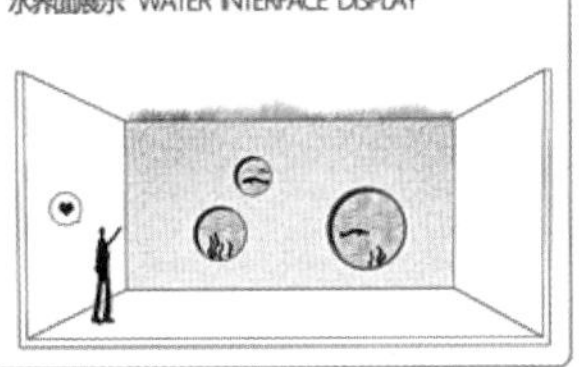

输水管道展示 PIPELINE DISPLAY

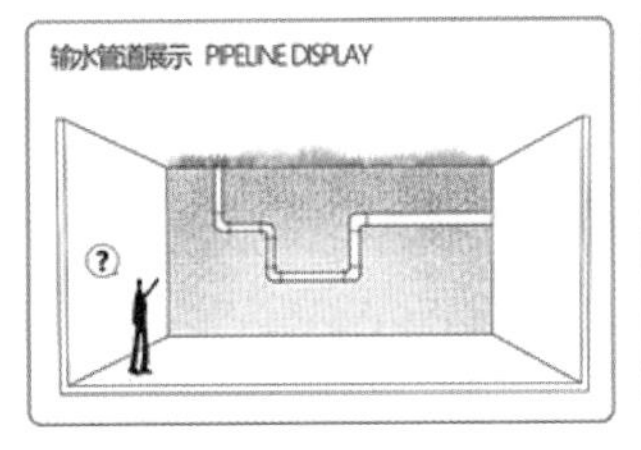

植物根系展示 ROOT DISPLAY

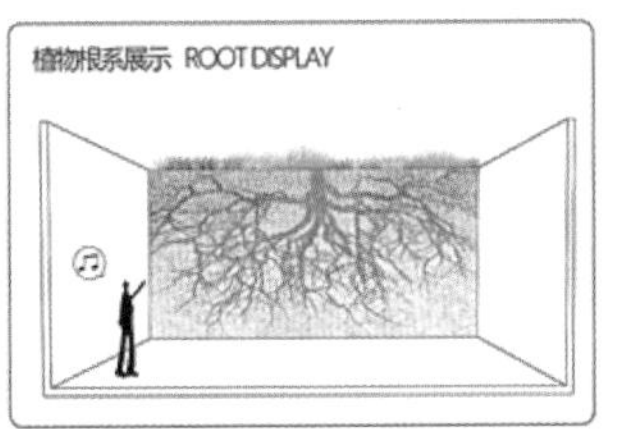

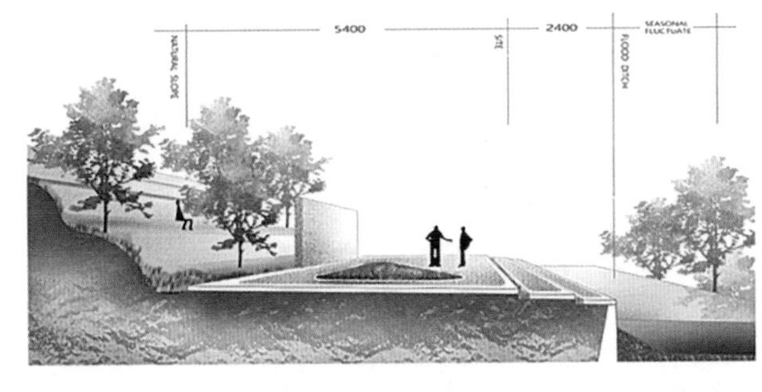

LANDSCAPE

# 济南市西郊森林公园二期规划与设计

Author
2009级
刘子菡
郝飘逸
庞昊田
于东洋
徐国枢

Advisor
李端杰
王洁宁

Site
山东省济南市

## 城市生产绿地向公园绿地转型研究

城市生产绿地担负着为城市绿化工程供应苗木、草坪及花卉植物等方面的生产任务，是城市绿地系统的重要组成部分。随着城市化的发展，城市用地日益紧张，同时园林绿化的苗木生产也出现了产业化、市场化的转变，生产绿地开始郊区化发展。原建成区内的生产绿地的资源利用与活力再生成为当前城市绿化发展的一个新的课题。本次设计通过对生产绿地的调研与分析，将济南西郊森林公园二期规划设计的方案从“记忆”“更新”与“逻辑”三个方面进行推导，形成田园风光、自然湿地、汽车主题等景观特色，进行了生产绿地向公园绿地转型的规划设计研究与探讨。

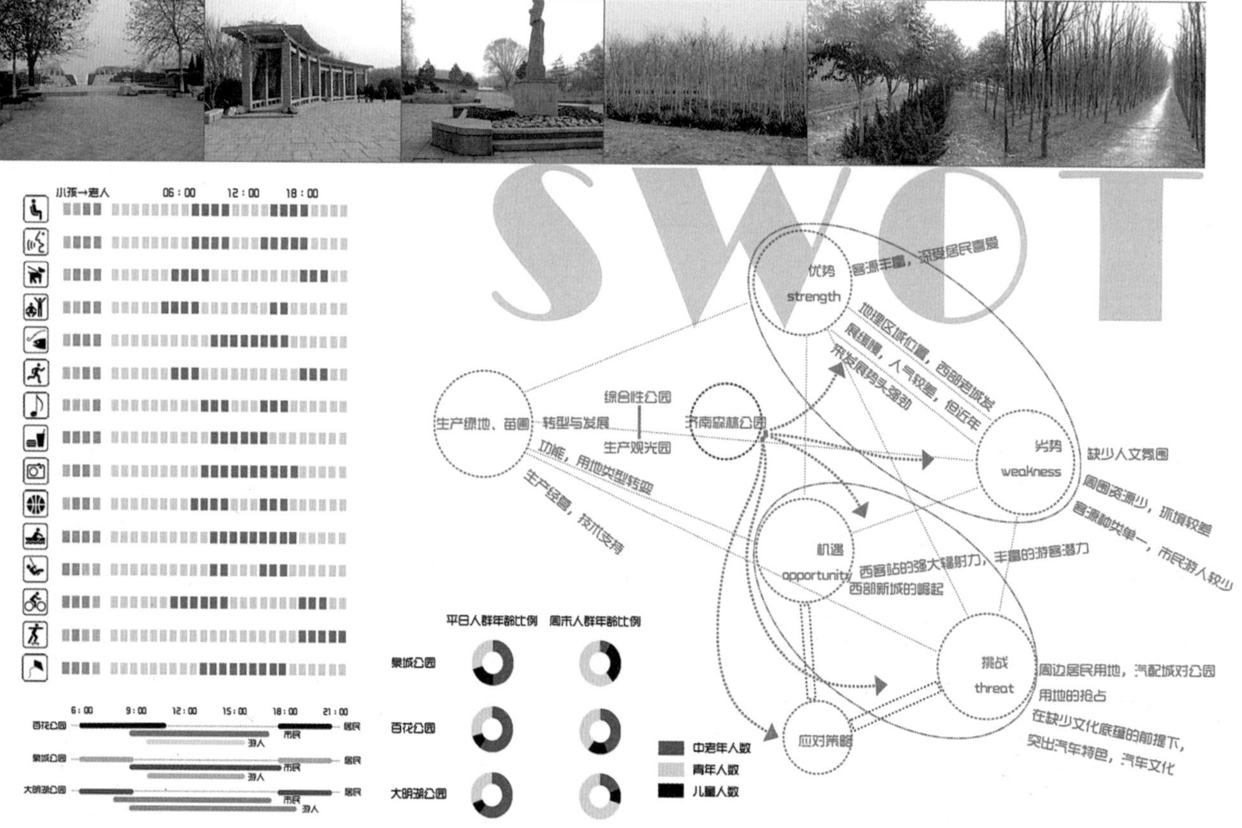

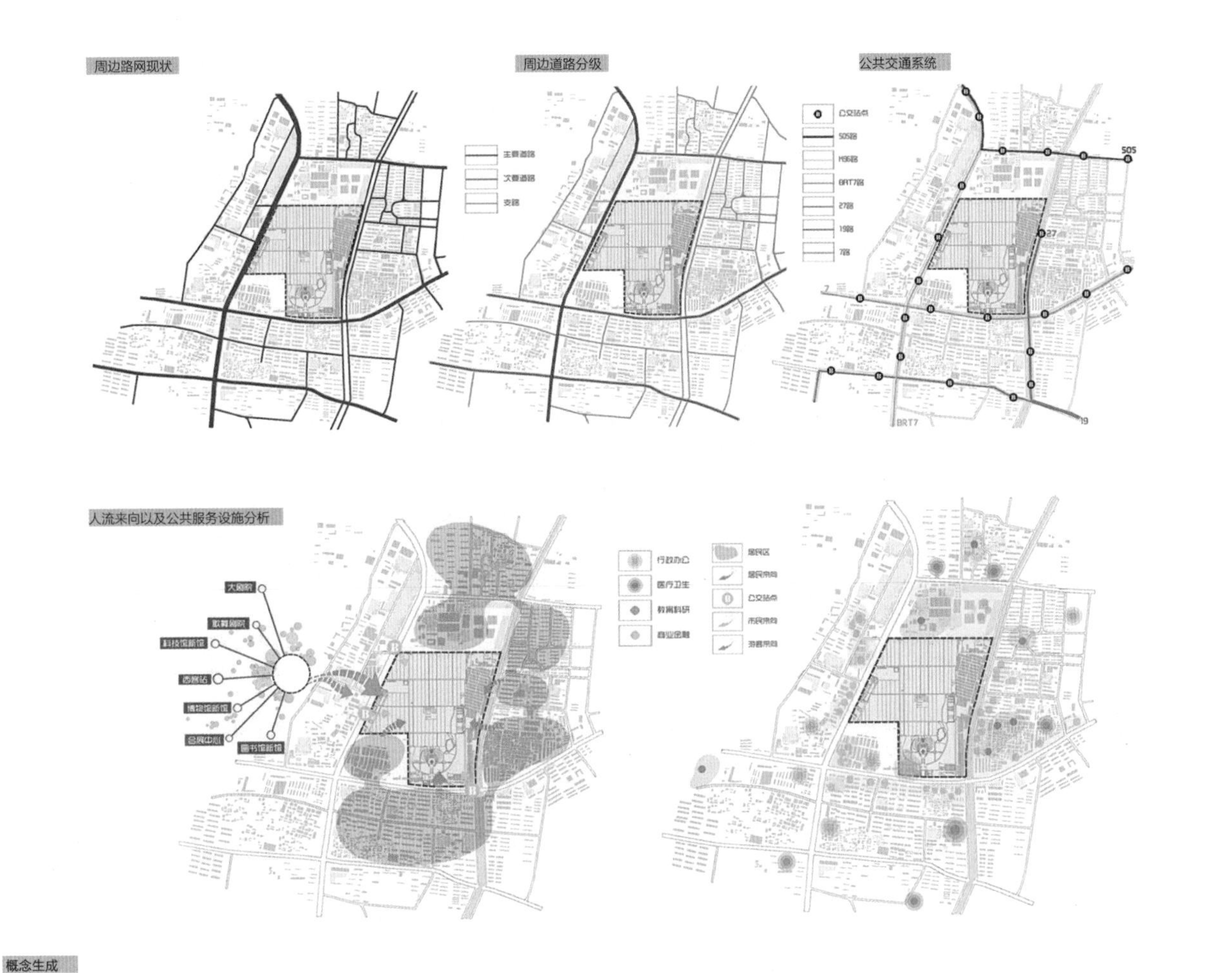




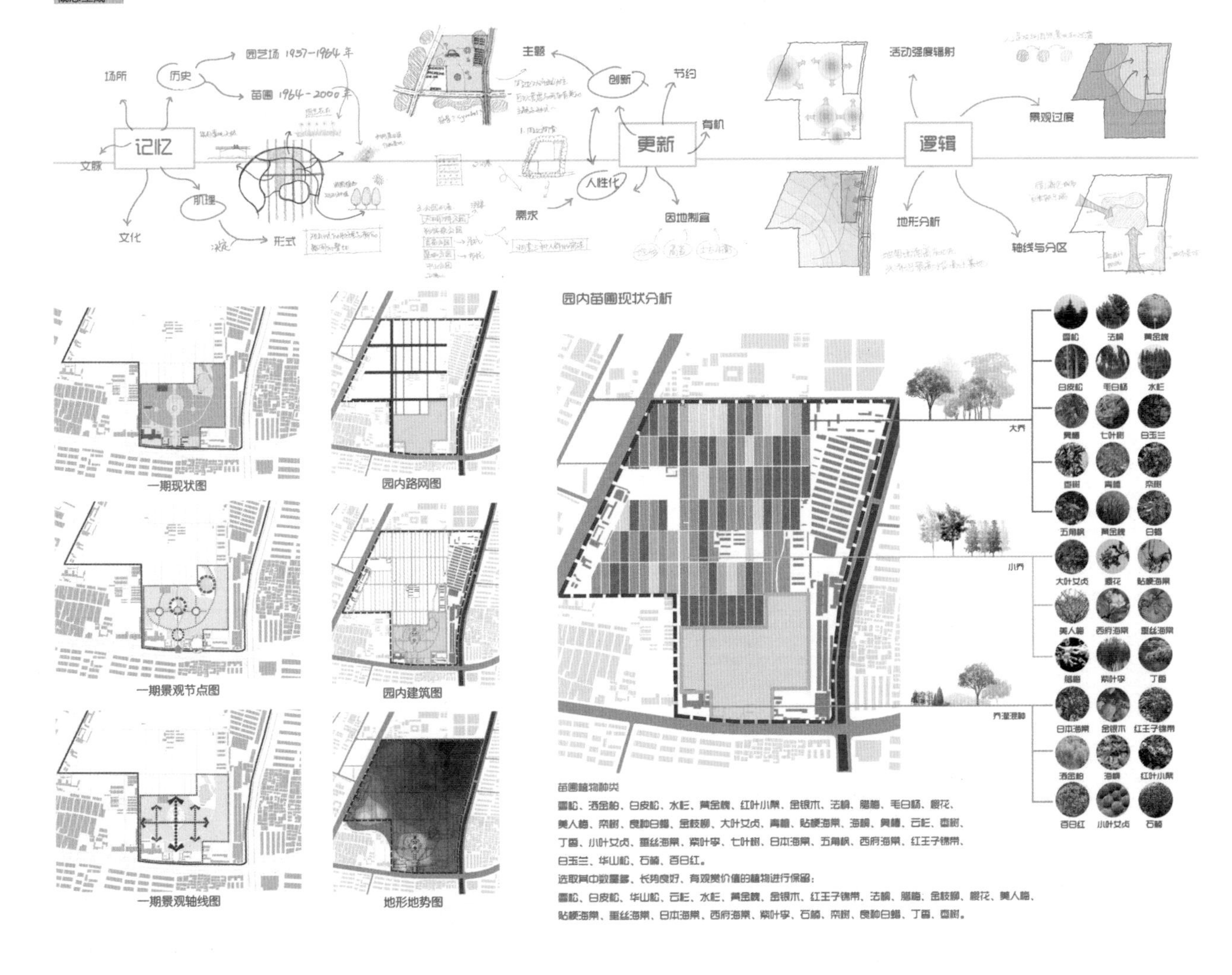


苗圃植物种类

雪松、洒金柏、白皮松、水杉、黄金槐、红叶小檗、金银木、法桐、腊梅、毛白杨、樱花、美人梅、栾树、良种白蜡、金枝柳、大叶女贞、青桐、贴梗海棠、海桐、臭椿、云杉、枣树、丁香、小叶女贞、垂丝海棠、紫叶李、七叶树、日本海棠、五角枫、西府海棠、红王子锦带、白玉兰、华山松、石楠、百日红。

选取其中数量多、长势良好、有观赏价值的植物进行保留：

雪松、白皮松、华山松、云杉、水杉、黄金槐、金银木、红王子锦带、法桐、腊梅、金枝柳、樱花、美人梅、贴梗海棠、垂丝海棠、日本海棠、西府海棠、紫叶李、石楠、栾树、良种白蜡、丁香、枣树。

用地平衡表

| | 总量（㎡） | 用地性质 | 面积（㎡） | 百分比（%） |
|---|---|---|---|---|
| 陆地面积 | 639132 | 管理建筑 | 632 | 0.1 |
| | 92% | 园路及铺装场地 | 61996 | 9.7 |
| | | 游览、休憩、服务、公用建筑 | 12144 | 1.9 |
| | | 绿化用地 | 564354 | 88.3 |
| 水体面积 | 54210 7.8% | 湖水、溪流 | 54210 | |
| 其他用地面积 | 1658 0.2% | 行政大楼建筑用地 | 1658 | |
| 合计 | 695000 | | 695000 | |

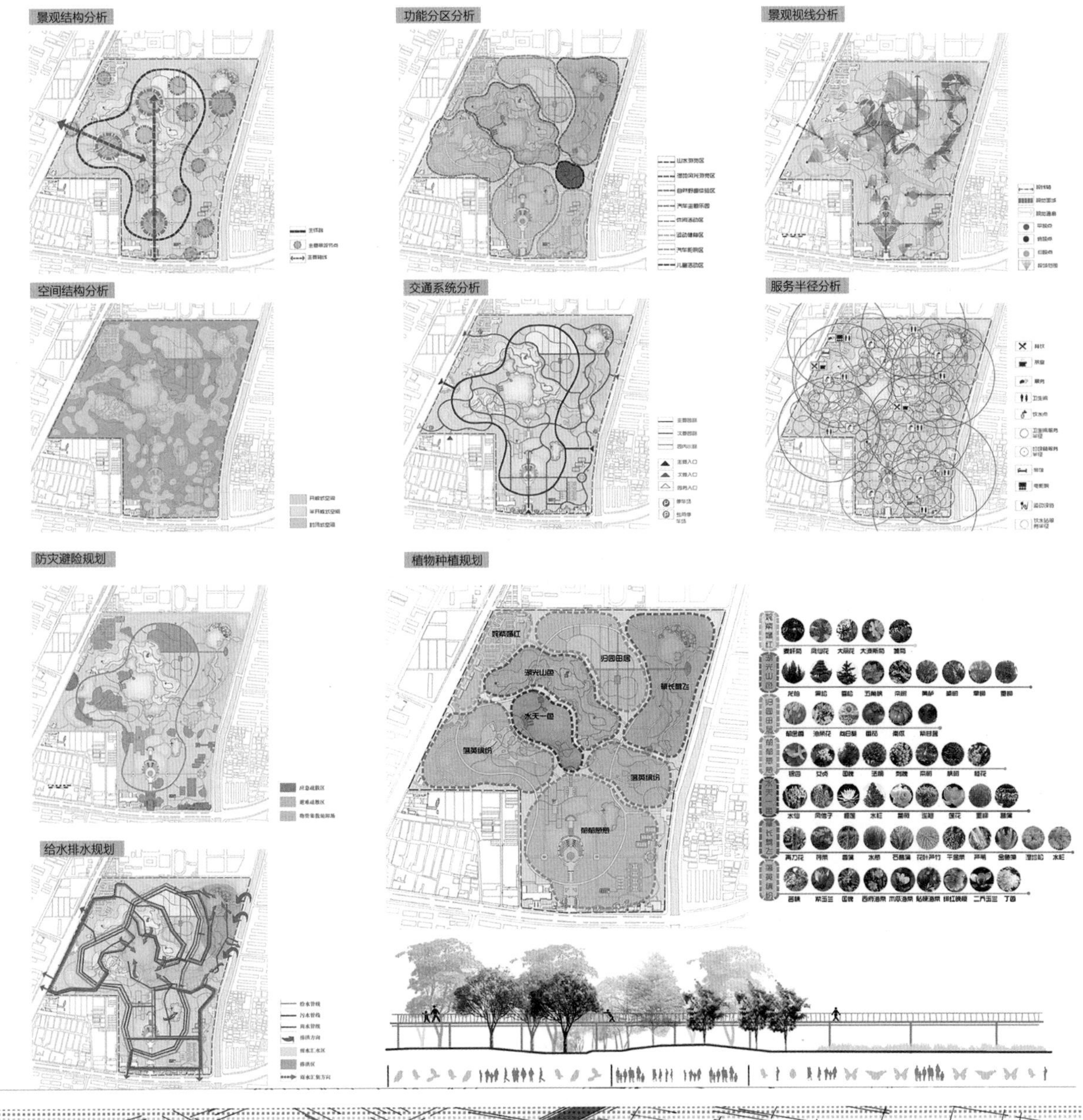
景观结构分析
功能分区分析
景观视线分析
空间结构分析
交通系统分析
服务半径分析
防灾避险规划
植物种植规划
给水排水规划

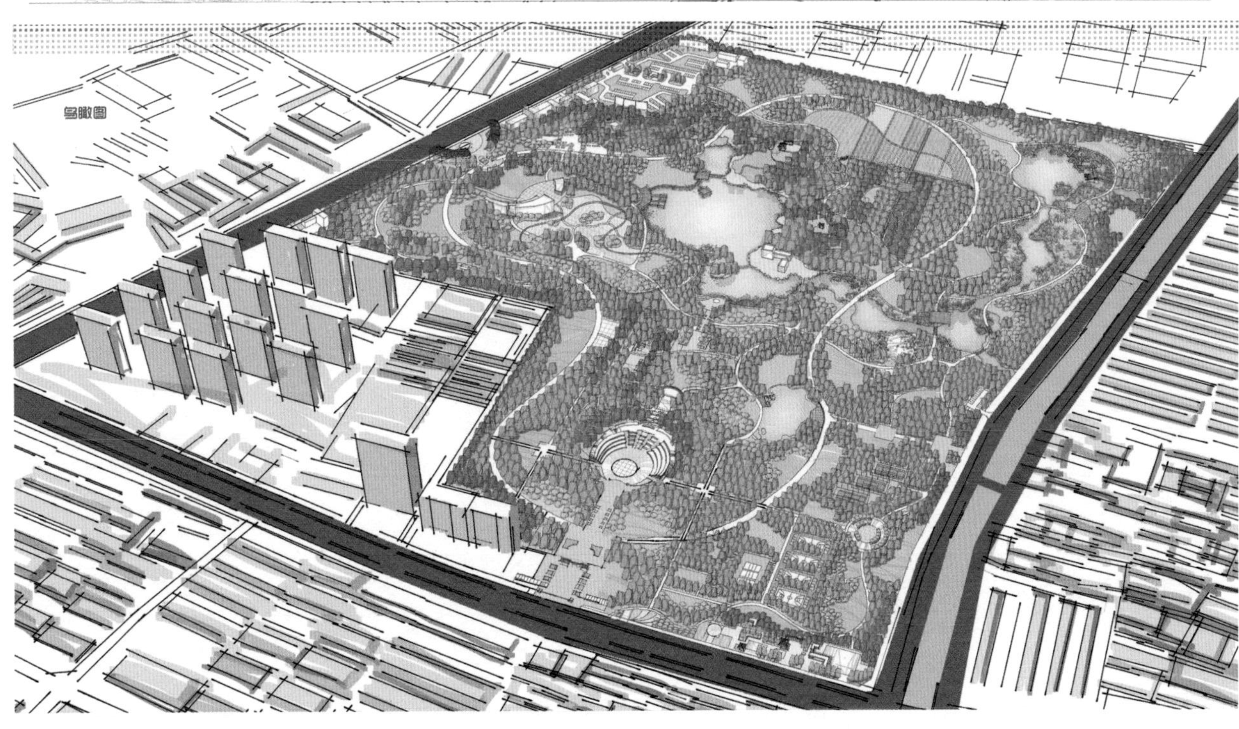
鸟瞰图

图书在版编目（CIP）数据

海右稚筑：山东建筑大学建筑城规学院优秀毕业设计作品集：2009—2019年 / 山东建筑大学建筑城规学院优秀毕业设计作品集编委会编. —北京：中国建筑工业出版社，2020.1
ISBN 978-7-112-25276-3

Ⅰ.①海… Ⅱ.①山… Ⅲ.①建筑设计—作品集—中国—现代 Ⅳ.①TU206

中国版本图书馆CIP数据核字（2020）第112297号

本书是在山东建筑大学建筑学专业办学六十周年、城乡规划专业恢复办学四十周年、风景园林专业开办十周年之际，对三个专业近十年优秀毕业设计作品的整理和总结。本书既呈现了历届学生作品在选题、构思和表达等方面取得的可喜进步，也反映了各学科在更新教学理念和优化教学方法等方面所做出的积极努力和创新探索，将为今后学院进一步提升专业人才培养水平提供有益的经验和参照。

责任编辑：杨 虹 周 觅
书籍设计：康 羽
责任校对：王 烨

海右稚筑
山东建筑大学建筑城规学院优秀毕业设计作品集（2009—2019年）
山东建筑大学建筑城规学院优秀毕业设计作品集编委会 编
*
中国建筑工业出版社出版、发行（北京海淀三里河路9号）
各地新华书店、建筑书店经销
北京雅盈中佳图文设计公司制版
天津图文方嘉印刷有限公司印刷
*
开本：880毫米×1230毫米 1/16 印张：10¼ 字数：315千字
2020年1月第一版 2020年1月第一次印刷
定价：**90.00**元
ISBN 978-7-112-25276-3
（36025）

经销单位：各地新华书店、建筑书店
网络销售：本社网址 http://www.cabp.com.cn
中国建筑出版在线 http://www.cabplink.com
中国建筑书店 http://www.china-building.com.cn
本社淘宝天猫商城 http://zgjzgycbs.tmall.com
博库书城 http://www.bookuu.com
图书销售分类：高校教材（V）

ISBN 978-7-112-25276-3

（36025）定价：90.00 元